里海
マネジメント論

里海を生かした海の使い方

日高 健 著

農林統計協会

はじめに：この本のねらい

　この本の目的は、里海という概念と方法を使って沿岸域全体をうまくマネジメントするための方法を理論と事例分析を通して提案することである。

　里山という言葉が誰でも聞いたことのある、なじみのある言葉であるのに対し、里海はそれほど身近ではないように思われる。人里の近くの海というだけの意味では、里地や里川と同じように使われていたかもしれない。この単なる空間を表す里海という言葉を、人がそれを賢く使うという意味を重ねた特別な概念にしたのは、九州大学名誉教授の柳哲雄氏である。柳氏が1998年に初めてこの概念を提起し（柳1998）、2006年に里海論としてまとめて以来（柳2006）、里海は特別な概念として使われるようになった。ちなみに、1998年を里海生誕の年として、2018年には里海生誕20周年の記念シンポジウムが里海発祥の地の一つとされる岡山県備前市日生において開催され、多くの関係者が集まり、記念式典とともに様々な講演と議論が行われたところである。

　この里海が形成されるのは、広い海の中で陸地に近い沿岸域と呼ばれるところである。沿岸域は人間が利用しやすい場であるだけでなく、人間にとって重要な資源でもある。同時に、浅い海は光が届くとともに栄養塩の補給も多く、様々な生物にとって重要な生息場となる。そのような沿岸域を、誰がどのように管理していくのかは重要な課題である。今や里海は、そのような沿岸域を管理するための考え方あるいは方法を表すものとして使われるようになっている。

　この特別な概念としての里海が登場して20年以上が経過し、数多くの里海づくりの活動が行われるようになった。その中には一般市民が自主的に参加する活動も多く含まれる。ある沿岸地域の漁業者、住民、地方自治体、そ

れに関心を持つ外部の人たちが協力して、目の前の海の環境や生物を守るための活動を行っており、対象となっている場が里海、そのような活動が里海づくりと呼ばれる。環境省や筆者の調査では、2015年前後に全国で300件近くの活動があるとされた。また、地方自治体や民間団体が協力して環境や水産資源保全のための総合的なプロジェクトを行う事例も増えている。このような活動のキャッチフレーズあるいは目標として里海が使われることも多い。例えば、長崎県による大村湾の管理や香川県による里海づくりビジョン、志摩市の里海というように地方自治体による取り組みでも里海の考え方が使われている。

　沿岸域の海や海岸は国有地であるため、国が管理法を決めて、公的に管理するのが手っ取り早いような気がする。これを実現するために沿岸域総合管理という考え方がある。これは、沿岸域に関わる法律や制度が多様であるため、これらに横串を刺して総合的に管理する法制度を構築し、それによって行政が責任をもって管理しようというものである。海外では、そのような沿岸域総合管理のための法制化が行われている国もある。近くでは韓国や中国で制定されている。

　日本で沿岸域が国土政策上の概念として使われるようになったのは、第三次全国総合開発計画（1977年）以降のことである。沿岸域では多様な活動が行われ、個別の計画や事業も多く存在することから、横串の法制度ではなく総合的な計画のもとに管理が行われるべきであるとして、次の第四次計画では沿岸域を総合的に管理するための計画策定が提案された。第五次計画にあたる「21世紀国土のグランドデザイン」では沿岸域総合計画の策定指針も提起されている。さらに、海洋基本法（2007年）の第25条では沿岸域の総合的管理の必要な措置を講じるとされ、同法に基づく海洋基本計画において重点的に推進すべき取り組みの一つに位置付けられている。しかしながら、未だに本格的に沿岸域総合管理を実施するための法制度も総合計画も作られていない。日本では沿岸域に関わる多数の個別の法律や制度が早くから運用されており、それらを統合するのが難しいらしい。

　そこで、実際には様々な法律や制度を緩やかに取り込む計画やプロジェク

トによって管理が試みられている。例えば、東京湾や大阪湾の再生プロジェクト、長崎県による大村湾の管理計画などがそうである。それは沿岸域総合管理とは呼ばれないが、実質的にはそのような総合的な内容を持っている。そして、そのようなプロジェクトでは、管理の目標や理念として里海が取り上げられることが多い。瀬戸内海では、瀬戸内海環境保全特別措置法によって総合的な管理が行われているが、その中においても里海の考え方が提唱されている。同法の最近の改正では、水質を中心にした環境規制が一定の成果をあげていることから、栄養塩を削減するだけでなく適切な水準にコントロールすることが重要とされ、豊かな海を達成することが求められるようになっている。

　このような豊かな海を考えるときに、里海の概念と語感は 21 世紀の沿岸域管理のあり方によくマッチするように思われる。里海という概念は、単に人里の近くにある海というところから始まって、地域の人たちによる環境保全活動に拡がり、さらにもっと広い海を総合的に管理する際の理念としても使われるようになっている。これは 21 世紀における沿岸域管理のあり方を示すものでもあり、さらには新しい環境管理に関する提案になるのかもしれない。

　里海において環境や資源を維持する自然科学的なメカニズムについては様々な研究によってかなり明らかにされてきた。しかし、組織や管理の仕組みについてはまだわからないことが多い。筆者の前書（日高 2016）では、地先の狭い範囲の里海をどのような組織でどのように管理したらいいのかという点についてまとめた。しかし、里海の考え方を使ってもっと広い沿岸域の管理をする仕組みについては、考え方を紹介しただけで、その論証は次書に譲るとした。この本では、この宿題への回答として、里海の考え方を基本にした沿岸域の管理の仕組みについて提案し、論証したい。そこでこの本のタイトルを、里海を基本要素として沿岸域を管理する仕組みに関する理論体系という意味で、「里海マネジメント論」とした。

　その前提となるのは、日本中のいたるところで行われている里海づくりの取り組みである。また総合的なプロジェクトも多く存在する。そのような

様々な取り組みや個別制度を法制度によって無理やり統合するのではなく、個別の取り組みを活かして、これらを組み合わせた仕組みで沿岸域をうまく管理できれば、別に総合管理の制度は必要ない。この本では、そのような仕組みとして多段階管理システムを提案する。里海はその最も基本的な構成要素となる。このシステムでは、多様な人たちが関わっている様々な取り組みを一つに統合するのではなく、緩やかに組み合わせることを考える。そのための考え方としてネットワーク・ガバナンスを採用した。

　ガバナンスとは統治の様態のことで、コーポレート・ガバナンスのように一般的によく使われる。ガバナンスには、ヒエラルキー、市場、ネットワークという三つのアプローチがある（中村 2010）。従来からのアプローチは、行政や企業を対象に今でも使われるヒエラルキー型で、トップの経営者の下にピラミッドのように垂直的に分権化された統治構造を想像するとよい。これとは対極にあるのが市場で、主体が独立して存立し、水平的に分権化された構造となる。一方、近年注目されているのがネットワーク・ガバナンスである。これは水平的に分権化された主体が相互依存的に関わりあって問題を解決する統治の様態である（ゴールドスミス 2006）。日本で最近よく協働活動の管理主体として登場する協議会は、このネットワーク・ガバナンスの一つの様態である、と筆者は考えている。協議会は、管理対象に関わる様々なステークホルダーに参加してもらい、彼らの資源を活用して管理を効率的に進めていこうとするものであるからだ。この本では、このような協議会をネットワーク組織として捉え、里海の管理主体として位置付けている。

　以上のような視点のもとに、里海を基本的な構成要素とした沿岸域の多段階管理システムを提案する。里海は地先の海に形成される目に見える範囲の小さなものだが、これを基本的構成要素として、いくつかの仕組みを組み合わせて広い範囲の沿岸域をマネジメントするものである。そこで、目に見える範囲の小さな里海を狭義の里海、いくつかの仕組みを組み合わせた広い範囲の沿岸域を広義の里海と呼ぶことにしよう。この本は、広義の里海をどうやってマネジメントするかについて理論と事例分析をとおして検討し、その方法を提案するものである。

　この本の提案内容をよく理解してもらうために、以下では三つのパートに分けて論を進める。第Ⅰ部は、里海マネジメントを考える際に欠くことのできない里海の重要な理論的な基盤と背景について、先行研究を参考にしながら説明する。まず、第1章で沿岸域の性格を整理したうえで、第2章では里海論の系譜を辿る。里海の概念を最初に唱えたのは柳哲雄氏ではあるが、その他にも里海やこれに近い概念を研究している研究者がおり、研究の切磋琢磨の中で里海論も発展してきている。それを整理することで、里海マネジメントとは何かを考える際のポイントが明らかになる。第3章では、漁業権の性質を考える。漁業権は日本中の沿岸域に設定されており、浅い海なら必ず里海と関わることになる。第4章では漁業権や海面利用制度の変革を促す2020年の漁業法改正を取り上げる。第5章では沿岸域の資源や環境を守るための方法として世界の趨勢となっている海洋保護区と漁業権や里海との関係を検討する。第6章では里海マネジメントを考える上で、誰が何をどうやって決めるのかは重要なポイントであることから、沿岸域に関わるガバナンスとマネジメントについて整理する。

　第Ⅱ部では、筆者の研究成果に基づき、ネットワーク・ガバナンスによる沿岸域の多段階管理システムの構成と考え方について説明する。まず、第7章で沿岸域管理の枠組みとして管理の主体と対象範囲を整理する。沿岸域管理の基本的な範囲は都道府県知事が管轄する範囲であり、そこを県域全体と市町村の範囲の二段階を基本とした多段階で考えるべきこと、さらに管理主体は多様になることを主張する。第8章では、多段階を基本として対象となる沿岸域の拡がり方によって里海づくり、里海ネットワーク、沿岸域インフラの提供、都道府県連携という四つの異なる仕組みが取られ、それらの組み合わせによって沿岸域が管理されるという多段階管理システムの構成を説明する。第9章では、ネットワーク・ガバナンスによってそのような多段階による管理の仕組みをまとめることを提案する。

　第Ⅲ部は、第Ⅱ部で提案した多段階管理システムの実証的な事例分析である。多段階の枠組みに沿って、地域の多様な関係者を巻き込んだ地先の里海づくり（第10章：明石市沿岸）、市町村の範囲で複数の里海づくりを連携させ

ている事例（第11章：南三陸町志津川湾）、市町村を超えた都道府県による管理（第12章：長崎県大村湾）、都道府県の海域を超えた広域な沿岸域の管理事例として、瀬戸内海環境保全特別措置法による瀬戸内海全域の管理と府県計画による管理（第13章：瀬戸内海・兵庫県・香川県）、関係省庁・府県・政令市が連携して管理を行う大阪湾（第14章：大阪湾）、米国チェサピーク湾での州を超えた広域の管理（第15章：チェサピーク湾）を取り上げ、事例分析を行う。

　これらの事例は多段階管理システム全体を忠実に実行した事例ということではなく、このシステムのある側面を説明するものである。そもそもネットワーク・ガバナンスによる多段階管理システムは、複数の事例分析の結果と沿岸域管理に関する理論的な研究成果から生まれてきた規範的なモデルである。したがって、このモデルをもう一度現場に戻すことによって、このシステムの有効性を検証し、課題を検出するというのが実証部分の狙いである。この本の提案の柱となるネットワーク・ガバナンスが里海マネジメントにおいてどの程度有効なのかは、今後の実証分析で証明しないといけないところである。しかし、ネットワーク・ガバナンスは価値観と考慮すべき要因が多様化している現代において有効な考え方であり、これからもっと必要とされると思う。この本で提案しているような考え方や仕組みが他の分野にも拡大されることを期待する。

　前書を2016年に刊行したのち、里海論の提案者である柳氏を中心とした多方面からの里海と沿岸域管理に関する研究が環境省の研究助成（環境省環境研究総合推進費）によって行われ、これらの結果は『里海管理論』として公表されている（柳2019）。筆者もそのメンバーとして沿岸域管理システムの研究を分担した。さらに、同時期に科学技術研究費（基盤研究（C）「沿岸域総合管理のための総合的評価手法と順応的管理システムの開発」（研究代表者）、基盤研究（B）「里海，生態系サービス，包括的富指標を統合した沿岸域サステナビリティ評価手法の開発」（研究分担者））によって里海マネジメントに関する研究を行った。本書は、それらの研究成果を中心に関連する報告を加えて、一連のものとして構成するとともに大幅に加筆修正したもの

である。

　最後に、出版事情が厳しい中で、この本の出版を引き受けていただいた農林統計協会の山本博氏に深く感謝したい。また、一人ひとりお名前をあげることはできないが、現地調査などでお世話になった多くの方々にもお礼を申し上げたい。

　なお、この本における研究内容の一部は、JSPS科研費25340151、18H03432、環境研究総合推進費S13-4（2）（三段階管理法提案）の研究成果によるものである。また、出版に関しては、令和3年度近畿大学学内研究助成金（KJ01）・研究成果刊行助成金によるものである。

参考文献

ゴールドスミスS.・エッガースW. D.（城山英明・高木聡一郎・奥村裕一監訳）（2006）『ネットワークによるガバナンス―公共セクターの新しいかたち』、学陽書房

中村祐司（2010）「ネットワーク・ガバナンス研究の基礎類型」、宇都宮大学国際学部研究論集、第30号、pp.25-32

日高健（2016）『里海と沿岸域管理―里海をマネジメントする』、農林統計協会

柳哲雄（1998）「内湾における土木事業と環境保全―内湾の"里海"化―」、土木学会誌、83（12）、32-33

柳哲雄（2006）『里海論』、恒星社厚生閣

柳哲雄編著（2019）『里海管理論：きれいで豊かで賑わいのある持続的な海』、農林統計協会

目　　次

第Ⅰ部　里海マネジメントの理論的諸側面

第1章　沿岸域とは何か？

1. 沿岸域の範囲

　里海が形成されるのは沿岸域である。沿岸域とは、文字どおり海岸に沿ったところであり、海域と陸域の両方が含まれる。この沿岸域という表現はいろいろな場面で使われ、その対象となる範囲も一つに決まっているわけではない。

　国土政策を行う上で重要な空間としての沿岸域という表現が使われたのは、1977年の第三次全国総合開発計画が最初だとされている。この計画では、「沿岸域は海岸線を挟んで一体として管理すべき陸域と海域」と定義された。そこでは具体的な範囲は示されなかった。しかし、保全と利用を同時に図るべき重要な空間であることが指摘され、それ以来、沿岸域管理あるいは沿岸域総合管理というのが考えられるようになったのである。

　沿岸域の範囲については厳密に決められておらず、使われる状況によって違うのは、日本に限らず海外でも同じようだ（翟ほか 2008）。

　沿岸域の範囲で最も広いのは領海とするものである。沖合域での海洋保護区の設定を求める中央環境審議会の答申とそれを受けた施策の中では、沿岸域を領海（12海里。内水を含む。）かつ水深200m以浅の場所、沖合域を領海及び排他的経済水域（200海里）のうち沿岸域を除いた場所としている。つまり、1海里1,852mとして、海岸から約22kmで水深200mより浅い海域が沿岸域とされる。ほかにもいろいろな定義があるので、翟ほか（2008）を参照してもらいたい。

　住民の生活感覚としてはもっと狭い。翟ほか（2006）によると、横浜市に

おける住民アンケート調査では海岸線から1km以内が最も多く（30.8%）、次いで500m以内（23.7%）、遠くても5km以内（8.2%）である。

　日本沿岸域学会の「日本沿岸域学会2000年アピール」では、図1-1に示したような沿岸域の区分が示されている。このうち、水深20mまでの海域と海岸植生100mまでの陸域であるコアエリアは、人間が最も使いやすいところであり、生物によって重要なエリアとなる。水深20mというのがどの程度の水平的な範囲かは明確でなく、場所によっても大きく異なるが、住民感覚の1kmあるいは5kmというのがこれに相当するように思われる。広域エリアの範囲は領海で、コアエリアと広域エリアの間に5海里（9,260m）の基本エリアが設けられている。これは次に説明するように、人の様々な海上での活動が行われる範囲が考慮されたものである。

　伝統的な里海はもっぱら沿岸集落の目の前に形成されるものであり、日本沿岸域学会の区分によるコアエリアが対象範囲となる。これは住民が沿岸域と認識する範囲と重なり、また様々な里海づくりが行われる海域になると思われる。また、5海里の海域と海岸に面した自治体の行政区域の陸域である基本エリアは、市町村の自治体単位で里海を構築する場合に対象となる海域である。広域エリアは都道府県の管轄海域となるところで、地形によっては都道府県を超えた広い海域となる。領海は沿岸国の国家主権が及ぶ範囲であ

図1-1　日本沿岸域学会による沿岸域の区分

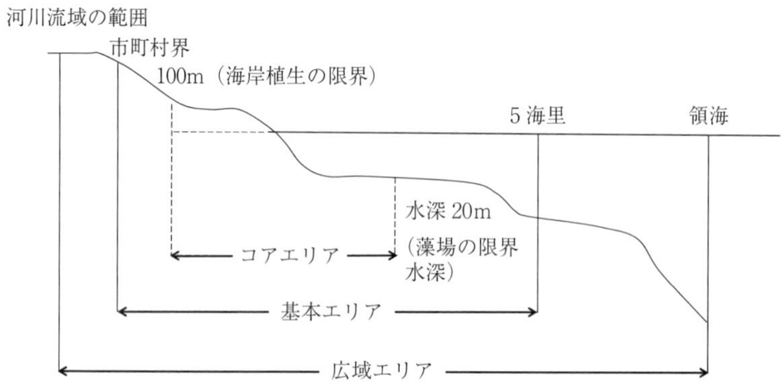

出所：日本沿岸域学会2000年アピール委員会（2000）の引用。

り、国が管理責任を持つ。しかし、こと沿岸域管理に関しては責任の所在が明確でなく、このため海面は法定外公共物と呼ばれる。2000 年アピールでは、その点も踏まえて基本エリアは利用者を中心とした狭域管理委員会で、広域エリアは都道府県による行政委員会である広域管理委員会で管理すべきとしている。

　沖合の領海は境界が明確であるが、市町村や都道府県の管轄範囲について法令等による明確な規定はない。5 海里の範囲については、2000 年アピールでは漁業や遊漁、海洋性レクリエーションなどの活動範囲と藻場の限界水深から考えて、5 海里程度ということである（敷田ほか 2002）。広域エリアの沖合は領海の 12 海里までである。この範囲を国と都道府県のどっちが管理すべきかについて議論が分かれるところである。日本では陸域とのつながりや水平的な広がりが都道府県単位でまとまりやすいことから、2000 年アピールや磯部（2013）のように都道府県が管理すべきという意見が多い。ちなみに、アメリカ合衆国やオーストラリアでは 3 マイル・ルールというのがあり、3 マイルの内側は州政府、その沖側は連邦政府の管轄となっている。

　隣接する自治体の陸上の境界は明確であるが、海上の境界は陸上の境界を沖に延長したものとされているだけである（中原 2011）。沖にどの方向で伸ばすかは慣習によってしか決まらない。漁業では、隣接する都道府県の間で漁業許可の範囲を明確にする必要があることから、行政間や漁業関係者間あるいは行政と漁業関係者合同で漁場協定を結んで境界を決めていることが多い。漁業以外のことでもこの漁場境界を慣習として参考にすることが多いと思われる。

　陸域の範囲についても諸説あるのだが、里海としての直接的なマネジメントの対象は基本エリアの海域とこれに隣接した海岸となる。厳密にいえば沿岸域は海域と陸域を含むものである。しかし、陸域については陸上の法制度との関わりがあって管理の対象となるわけではなく、沿岸域管理といいながら対象範囲は沿岸海域であることが多い。ただし、最近では里海と里山の連携のように、海域と陸域の関わりが重視されるようになり、直接の管理対象ではないものの、陸域とのつながりが考慮される傾向にある。

2. 沿岸域の三つの価値

　以上のように、沿岸域は広い海洋の中で海岸に沿った狭い海であり、人にとって身近な海となる。このため、人はいろいろな形で沿岸域を利用することになる。一方、沿岸域は魚類ほか水生生物にとって重要な生息場であり、再生産の場でもある。このように沿岸域は多面的な側面を持っており、大きく分けると環境、経済、社会の三つにまとめることができる。表現は違うものの、いろいろなところで同じように沿岸域の持つ三面性が言われている（例えば、環境省 2011）。環境は生物や栄養塩といった自然科学的なものであるため、以後は生態環境と呼ぶことにする。また、社会も幅広い概念であるから、ここでは沿岸域で行われる生活文化に着目して生活行動と呼ぶ。

　この生態環境は人の経済活動の影響を強く受け、生態環境は生活行動を左右するというように、相互に関わり合っている。日高（2002）は、祖田（1997）が示した地域における総合的価値を参考に、沿岸域における三つの価値、つまり生態環境価値、経済価値、生活価値として図 1-2 に示した。以下では、それぞれの内容について整理していく。

図 1-2　沿岸域における三つの価値と相互関係

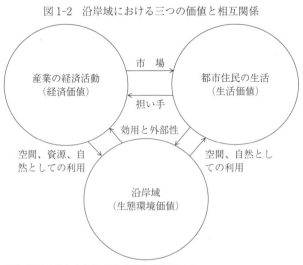

出所：祖田（1997）を参考に日高（2002）が修正したもの

1）生態環境価値の側面

　海岸線に沿った浅い海は豊かな生態環境を形成している。生物にとって重要な再生産の場であり、産卵場になったり、生活史の初期段階での生育場になったり、種によっては成熟したものの生息場であったりする。水や栄養塩、それにミネラル類がうまく循環することによってそのような生物生産が支えられ、豊かな生態系が形成される。

　早くから栄養塩の水中濃度が問題となり、沿岸域が工業化された高度経済成長期を中心に、沿岸域における富栄養化とそれによる赤潮の発生、それによって引き起こされる水生生物の大量へい死が問題となった。このため、1970 年代以降、海中の栄養塩濃度を削減して海水をきれいにすることが最優先で様々な規制が行われた。

　海水の「きれい」を表す指標として使われるのが、化学的酸素要求量 COD、全窒素 TN、全リン TP である。これらを使って、高度経済成長期に沿岸域環境が悪化した大阪湾における水質変化を見てみよう。図 1-3 によると、1970 年代に各指標ともに高い値を示した後、COD は緩やかに減少し、TN と TP は大幅な減少傾向にあり、水質が改善していることが示されている。ただし、三つの指標とも湾内の場所によって大きくレベルが異なっており[1]、湾奥部で値が高く、湾中央部と湾口部では低くなっており、栄養塩の分布に大きな偏りがあることがわかる。このような指標の長期的な減少傾向と海域による偏りは各地で観察されるところである。特に、湾奥にはまだまだ栄養塩が過剰に多い「きれい」でないところが残っているのに、湾の沖側では「きれい」になり過ぎて、貧栄養状態になっているところもある。最近、瀬戸内海では栄養塩不足によって、養殖ノリの色落ちというのが問題になっており、場所による栄養塩の偏りが原因とされている。栄養塩は食物連鎖を通してその海域の生態系に大きな影響を与え、さらに漁業養殖の生産量を左右するものであり、「豊か」な生態系にするためには栄養塩の水準あるいは循環のコントロールが重要となる。2015 年に改正された瀬戸内海環境保全特別措置法（以下、瀬戸内法）でも、栄養塩を減らして「きれいな海」を達成する段階から、栄養塩をコントロールして「豊かな海」も同時に達成

図 1-3　大阪湾における水質の経年変化

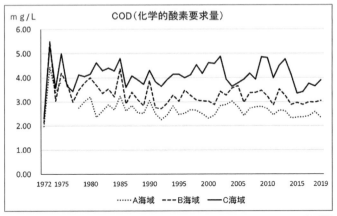

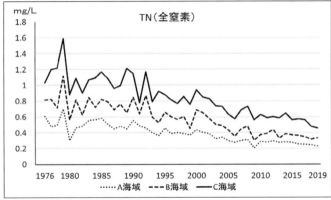

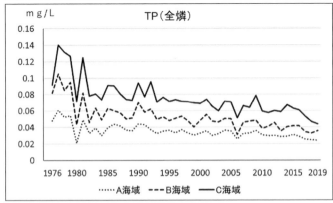

注：表層の大阪府水質測定点（A、B、C）の年度平均値
　　A 海域は大阪湾口部、B 海域は大阪湾中央部、C 海域は大阪湾奥部に相当
出所：大阪府「公共用水域等環境データベースシステム」より作成
　　　https://www.pref.osaka.lg.jp/kankyohozen/osaka-wan/database.html

する段階にきているということが指摘されている。

　「豊かな海」をどうやって表現するかは難しいのだが、わかりやすいのは漁業や養殖によって多様な魚介類がある程度以上の量で持続的に生産されることであろう。そこで、「きれいな海」と「豊かな海」をどうやって定量的に定義するのかについての研究が行われている。また、対象海域の栄養塩の負荷と循環のメカニズムを明らかにし、漁業や養殖による栄養塩の加減と組み合わせながら、対象海域の水質環境と漁業養殖生産の両立を目指す研究も行われているところである。詳しくは第 2 章の柳哲雄氏の里海論で紹介するが、海域の栄養塩濃度と漁獲量の間には凸型の関係があり、栄養塩濃度のある水準で漁獲量は豊富になることが示されている（柳 2019）。栄養塩濃度は多すぎても少なすぎても海は「豊か」にならないということである。

　兵庫県はこの課題を解決するために、水産用水基準を参考に全窒素 TN（0.2mg/L）、全りん TP（0.02mg/L）の水質目標値として水質の下限値を設定した[2]。通常、水質基準は上限値もしくは基準値であるが、一定量以上の栄養塩を確保するための下限値を設けるということである。兵庫県は、県が測定した TN と TP が環境基準値と水質目標値（下限値）の間で適切な濃度となるように目標管理を行うとしている。この件は第 13 章で述べる。

　沿岸域の生態環境を考えるうえで重要な物質循環と生態系という二つの循環を支える媒体として、最近「里水」という考え方も提案されている（小野寺ほか 2018）。これは、ため池や用水路、地下水などの水環境を形成するものであり、安全な水を供給するというだけでなく、栄養塩やミネラルなどの物質循環で陸域と沿岸域をつなぐ役割を持つというものである。

　一方、沿岸域の循環系は生物に栄養を供給するだけでなく、水質を浄化したり、環境変動を緩和したりするという機能を持つ。干潟が河川から流入する有機体の窒素やリンを無機化することで浄化することは以前から注目されていたことであり、定量的な評価も行われている（柳 2019）。最近では、干潟や里海のシンボルにされるアマモは、水質環境の緩衝作用や呼吸機能に加えて、大気中の二酸化炭素を吸収して固定する機能が注目を集め、ブルーカーボンオフセット制度として制度化も試みられている（杉村ほか 2021）。

　このように沿岸域の環境に対する機能は多面的にあることが認識されるようになり、それらを定量的に評価する研究も進んでいる。今や沿岸域の環境をどう守るかということだけではなく、沿岸域の環境保全機能をどう生かすかという視点も必要な局面になっている。

2) 経済価値の側面

　沿岸域の重要な第二の側面が経済である。沿岸域を経済活動の場あるいは資源として利用するということである。利用の仕方として以前から言われているのが、空間、資源、自然という沿岸域の特質を捉えた利用区分である。

　空間とは、沿岸域の連続的な広がりを活用するもので、海面を使う海運業や浅い海を埋め立てて陸地として利用する臨海工業開発がこれである。臨海都市は工業や港湾の開発だけでなく都市開発にもここを利用している。港湾は後背地である陸上の経済活動と強い産業連関性を持ち、大きな経済効果を生んできた。例えば、大阪湾の沿岸域に形成される堺泉北港では、直接効果として1兆8,554億円、間接効果として2兆6,948億円の経済効果があると推計されている（堺泉北港港湾振興連絡協議会2011）。大阪湾にはほかにも大阪北港、尼崎港、神戸港といった巨大港湾があり、経済効果はこの数倍に及ぶ。

　一方、このような沿岸域の空間としての利用は浅場の埋め立てによる生態系の破壊や廃棄物の排出による水質汚染を生みやすい。1960〜70年代の高度経済成長期にはこの辺りが顧みられず、著しい環境汚染が発生して社会問題となり、関連企業や行政は改善のための大きな直接的な費用と損害に伴う社会的費用を求められることになった。1970年代の後半以降、環境行政は環境保全に大きく舵を切り、沿岸域の水質環境も改善していくことになる。沿岸域という国土政策上の概念が政府から提案されたのも、ちょうどこの時期である（第三次全国総合開発計画。1977年）。とはいえ、現在でも沿岸域の利用による経済効果あるいは経済規模が大きいのは、依然としてこの沿岸域開発の分野である。

　海運や港湾と並んで、昔から沿岸域を利用してきたのは漁業である。これ

は沿岸域の資源としての利用を行うもので、海中に生息する水産資源を漁具を使って採捕する漁業と、いろいろな施設で閉鎖空間を作って人為的に水産生物の増殖や増重を図る養殖がある。これらの活動を通して海の中から経済価値が引き出される。先ほどの堺泉北港の沖合にあたる大阪湾の漁場では、大阪府の漁業者によって年間 40 億円を超える漁業養殖生産が行われている。漁業でも後背地の関連産業との産業連関があるのだが、残念ながらその推定値はない。他の事例から間接効果を含めた全体の経済波及効果を直接効果の約 2 倍（古屋ほか 2006）とすると、約 80 億円の経済効果があることになる。しかし、先ほどの堺泉北港の経済効果が約 5 兆円であるのと比べると、これはあまりに小さい。しかも、漁業生産は近年長期的に減少傾向にある。このような経済効果の規模の違いは沿岸域開発においてしばしば問題になる。しかし、漁業や漁獲された水産物、さらには漁村には、このような経済効果とは別に食や文化に関わる社会的な価値があることが認められている。さらに、自然環境の価値もあり、これらを含めた沿岸域の生態系サービスの経済評価と比較するとどうなるのか、という視点が必要になる。これについては次項で述べる。

　以上の経済活動も含めて新たな経済活動の捉え方として注目されているのがブルーエコノミーである。これは 2012 年に開催された国連持続可能な開発会議（リオ＋20）で提唱された。国際協力機構（JICA）によると、ブルーエコノミーは海洋・内水面（河川、湖）の資源の有効活用と環境保全、これら水域に関連する社会経済開発の強化により、雇用創出や産業振興に裏打ちされた持続的な発展を目指すものである。つまり、資源利用と環境保全、それに社会経済開発をバランスさせることで、持続的な発展を目指そうということである。日本財団の補助を受けた「ネレウスプログラム」は、この考え方をさらに深め、既存の海洋産業を持続な可能なものにするのに加え、再生可能エネルギーや二酸化炭素捕捉、生態資源探索といった新しい海洋産業の計画を加えることで、これらの共存と社会的平等、生態学的持続可能性、経済的に実行可能な方法を開発することを目指すとしている（The Nippon Foundation NEREUS PROGRAM「ブルーエコノミー：社会的利益と公平性の必要

性」)。従来から、日本にも海洋関連産業という考え方があったが、ブルーエコノミーやネレウスプログラムはこれに海洋環境や地域社会を重視する視点を加えている点で、従来のものとは違う。ただし、日本ではこの考え方に基づく包括的で具体的なプログラムはまだ提案されていない。

　ブルーエコノミーを構成する要素の一つに洋上風力発電がある。これは、東北大震災と福島の原発事故をきっかけとして、洋上で生成する再生可能エネルギーとして社会的な関心が高まっている新しい利用形態である。これまで再生可能エネルギーの中核を担ってきたのが太陽光発電であるが、周囲を海で囲まれた日本で最もポテンシャルが高く、一方で活用割合の低いのが洋上風力発電であるとされている。ヨーロッパではすでに再生可能エネルギーの中心になっているのだが、開発が遅れた日本でも2019年に「海洋再生可能エネルギー発電設備の整備に係る海域の利用の促進に関する法律」(以下、再エネ海域利用法)が成立し、官民協議会で洋上風力の産業競争力強化に向けた「洋上風力産業ビジョン(第一次)」(2020年)が作成され、再生可能エネルギーの主力電源化に向けて取り組みが始まっている。ちなみに同ビジョンの導入目標は、2030年までに1,000万kw、2040年までに3,000万～4,500万kwである。日本では、国土の周囲(水深100m未満)16.1万km^{2}のうち5.1万km^{2}の海域が開発可能で、そのうち2.1万km^{2}が共同漁業権内の可能エリアとされている(池谷ほか2008)。現在はまだ導入件数が少なく、しかもモデル事業が多いが、今後、開発の容易な共同漁業権内での開発圧力が強くなると予想される。

　洋上風力発電は、施設が単独で建設されるなら沿岸域利用への影響は局所的である。しかし、ヨーロッパのように多数の風車がウィンドファームとして建設されると、専有面積の大きさから影響も大きくなる。例えば、北九州市沿岸で計画されている27万㎡の水域に25基の風車を設置するとなると(岩元2017)、沿岸域の環境、経済、社会にとって重大な影響が予想される。洋上風力発電の施設は、従来の工業開発と違って着底式の場合は基盤部分、浮体式の場合は本体の浮体部に加えアンカーとチェーンだけが海面を占有し、多くの海面は維持されたままの開発となる。このため保護区域や魚礁と

しての効果を期待する意見もあり、洋上風力発電と漁業との調整や協調の仕方を探る研究も行われている（海洋産業研究会 2015）。洋上風力発電と漁業権との重複は確実であり、その調整は重要な課題である。

　以上は里海が形成される沿岸域における経済活動であるが、里海そのものから生じる経済活動もある（日高 2016）。これは里海を形成あるいは維持するための人手の関与が経済性を持つというものである。例えば、里海の中の藻場で間引きした海藻の有効利用、海藻の食害種として駆除したウニの商品化（中村 2019）、サンゴ礁への赤土流入を防止するために植栽した植物の商品化（上村ほか 2017）のような活動である。これらの経済規模は概して小さく、里海維持のためのコストを賄うには至っていないのだが、恩納村のサンゴ基金はサンゴ礁海域の生態系を守るための資金を同海域で生産したモズクの販売を通して確保するという方法をとっており（比嘉ほか 2018）、これは一般市民を里海づくりに巻き込む活動として注目に値する。

　これまで見てきたように、沿岸域では新旧織り交ぜて多様な経済活動が行われており、経済規模もまちまちである。そのうち、最近注目を集めている経済活動の多くは自然環境の保全あるいはバランスをとることをうたっており、対象海域からしても里海と関係を持つ可能性が高い。里海づくりを行う中でこれらとどんな関係を構築するのかが問題となる。場合によっては里海づくりに取り込むことも必要になるかもしれない。いずれにしても、どのような理念でこれらと関わるのか、どのように調整するのかについて、整理をしておく必要があるだろう。

3）生活価値の側面

　最後の側面が生活価値である。これは社会や生活あるいは生活文化といった生態環境と経済以外のいろいろな活動が入る領域である。松浦他（1987）によると、大まかには表 1-1 に示したように生活空間としての利用（住居）、生活行動の場としての利用（おかず採りや生活ごみ投棄の場）、親水活動の場としての利用（信仰、創作、教育、レクリエーション）、社会活動の場としての利用（防災活動など）の四つに分けることができる。日高（2002）は、四つの活

表1-1　沿岸域における社会の側面

生活空間
・生活そのものが沿岸域で行われるもの（漁村、離島・半島先端）
・生活空間が沿岸域に形成されるもの（臨界都市の住宅開発）
生活行動
・おかず採りの場、生活ごみの投棄場
・食材の活用、料理方法の文化としての側面に展開
親水活動
・漁業以外の海面、海中、海底を活用するスポーツ型活動
・海岸での散策、食事、休憩などリゾート型活動
・創作活動
・自然景観、文化的景観
社会活動
・防災活動
・環境保全活動

出所：松浦他（1987）より作成

　動のうち都市の沿岸域では生活空間と親水活動に限定されるとして、その内容を整理している。しかし、都市開発の進んだ地域とそうでない地域では少し状況が違うかもしれない。また、沿岸域と人との関わり方は時代とともに変化している。それらを踏まえて社会の側面を整理する。

　生活空間に関しては、漁村や離島・半島の海辺などでは沿岸域に住居が形成され、生活が行われている。その中には、生活行動としての水産物のおかず採りもあるだろう。昔に比べると随分減ったとはいえ、漁業に従事する人たちの多くは沿岸域に居住している。これは生活と経済活動と環境とが深く関わり合った、人里と海が隣接した姿であろう。里海の原点と言ってもいいかもしれない。これは今でも日本の一部に残っている。例えば、能登の里山里海は、2011年に世界農業遺産として登録されており、能登半島で繰り広げられる海と暮らす人々の生活と伝統的な知恵が各所で紹介されている（イヴォーン・ユーほか2016）。また、海辺に長年住んでいる人が生活の中で工夫し長年受け継がれてきた魚介類の料理や食習慣、あるいは水産物の活用方法などは、各地で特色のあるものが多く、独特の文化を形成する（印南2010）。これらは海にまつわる祭りや儀礼とともに重要な沿岸域の里海文化

である。

　一方、都市の沿岸域では浅所の埋め立てによって多くの住宅地が建設されている。もともと臨海部の住宅地に対する市民の消費志向は高いようで、それは臨海部の地価の高さにも表れている（太田ほか 2017）。しかし、臨海部に建設された住宅の住民が沿岸域と関わっているかというと、少なくとも1980 年代までは単なる空間としてでしかなく、水辺の存在は考慮されていなかったように思われる（岡本 1988）。1990 年代になってからは、ウォーターフロント開発で水際が強調されたり、パブリックアクセスの向上が目標とされたりしており、都市において沿岸域は単なる空間としてだけでなく都市を魅力あるものにするために必要なものとされるようになった。例えば、大阪湾では「『なぎさ海道』推進マスタープラン」（1997 年）が策定され、人と海の豊かな触れ合いによって大阪湾ベイエリアの可能性を創造するとされた。この時期になると都市沿岸での住民による親水活動が顕著になり、先に述べた能登半島のような地域での沿岸域利用とは違う、環境保全と親水活動が中心となる都市型の沿岸域利用が登場するようになる。例えば、東京湾奥の三番瀬における干潟保全活動と潮干狩りは 1990 年代に始まった。また、2009 年に人気テレビ番組である「ザ！鉄腕！DASH！！」で東京湾横浜地先が DASH 海岸として取り上げられ、一気に世間の関心が集まった（木村2016）。

　このように、今や海辺に住んでいる人だけでなく、いろいろな人が海に来て行う親水活動が沿岸域における社会的側面における活動の中心になっている。親水活動にもいろいろあって、大きく分けると、積極的に沿岸域の空間や資源を活用するスポーツ型のものと、消極的あるいは静的に沿岸域の景観や自然を利用するリゾート型のものとなる。スポーツ型の代表である遊漁は江戸時代から存在するのであるが、これを広く国民一般が楽しむようになったのは 1980 年代になってからである。現在では、スキューバ・ダイビング、サーフィン、ウィンドサーフィン、スタンドアップボードなどスポーツの種類が多様になり、参加者も増えている。リゾート型は、海辺の散策や休憩、食事などのほか、海を題材とした絵画や詩などの創作活動もこれに含ま

れる。自然の景観をめでたり、歴史的な海辺の建造物を鑑賞したりといった側面もある。ちなみに、自然景観や文化的景観は、改正瀬戸内法で豊かな瀬戸内海を構成する要素として取り上げられている。

　以上のような従来から沿岸域で行われる親水活動から生まれる価値とは別に、最近では新たな価値（効果）が注目されている。その概要は表1-2に示したとおりである。

　親水活動から派生して、最近急速に注目を集めるようになったのが教育効果である。親水活動のなかで沿岸域の環境保全や創造に関わったり、沿岸域に蓄積された技術に触れあったり、あるいはそれらに関わる人と交流したりすることが、特に若い人に対して、人間形成上大きな効果をもたらすというのである。桜井（2018）は、里海発祥の地とされる岡山県備前市日生地区において、アマモの増殖活動を中心とする里海教育プログラムを受けた中学生が海への理解を深め地域への愛着を持つようになったということを定量的に評価し、ロジックモデルを提示している。

　また、川辺（2017）は、江戸前ESD、海プログラム、おさかなカフェ、いわきサイエンスカフェといった、実際に川辺らが行ったプログラムを通して、海辺のソーシャル・ラーニングの技法を紹介している。ここで、ソーシャル・ラーニングとは、「人びとが、知識と情報をわかち合い、話し合い、アイデアを出し合いながら、背負った課題に対する答えを探っていく過程」（川辺2017）と捉えられ、環境教育の真髄は互いに学び合うこととされている。そして、生産者・流通業者・消費者が協働して構築運営する「緑の

表1-2　沿岸域において最近主張されている新しい価値

教育効果	
・日生のアマモ活動による教育効果	桜井 2018
・環境教育とソーシャル・ラーニング	川辺 2017
つなぐ価値（関係性の価値）	
・人と人とのつながり	Uehara, etc. 2019
・人と自然のつながり	
・里海資本論の主張	井上 2015

さかな」の考え方を紹介し、ソーシャル・ラーニングである「緑のさかな」が沿岸域の利用と管理への参加のあり方になるとしている。

　このような海辺を舞台にした人と海や生き物との関わり、あるいはそれらを媒介とした人と人との関わりは、関係性の価値という新しい概念を生む。Uehara et al.（2019）は、社会生態系の視点から里海を捉え、最も知られている「人手が加わることによって、生産性と生物多様性の高くなった沿岸海域」（柳 2006）という里海の定義に、社会の視点と生態系との関わりを加えることを提案している。そのなかで、里海には人と自然との関わりがあり、ある目的を実現するための手段としての手段的価値（Instrumental value）とそれ自体に価値がある本質的価値（Intrinsic value）で構成される関係性の価値（Relational value）を生むとしている。そして、里海における環境教育は、関係性の価値を増幅するレバレッジ・ポイントであるとも指摘している。

　関係性の価値という表現はしていないが、里海における人と自然との関わり方、さらには人と人との関わり方を重視したのが、井上ほか（2015）による里海資本論である。井上らは瀬戸内海の離島での人々の暮らしやカキ養殖の実態に関する詳細な観察をもとに、里海における人と自然との関わり、人と人との関わりが地球の限界を救うとしている。

　沿岸域における親水活動は、現在では沿岸域における社会的側面の中核にあるものである。沿岸域の管理を考える場合、経済活動以外で多くの人たちが沿岸域に関わる活動として親水活動が取り上げられることが多い。これらは手段価値と見られるものである。しかし、文化的な側面や環境教育、さらには関係性といった本質的価値を考えると、沿岸域で生きる、あるいは沿岸域に関わる人にとっての沿岸域の重要性は、本質的価値にあるように思われる。これまでの沿岸域管理の議論の中で、社会的な側面や親水活動が取り上げられることは多いが、中心は環境にあり、次いで経済が重く、社会的な側面はこれらに比べると軽視されている。例えば、大阪湾再生行動計画や大村湾環境再生・活性化行動計画では社会的側面が弱い（詳細は後で見る）。そもそも里海は沿岸域における生活と海との関わりの中から生まれ出たものであり、生活価値は里海の核心であるということもできる。近年の新たな価値

の登場は、生活価値をもう一度本質的価値の視点で見直すことの必要性から生じているように思われる。

3.　沿岸域を総合的に評価する

　これまで、沿岸域が抱える三つの側面について縦割りで眺めてきた。しかし、その中にも三つの側面を横断的に、あるいは総合的に捉えている見方があった。例えば、ブルーエコノミーはエコノミー（経済）という表現が使われているものの、その定義の中には海洋の環境や資源だけでなく、社会や経済とバランスさせることが記されている。関係性の価値も、人と自然との関わりを重視していることから人の側面だけでは成り立たない。三つの側面が関わり合っているという点は、そのほかの見方においても大なり小なり存在している。そもそも沿岸域を三つの価値で捉えようとする根底には、それぞれの価値を単独で見ることに加え、それらの間の相互関係についても重視しているという考えがある（日高 2002）。里海あるいは沿岸域という同じ空間のなかで異なる三つの価値あるいは三つの側面が存在し、それらの相互関係に注目するのならば、次に考えないといけないのは、それらをどうやって総合的に捉えるかということである。

　沿岸域総合管理に近い性格を持つ、例えば大阪湾再生行動計画や大村湾環境保全・活性化行動計画のような計画では、それを構成する大きな柱ごと（これらが上でみた側面に対応する）、さらに柱の内容となる事業ごとに成果を計測する指標である KPI（Key Performance Index）が設定されている。しかし、全体としてどのような状態を目指すのかについて、あるいは各指標を統合するような全体的な指標は示されていない。対象となる沿岸域の管理、あるいは里海のマネジメントを考える際、対象の多様な側面を統合あるいは総合した指標がないと、そのような管理はできない。

　この点について、仲上健一氏をはじめとする立命館大学グループは生態系サービスの考え方を使って様々な価値の総合化を試みている。生態系サービスとは人類が生態系から得ている利益のことであり、淡水・食料・燃料などの供給サービス、気候・大気成分・生物数などの調整サービス、精神的充足

やレクリエーション機会の提供などの文化的サービス、酸素の生成・土壌形成・栄養や水の循環などの基盤サービスという四つのサービスによって構成される。生態系サービスの経済的評価は、対象となる自然環境（森林、干潟、湿地、河川、農耕地など）が提供する生態系サービスを金額に換算して表すものである。評価方法には代替法、トラベルコスト法、ヘドニック法、CVM法などがある。日高（2019）は、表1-3のように沿岸域の三つの価値に対応する生態系サービスの内容を整理している。

　仲上氏ほかによる沿岸域の生態系サービスの評価に関する研究成果については、次章の里海論の系譜の中で詳しく紹介することにする。

　沿岸域の価値を総合的に評価する試みは、多くの研究者が様々な方法で行っている（仲上 2018）[3]。それぞれの方法に一長一短があり、沿岸域の価値を総合的に評価する目的あるいは結果の使い方によって、どの方法が優れているかが決まる。沿岸域あるいは里海を実際にマネジメントするための指標として使用するのであれば、推定値の精度や信頼度のほかに、推定が迅速に行われること、沿岸域の変化に敏感に反応することが重要となり、どれを優先するかということになる。沿岸域の価値を非常に高い精度で推定できるものの、推定に多くの年数と労力を要するようでは、マネジメントの指標としては使いにくい。里海や沿岸域管理に適した総合指標の研究はまだ道半ばで

表 1-3　沿岸域の三つの価値と生態系サービス

価値	項目	内容	備考
生態環境価値	調整	気候などの制御・調節	生態系サービス
	保全	多様性を維持し、不慮の出来事から環境を保全すること	生態系サービス
	基盤	栄養循環や光合成による酸素の供給	生態系サービス
経済価値	供給	食品や水といったものの生産・提供	生態系サービス
	経済	生産物の価格形成・付加価値の向上	日高（2002）
生活文化価値	生活	生活基盤の確保	日高（2002）
	文化	レクリエーションなど精神的・文化的利益	生態系サービス生

出所：日高（2019）より引用

ある。

　総合指標とは別に沿岸域を総合的に捉える考え方として、沿岸域や里海の質に影響を及ぼす要因の関係から全体構造を見抜き、問題を解決あるいは理想に近づくには何をどう変えたらいいかを見る方法であるシステム思考がある。システム思考では、まず問題に関する要因を抽出し、要因間の因果関係を分析して因果関係図あるいは因果ループ図 CLD（Causal Loop Diagram）を作成するものである。この関係を見ることによって複雑な要因関係を全体として把握することが可能になる。この手法は、第 10 章で紹介される。

　総合指標や因果関係図によって管理対象の動きや構造を総合的に捉えることは、里海や沿岸域の管理を変化する状態に合わせて適切な対策を講じる順応的管理に必要なことである。しかし、まだこのことに関する研究は少なく、十分な成果は得られていない。

注

1）図 1-3 で示されている海域は、大阪府が設定している水質調査地点の区分であり、A 海域が大阪湾の湾口部、B 海域が湾中央部、C 海域が湾奥部に配置されている。これらは環境基準による COD の A、B、C 類型と TN、TP のⅡ、Ⅲ、Ⅳ類型に相当する。
2）日本水産資源保護協会が定めた水産用水基準第 8 版（2018 年版）によると「陸域からの栄養塩類供給に依存する閉鎖性内湾であって、全窒素 0.2mg/L 以下、全リン 0.02mg/L 以下の海域は生物生産性が低い海域であり、一般的には漁船漁業には適さない」とされており、これを参考に下限値が定められている。
3）仲上（2018）には沿岸域における生態系サービスの計測事例が整理されている。また、柳（2019）の第 5 章（pp.206-240）では仲上氏をリーダーとする研究グループによる計測結果が紹介されている。

参考文献

The Nippon Foundation NEREUS PROGRAM「ブルーエコノミー：社会的利益と公平性の必要性」
　　https://nereusprogram.org/ja/works/ ブルーエコノミー：社会的利益と公平性の必要性/
　　2021.4.18 閲覧
イヴォーン・ユー・永井三岐子編（2016）『能登の里海ムーブメント―海と暮らす知恵を伝えていく―』、UNU-IAS OUIK
　　collections.unu.edu/eserv/UNU:5838/OUIK_Noto_Satoumi_Movement_WEB_Version.pdf
　　2020.4.3 閲覧

池ヶ谷辰哉・長井浩・高木哲郎（2008）「洋上風力発電のための漁業権区域における基礎資料の検討」、太陽／風力エネルギー講演論文集、pp.389-392

磯部雅彦（2013）「総合的沿岸域管理の枠組み」、日本海洋政策学会誌、3号、pp.4-13

一般社団法人海洋産業研究会（2015）『洋上風力発電等の漁業協調のあり方に関する提言（第2版）』

井上恭介・NHK「里海」取材班（2015）『里海資本論　日本社会は「共生の原理」で動く』、株式会社KADOKAWA

岩元晃一（2017）「北九州市響灘地区洋上風力産業拠点の形成」、日本風力エネルギー学会誌、Vol.41、No.1、pp.52-58

印南敏秀（2010）『里海の生活史　文化資源としての藻と松』、みずのわ出版

（地独）大阪府立環境農林水産総合研究所HP「水産分野　大阪湾の環境保全と資源管理を支える調査研究」

　　http://www.kannousuiken-osaka.or.jp/suisan/gijutsu/gyogyou/toukei.html　2021.4.18閲覧

太田貴大・上原拓郎（2017）「公示地価を用いたヘドニック法で価値評価可能な沿岸生態系サービスの検討：不動産鑑定士に対するアンケート調査」、環境情報科学、46(3)、pp.84-90

岡本祥浩（1988）「都市生活者とウォーターフロント」都市環境研究会『都市とウォーターフロント　沿岸域の管理・計画』、都市文化社、pp.29-60

小野寺真一・齋藤光代・北岡豪一編著（2018）『瀬戸内海流域の水環境：里水』、吉備人出版

上村真仁・山﨑寿一（2017）「石垣島白保集落・サンゴ礁保全を核とした地域づくりの展開手法に関する研究」、農村計画学会誌、36巻論文特集号、pp.383-389

川辺みどり（2017）『海辺に学ぶ　環境教育とソーシャル・ラーニング』、東京大学出版会

環境省（2011）「里海づくりの手引書」

　　https://www.env.go.jp/water/heisa/satoumi/common/satoumi_manual_all.pdf2020.3.29閲覧

木村尚（2016）『都会の里海　東京湾　人・文化・生き物』、中央公論新社

国際協力機構（JICA）「持続可能なブルー・エコノミーに関する国際会合・サイドイベント「アフリカにおけるブルーエコノミーの推進─水産開発を通じて」

　　https://www.jica.go.jp/information/seminar/2018/20181128_01.html　2021.4.18　閲覧

翟国方・鈴木武（2006）「横浜市における住民の沿岸域管理への認知構造に関する基礎的研究」、国土技術政策総合研究所資料、（348）：2006-11

　　https://dl.ndl.go.jp/view/prepareDownload?contentNo=1&itemId=info%3Andljp%2Fpid%2F10166196　2020.3.28閲覧

翟国方・鈴木武（2008）「統合的沿岸域管理に関する基礎的研究」、国土技術政策総合研究所資料、（473）：2008-09

　　https://dl.ndl.go.jp/view/prepareDownload?contentNo=1&itemId=info%3Andljp%2Fpid%2F10166438　2020.3.28閲覧

堺泉北港港湾振興連絡協議会（2011）「堺泉北港経済波及効果調査報告書【概要版】」

　　http://www.kannousuiken-osaka.or.jp/suisan/gijutsu/gyogyou/toukei.html　2021.4.18閲覧

桜井良（2018）「里海を題材とした中学生への海洋プログラムの教育効果」、環境教育、28(1)、pp.12-22

敷田麻実・横内憲久（2002）「今後の日本の沿岸域管理に関する研究：日本沿岸域学会2000年

アピールの理論的分析と評価」、日本沿岸域学会論文集、14、pp.1-12

水産庁「干潟・藻場の二酸化炭素吸収の仕組み―ブルーカーボンの評価」
　https://www.jfa.maff.go.jp/j/koho/pr/pamph/pdf/21-25mobahigatahyouka.pdf　2020.3.29 閲
　覧

杉村佳寿・小林登茂子・三戸勇吾・吉原哲・岡田知也・桑江朝比呂（2021）「博多港におけるブ
　ルーカーボンオフセット制度の創設と今後の展望」、土木学会論文集 G（環境）、77(2)、
　pp.31-48

祖田修（1997）『都市と農村の結合：「西ドイツの地域計画」増補版』、大明堂

仲上修一（2018）「沿岸海域の生態系サービスと里海のサスティナビリティ評価」、沿岸海洋研
　究、56(1)、pp.39-47

中原裕幸（2011）「沿岸域総合管理に関する一考察：地方公共団体の管轄範囲をめぐって」、日
　本海洋政策学会誌、1、pp.93-96

中村拓朗（2019）「大村湾の里海回帰を探る」、環境共生、35、pp.44-47

日本沿岸域学会 2000 年アピール委員会「日本沿岸域学会・2000 年アピール―沿岸域の持続的
　な利用と環境保全のための提言―」、2000 年 12 月
　http://www.jaczs.com/03-journal/teigen-tou/jacz2000.pdf　2021.4.18 閲覧

比嘉義視・竹内周・家中茂（2018）「モズク養殖とサンゴ礁再生で地方と都市をつなぐ―沖縄県
　恩納村」、鹿熊信一郎・柳哲雄・佐藤哲編著『里海学のすすめ』第 9 章、勉誠出版、pp.237-
　271

日高健（2002）『都市と漁業：沿岸域利用と交流』、成山堂書店

日高健（2016）『里海と沿岸域管理』、農林統計協会、pp.275-292

日高健（2019）「沿岸域多段階管理システムの適用可能性と課題：大村湾を事例として」、日本
　海洋政策学会誌、9、pp.94-107

古屋温美・高原裕一・長野章（2006）「漁港整備による地域経済波及効果の評価」、平成 18 年度
　日本水産工学会学術講演会、pp.179-182

松浦茂樹・島谷幸宏（1987）『水辺空間の魅力と創造』、鹿島出版会

柳哲雄（2019）「管理手法と政策提言」、柳哲雄編著『里海管理論』第 8 章、農林統計協会、
　p.333-359

第2章　里海論の系譜

1．里山と里海

　里海の概念は、提唱者の柳哲雄氏によると里山の類比から生まれたとのことである。しかし、里山が世間一般に知られているのに対し、里海の方はそれほど知名度が高くないと思われる。里山は、秋から冬の初めに世間を賑わすことが多い。それは、里山が荒れると、あるいはその年の気候によって山野での食料がなくなると、熊や猪が人里に出てくるからである。その時の里山は、人里近くにあり、あまり人の入らない奥山との中間にあって、人間と自然の緩衝地帯といったような受け入れ方がされている。この緩衝地帯は当然人手が加わる。そして人手が加わることによって、奥山とは違う独特の自然が形成される。つまり、里山は人との関りがある半自然の状態にある山を指すのである。このような人里近くの自然としては里地、里浜、里湖などがある。もちろん、この本の対象である里海も忘れてはならない。どの言葉も、人間と自然の相互関係のある場所を指している。この相互関係によって生まれる互恵関係が、これらの言葉で表される場所の重要性を意味する。

　里山が文献に登場するのは早いが、研究テーマとして取り上げられるようになったのは1990年代からであり、雑誌記事検索データベースによるとこれまでの記事数は3,683件である（2020年11月8日現在）。一方、里海が研究テーマとして文献に登場するのは2000年代からで、同データベースではこれまで512件が取り上げられている。上原ほか（2019）によると、1998年から2018年の間に里海が218件の研究論文等に掲載されている。このように、研究面でも里山は里海に先行し、研究の蓄積も多いようである。

　里山は、森林に関する制度では入会林野と呼ばれる。入会林野は、林野政策においては前近代的なものとされ、「入会林野等に係る権利関係の近代化

の助長に関する法律」で消滅することになっている。しかし、最近ではその共有の環境価値から里山コモンズとして現代的な形で復活させようという動きがある（室田ほか2004、寺田2015）。日本でのコモンズ研究に森林を対象とするものが多いのはそのせいでもある。

　里山と里海、そのほか里地や里湖などに共通するのは、自然の資源や空間を関係者で共有し、共同で利用するという点である。このことは、入会林野で使われた「入会（いりあい）」という概念で表現される。ここでは資源や空間を共有し共同で利用することによって、人と自然の間の互恵を生む相互関係が達成されることが期待されている。つまり、里山や里海を考えるとき、人と自然の互恵の相互関係を生むような利用と管理の仕方が問題になるということである。

　漁業においては、「入会」は漁場の共同利用を意味する。この概念は古くからあり、特に江戸時代に「磯は地付き、沖は入会」という漁場利用の制度の根幹として使われたらしい。「磯は地付き」の部分が沿岸漁村の入会によって共同利用され、管理も行われたということを意味する。その沖合では漁村を限定しない自由な入会が行われたということである。通説では、それが明治時代に漁業法によって専用漁業権として法制度化された。この専用漁業権は、現在の漁業法でも共同漁業権として存在し、海の利用に関する基本的な制度の一つとなっている。沿岸漁村の目の前にある海をその漁村の人たちが共同で利用し管理するという海の入会を法制度化したのが共同漁業権制度であれば、それは里海と同じということになる。現行法の共同漁業権は漁業を営む権利であるから、厳密には里海とは異なるところがあるのだが、共同漁業権制度の歴史的な根源は里海と同一であるといってよい。しかし、社会経済の変化によって漁村の構成員や海面利用の状況が変わり、さらに漁業制度の改正もあって、共同漁業権制度は大きく変化している。そこで、里山が里山コモンズとして現代的な役割を期待されているのと同じように、共同漁業権制度にも里海として現代的な役割が求められるようになったとみることができる。このことについては、次章で詳しくみる。

　一方、里山にしても里海にしても、これまではそれぞれが単独のものとし

て捉えられてきたものである。しかし、最近ではそのつながりが注目され、里山と里海がつながることが重要だという声が大きくなっている。それを典型的に言い表しているのが、「森は海の恋人」という表現である（畠山1994）。畠山重篤氏のこの提起がきっかけとなり、山と海のつながりが考えられるようになった。田中克氏をはじめとする京都大学の研究グループは森里海連環学として一連の研究を行っており（京都大学フィールド科学教育研究センター2011）、また里山と里海の関係を物理的に解明しようとする研究も進められている（柳2019）。実際の取り組みでも、漁業関係者による植林活動のような里山と里海をつなげる試みが増えている。里海の発祥地とされる岡山県備前市の日生では、岡山県内陸部の真庭市の里山と連携する取り組みが行われている（松田2018）。また、里山と里海をつなぐ里水という概念も提案されている（小野寺ほか2018）。

　このように、里海は里山の類比として誕生したものであるが、現在では両者が並ぶものであり、さらに連携すべきものと捉えられるようになっている。

2. 代表的な里海論
里海論の主な流れ

　柳氏による里海概念の提案以来、里海を正面から捉えた研究、あるいは里海とは称していないものの里海と同義と受け取られるような概念の研究を行っている研究者が多数出てきている。彼らの中には、柳氏とは異なるアプローチから里海に関する研究を行っている研究者も多い。第1章でみたように沿岸域や里海にいろいろな側面があるのと同じく、研究でもいろいろなアプローチがある。柳氏のアプローチを含めて、里海に関する研究の系譜を整理すると、図2-1に示したように、①物理・生物（自然科学系）、②経済・経営（社会科学系）、③民俗・社会（人文科学系）の三つに分けることができる。いずれのアプローチも他と重複する部分が多く、きれいに区分することは難しいのであるが、主たるアプローチあるいはバックグラウンドの研究分野による違いは見られる。

図2-1　代表的な里海論とその系統

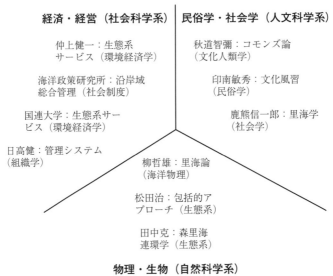

経済・経営（社会科学系） ｜ **民俗学・社会学（人文科学系）**

仲上健一：生態系
サービス（環境経済学）

海洋政策研究所：沿岸域
総合管理（社会制度）

国連大学：生態系サー
ビス（環境経済学）

日高健：管理システム
（組織学）

秋道智彌：コモンズ論
（文化人類学）

印南敏秀：文化風習
（民俗学）

鹿熊信一郎：里海学
（社会学）

柳哲雄：里海論
（海洋物理）

松田治：包括的ア
プローチ（生態系）

田中克：森里海
連環学（生態系）

物理・生物（自然科学系）

出所：著者作成

　以下では、物理・生物、経済・経営、民俗・社会の三つの領域について、代表的な研究者の言説を紹介する。

物理・生物（自然科学系）

①　柳哲雄氏の里海論

　柳哲雄氏の言説をたどりながら、里海論の進化を探ろう。柳氏はそもそも海洋物理学者であり、海洋における物質の移動を研究していた。同時に、柳氏の関心は瀬戸内海の漁業や漁業者にもあったようで、海洋物理学の研究を始めたころに瀬戸内海の水質汚染と水産資源の減少を目の当たりにして、「漁師が飯をずっと食っていけるというのが一番基本だ」と考えたのが、里海を思いついた動機であるらしい（上原ほか 2019）。そのような漁業に関わる動機と海洋物理学という研究バックグランドから生まれたのが里海論である。それは、前項で述べたように里山との類比から生まれたようだ。里海が提案された 1998 年頃には、里山はすでに学術的な研究が行われており、研

究者の中でも里山の生態系保全機能が認められ、人間による関与の重要性が認識されていた。しかし、海に関しては人間による関与を否定する声が多く、特に生態系の研究者から里山はともかく里海に対しては否定的であった。そこで、柳氏は海において人間が関与することによって生態系保全機能が発揮されるという理論的な基盤と実証事例をまとめて、「里海論」を刊行した。この中で著名な定義である「人手が加わることにより、生産性と生物多様性が高くなった沿岸海域」（柳 2006、p.29-30）が提示された。以後、この定義が広く使われることになる。この本の中では漁業や養殖方法の改善についても触れられており、同時期の論文では慣習法などについても整理されており、里海の射程の広さがうかがえる。

　この本の中で、柳氏は「『里海』を実現する基本は、沿岸海域で太く・長く・滑らかな物質循環を実現することに置かれなければならない」（柳 2006、p.31）とした。これは先に述べたあまりに有名な定義に隠れて取り上げられることは少ないが、実は里海を物質循環の側面から支える最も重要なことであると、筆者は思う。海に人手が加わっても生産性と生物多様性が高くなるのは、太く・長く・滑らかな物質循環が維持あるいは改善されるからである。つまり、そのような人手の加わり方が重要なポイントになる。「里海論」でのこれらの主張に対して多くの反論や疑問が出されたようだが、柳氏はそれらへの答えをまとめて『里海創生論』を刊行している（柳 2010）。

　物質循環を考えるとき、里海論が提起される以前の富栄養化された海が前提となっている。1960 年代から 70 年代には富栄養化による赤潮の発生やそれに伴う生物への悪影響が問題にされ、80 年代から 90 年代に水質環境改善のための様々な規制が導入された。里海論が出されたのは水質に改善の兆しが見られ始めていた 2000 年前後を対象としている。この頃は改善に兆しはあるものの、まだ栄養塩が多すぎて、いかに削減するかが問題とされていた段階である。その後、2000 年代に入ると、漁業関係、特にノリ養殖において栄養塩の不足が問題とされる状態が発生した。これが養殖ノリの色落ち問題である。漁業関係者が栄養塩を増やさないと漁業生産が下がってしまうと主張するのに対して、環境関係者はまだ栄養塩を削減してきれいな海にすべ

きという反対の主張をする。そこで問題になったのが、適切な栄養塩をはじめとする水質とはどのような水準か、それをどうやって達成するかである。そこで、2010 年代には、柳氏の里海論は次のフェイズに移り、栄養塩のコントロールが強く主張される方向に向かった。

　この方向での研究を後押ししたのが、2015 年から環境省の環境研究総合推進費による「持続可能な沿岸海域実現を目指した沿岸海域管理手法の開発」である。この研究プロジェクトでは、柳氏をリーダーとする多方面からの研究者によって里海の動態を定量的に解明することが試みられた。多方面というのは、海洋物理学、生物学、経済学、経営学、民俗学であり、筆者の日高も社会人文科学班としてメンバーに加わっている。その成果は『里海管理論』（柳 2019）に記されている。

　この本の詳細の説明は別に譲るとして、この研究の中で柳氏が追求したのは、「きれいで、豊かで、賑わいのある持続可能な、沿岸海域」（柳 2019、p.1）であり、それを支える科学的な根拠である。その中で、栄養塩の水準と生息する生物量の間に非線形の相関関係があり、それをヒステリシスとして表現した。ヒステリシスとは、ある時点の X と Y の関係によって一義的に関係が決まるのではなく、過去の状態がタイムラグを持って X と Y の関係に影響するという考え方である。

　海に当てはめると、栄養塩の量と水産資源の量には図 2-2 で示されているような関係があり、最適水準が存在する。しかし、その関係は過去の栄養塩の動態が一定のタイムラグを持って水産資源量の多寡を決めるため、図 2-3 のように両者の関係は変動し、一定の範囲内で循環する。つまり、両者の関係の最適値は特定の値ではなく、範囲の中に存在する。このようなタイムラグと最適範囲を前提にすると、海域における栄養塩の管理の仕方が変わってくる。この点に、里海の定量化とそれに基づく栄養塩管理のポイントがある。柳氏をリーダーとする研究グループの最近の研究でこのことが明らかになったのである。

図 2-2　栄養塩濃度（透明度と逆比例）と漁獲量の関係

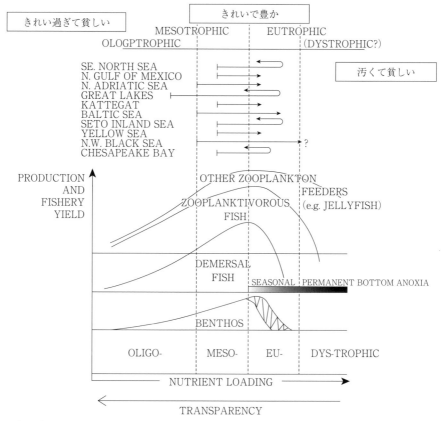

COMPARATIVE EVALUATION OF FISHERY ECOSYSTEMS
RESPONSE TO INCREASING NUTRIENT LOADING

出所：柳（2019）、p.334 より引用

②　松田治氏の包括的アプローチ

　海洋生物のアプローチから里海論を唱えている研究者に松田治氏がいる。松田氏は水圏環境の研究者であり、瀬戸内海における環境管理の制度化にも深く関わってきた。松田氏の里海に関する言説は生物系に限らず、沿岸域の歴史・文化、法制度や経済まで含めた総合的なものであり、包括的なアプローチと呼ぶことができるものであるが、中心に置かれるのは生態系あるい

図2-3　5年移動平均した瀬戸内海の平均透明度と漁獲量の関係の経年変化

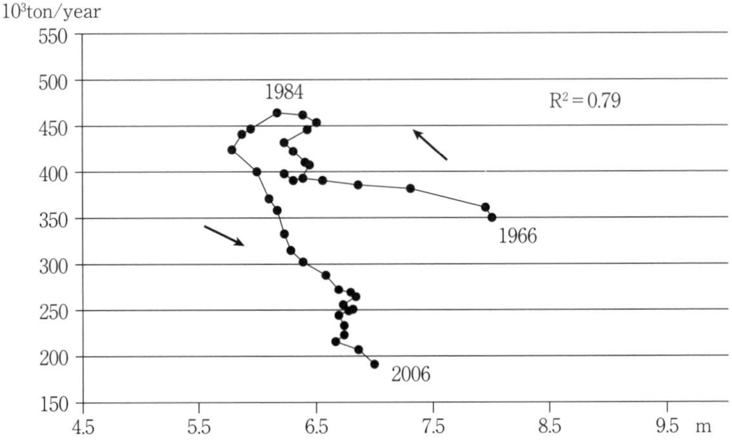

出所：柳（2019）、p.337 より引用

は生物多様性であるように思われる。また、全国各地の里海づくりの指導を
しており、特に香川県における県を挙げての里海づくりであり、瀬戸内法に
基づく香川県計画に反映された「かがわの『里海』づくりビジョン」や、三
重県志摩市の里海を旗頭にしたまちづくりである里海創生基本計画の作成に
初動時から関わっている。また、多くの国際学会で里海の紹介を行ってお
り、里海がSatoumi として国際的に知られるきっかけを作っている（松田
2010）。つまり、松田氏は里海の伝道師としての役割を果たしていると思わ
れる。

　松田氏は包括的アプローチを取るとともに、里海を包括的概念規定とし、
里海の定義として内容を詳細に定める必要はないというのが基本姿勢である
（松田 2013）。このため、松田氏による特定の里海概念はないのだが、これま
での言説からすると、松田氏が描く里海の姿は沿岸域における保全と利用が
調和し両立するものであり、保護一点張りではなく、利用中心の開発志向で
もなく、地域の知恵や伝統を重視した自然再生や生態系管理を志向するもの
ということになる。以上のような総論としての共通性のもとに、現実の里海
の姿は表現型の違いであり、いろいろなものが出てくるのは当然であるとし

ている。その中には、パラダイムシフトや新たなライフスタイルへの志向という側面も含まれている。

　また、松田氏は現場における里海づくりに深く関わっていることから、里海論は多くの人たちが参加し協働しながら里海づくりを進めていく運動論という見方もしている（松田2015）。さらに、新しい管理制度や住民の参画の仕方、地域振興や環境教育も里海の側面として重要であることも主張している。

　これからの里海について、松田氏は1998年以降の里海づくりの発展を三つに時代区分し、現在は第Ⅲ期の「令和の里海づくり」の段階にあるとした上で、次のように述べている。つまり、Human Well-Being が重要なキーワードであり、「里海づくりの長期的な目標は、『豊かな海』の実現を通じて人々がより健康で快適で持続性のある、幸せを実感できる暮らしを実現すること」（松田2021）として、新たな里海と里海づくりのあり方を提案している。

③　田中克氏の森里海連環学

　里海論が沿岸域の海域を中心に展開されるものであるのに対し、里海よりもっと広く、陸域まで含めた沿岸域のあり方を提案しているものに、田中克氏による「森里海連環学」の考え方がある。田中氏はもともと魚類生態学の研究、特に稚仔魚の生態を研究してきた生物学者であるが、その稚仔魚の生態学に関する研究フィールドであった有明海の環境変化と、森と海のつながりを重視する「森は海の恋人」という考え方との出合いから、森・里・海の間の連環を重視する「森里海連環学」に思い至ったとしている（田中2013）。

　田中氏は、稚仔魚の生態研究の中から、多くの沿岸性魚類は稚魚期に河口域、砂浜海岸、干潟域、藻場、岩礁域などの浅海域を生息場として利用するものであり、高度経済成長期を経て、気づかないうちに浅海域が破壊され、劣化してきたとする。有明海においては、諫早湾の締切堤防だけでなく、河口堰等によって筑後川からの様々な物質の添加が無くなったことや、干潟が大幅に減少したことが環境変化の原因とする。一方、「森は海の恋人」は、

宮城県気仙沼でカキ養殖を行っていた畠山重篤氏による主張で、森林からの流入物によってカキ養殖ができる豊かな海が維持されるというものである（畠山 2006）。これをきっかけに、日本各地で漁業者による植林活動が行われることになった。田中氏は畠山氏の主張に触発され、海を守るためには陸域生態系と海域生態系が不可分に連環していることを認識することが必要であり、森林と海の間を流域の里を介して水が循環することによって、自然が維持され再生されるとした。これが森里海連環学の骨子である。そして森と海の間を循環する水によって森林から海に供給される鉄分（フルボ酸鉄）に注目している。

　田中氏が考える里海は、「森と海のつながりを基軸とするわが国古来の稲作漁労文明を特徴づける海の営み」（田中 2011）である。そして、里山の稲作と里海の漁労が共通の自然的基盤の上で成立しているのが日本の稲作漁労文明であるとしている。森に依拠する水が里海を潤し、それが同時に海を豊かにすることから、里海の成立には確かな森里海連環が不可欠であるということになる。

　田中氏の森里海連環学は、京都大学フィールド科学教育研究センターに引き継がれ、森里海のつながりの重要性を人に認識させるための教育活動が展開されている（京都大学フィールド科学教育研究センター 2011）。

経済・経営（社会科学系）
④　仲上健一氏の生態系サービス

　柳氏をリーダーとする環境省のプロジェクトの中で、環境経済学の研究者による研究も行われている。仲上健一氏をはじめとする立命館大学の研究者たちは里海・沿岸域の環境価値を経済的に計測したり、沿岸域の生態系サービスを定量化したりする試みを行った。彼らの研究では里海の持つ様々な要因を定量化し、里海の価値と構造を評価する試みも行っている。その結果は『里海管理論』の中に収められている。

　瀬戸内海の自然環境に対する経済評価について、太田（2019）は柘植（2003）が1998年にCVM法（仮想市場法といって環境に対していくら支払うか

を聞くことによって経済評価を行うもの）によって算出したのと同じ方法で
2015 年に算出を行い、両者を比較した。その結果、現存する瀬戸内海の自
然環境の価値は 1998 年の 423 兆 8,096 億円に対し、2015 年には 1,345 兆
7,513 億円となった。また、開発等によって失われた自然環境の価値は、
1998 年に 171 兆 3,022 億円であったのに対し、2015 年には 989 兆 4,426 億円
となった。ちなみに、太田（2019）は 1998 年から 2015 年の間の大幅な経済
価値の増加の原因について、保存されるべき海域における埋め立て面積の増
加と広い範囲での瀬戸内海に対する重要性の認識向上であると推察してい
る。

　このような経済価値は自然環境の持つ様々な側面を包括して金額の大きさ
によって評価されるのであるが、一方で個別の機能は捨象される。先の瀬戸
内海における自然環境の経済価値も、生態系サービスが何種類もあると言い
ながら全部ひっくるめた評価になっている。

　これに対して、生態系サービスと環境資本の内容を特定して個別のデータ
を集めて分析した後に、これらを包括的富指標として統合して評価するサス
テイナビリティ評価の考え方がある。上原（2019）は、この方法で生態系
サービスを自然資本、人的資本、人工資本の三つに区分し、瀬戸内海におけ
る 50 年前と現在のそれぞれの資本とそれらを統合した包括的富指標を計算
して比較している。これによると、50 年前の値を 100 として、現在の自然
資本は 66.4、人的資本は 87.7、人工資本は 74.5 に減少しており、包括的富
指標は 50 年までの 5 兆 3,551 億円から現在では 3 兆 5,817 億円に減少してい
る。

　このサステイナビリティ評価は静的なものであるのに対し、仲上（2018）
は三つのステップに沿って段階的にサステイナビリティを評価する動的サス
テイナビリティ評価を提案している。これによると、ステップ 1 は状態、ス
テップ 2 は能力、ステップ 3 は意思であり、それぞれを評価する複数の項目
を設定して統計資料等から計測を行い、レーダーチャートに記して評価する
という方法で、志津川湾（宮城県）、備前市日生（岡山県）、七尾湾（石川県）
のサステイナビリティを評価している。ここでは包括的富指標のような統合

された値として、さらには絶対値としては評価されないのだが、レーダーチャートの大きさ（面積）と指標間のバランスが相対的に評価される。

　以上のように、仲上氏らは里海を生態系サービスを提供するものとして捉え、柳（2019）で示された里海の「きれいで・豊かで・賑わいのある」という三要素について、多様な評価項目で構造的かつ相対的に評価することを試みている。さらに、これらは動的なものであり、地域の人々や行政による働きかけよって操作可能なもの、つまり人と海との関わりにおいて変化するものとし、地域の将来に関する地域経済政策の重要性を指摘している。

⑤　海洋政策研究所の沿岸域総合管理

　海洋政策研究所は、海洋の利用と管理に関わる調査研究と政策的提言を行うシンクタンクである。ここには多数の研究者が所属しており、沿岸域管理に関する調査研究も行っている。海洋政策研究所は、沿岸域管理を沿岸域総合管理 Integrated Coastal Management と呼ばれる手法によって実現することを目標としており、東南アジアで沿岸域総合管理の実施と拡大を指導している PEMSEA（Partnerships in Environmental Management for the Seas of East Asia）と連携して、日本国内におけるモデルサイトの導入と指導を行っている。例えば、志摩市、小浜市、備前市日生、大村湾などである。これらは海洋政策研究所の取り組みでは沿岸域総合管理のモデルであるのだが、一方でこれらは里海の事例ともみなされている。つまり、現場では沿岸域総合管理と里海が重なっているということを示している。

　海洋政策研究所の沿岸域総合管理に関する研究は『沿岸域総合管理入門』としてまとめられているほか（笹川財団海洋政策研究所編 2016）、多くの調査報告書がまとめられ、公表されている。

　海洋政策研究所のアプローチは、沿岸域総合管理を目指していることから、特定の分野に偏ることなく、包括的なものとなっている。同所は沿岸域総合管理のモデルサイトの取り組みに先立って、海の健康診断を実施し、生物や水質のほか、漁業関係も含めた総合的な分析と評価を行ってきた。それらに基づき、制度的な取り組みを検討するという進め方が取られることが多

い。そして、沿岸域総合管理の実行にあたっては、その範囲として市町村を想定し、地方自治体と地域住民による協働の管理体制が取られるようにしている。国による沿岸域総合管理計画の枠組みでは、都道府県を管理主体としたのだが、海洋政策研究所は多数の現地での取り組みの経験を踏まえ、市町村レベルでの取り組みを推進している。

民俗・社会（人文科学系）

⑥　鹿熊信一郎氏の里海学

　鹿熊氏は、沖縄県を拠点に東南アジアにおける人と漁業と海の関わりを調べており、柳氏らとともに『里海学のすすめ』（鹿熊ほか 2018）をまとめた。鹿熊氏は定義ではなく里海の最重要な側面（本質）として、「地域の人が密接に関わる環境保全・資源管理により沿岸海域の生態系機能を高めていること」（同書、p.2）を挙げ、直接人手をかける直接的活動と禁止区域の設定のような管理的活動をうまく組み合わせて里海づくりを行うことが大切としている（同書、p.10-11）。

　鹿熊氏は、様々な里海の実務家が集まって里海の性格について議論を行った結果から、里海の機能を生物生産性向上、環境保全、交流促進、文化継承の四つに整理し、各地の取り組みを評価した（鹿熊 2011）。そして、日本各地の里海はきわめて多様であり、排他的でなく、多様性のなかで里海づくりの課題を検討するべきとしている。

　また、鹿熊氏は『里海学のすすめ』の中で、共著者の柳氏、佐藤哲氏とともに地域環境知、レジデント型研究者、双方向型トランスレーターというキーワードを挙げ、里海創生には自然科学、人文社会科学を統合するインターディシプリナリー研究が必要であり、さらにトランスディシプリナリー・サイエンスが必要になってきたと主張している。トランスディシプリナリーとは科学者・専門家と地域の人々（ステークホルダー）が研究のデザインの段階から成果の実践までの全ての過程を通じて密に協働する研究方法であるとしている。それを受け、里海の研究は地域の課題に駆動され、総合的で、地域の問題解決を目指す問題解決指向の研究であると位置づけている。

⑦　秋道智彌氏のコモンズ論

　里海の人文社会学的側面に関わる研究をしている研究者に、秋道智彌氏がいる。秋道氏は生態人類学者、文化人類学者であり、「自然は誰のものか」をテーマとして、世界の沿岸における地域住民や零細漁業と海や水産資源との関わり方をコモンズとして分析評価している。里海は共有資源の共同利用が行われるコモンズとしての性格を持つことから（日高 2016）、秋道氏の自然と人間との直接的な関わり方についてのコモンズ研究の成果は、里海のあり方について大きな示唆を持つ。

　秋道氏のコモンズ論を端的に示しているのは『コモンズの人類学』（秋道 2004）である。これによると、コモンズは地域の共有地（共有資源）であるローカル・コモンズ、これを超えて社会一般や国家によって共有される場・資源であるパブリック・コモンズ、国家を超えて共有される場や資源であるグローバル・コモンズの三つに分かれる。また、資源の管理・利用にはプレ・ハーベスト、ハーベスト、ポスト・ハーベストの三局面があり、局面によって問題が異なる。問題となるのは、順に場所や空間の所有のあり方、労働の意味とそのあり方、再配分のあり方である。このように、コモンズのスケールと管理・利用の局面によって管理や利用のあり方が違い、重層的な管理・利用の共有論が必要となる。その上で、理想的なコモンズとしてエコ・コモンズを提唱している。エコ・コモンズとは、人間による人為的な分断を極力排除して、生態系の連続性と循環の機能を重視すべき場所であり、生態学的機能を配慮したコモンズのことである。

　秋道氏による里海への言説が少ない中で、『生態史から読み解く環・境・学』（秋道 2011）では、里海の再生が取り上げられている。ここで、里海は「人間と自然が共生することのできる沿岸域」（p.101）であるとし、里海の再生のためには、栄養塩類の輸送が不可欠であることを指摘している。そして、明治以降の近代化と戦後の高度経済成長が日本の里海に断絶と孤立をもたらしたとし、里海再生のためには多面的な方策とネットワークづくり、つまり海のつながりを再生することが喫緊の課題であるとする。さらに禁漁区、魚付林の保全、海の観光地と漁業区域の仕分けなど、なわばりの設定を

きめ細かく行うことが肝要ともしている。以上から、秋道氏はつながりとなわばりの両者が里海再生にとっての車の両輪であるとする。

　このような重層的な共有論とエコ・コモンズの考え方は、そのまま里海論にも該当するものであり、里海再生のためにつながりとなわばりの再生が重要であるとの指摘は里海の管理に合わせて読み替える必要がある。

3.　日本の環境政策・海洋政策における里海論

　日本において柳氏の提案する里海の考え方が広く受け入れられ、里海づくりの活動が拡大していったのは、一つには里海が環境に関する政策の中に取り入れられたことがあると思う。いくつかの省庁が里海を取り上げている中で、最も早く注目し、かつ積極的に政策に結び付けたのが環境省である。

　2007 年に、まず 21 世紀環境立国戦略で、次いで第 3 次生物多様性国家戦略で里海の概念が取り上げられた。翌 2008 年からは 3 カ年の里海創生支援事業が行われ、里海づくり手引書の作成や里海モデル事業が進められている。その後、各地域の環境政策の中で里海が管理の目標とされるようになった。

　環境省の里海創生事業では、事例調査や専門家の議論を踏まえて、里海の定義を「人間の手で陸域と沿岸域が一体的・総合的に管理されることにより、物質循環機能が適切に維持され、高い生産性と生物多様性の保全が図られるとともに、人々の暮らしや伝統文化と深く関わり、人と自然が共生する沿岸海域」（環境省 2009）としている。柳氏の定義に入っていなかった物質循環（柳氏は別に説明している）や人々の暮らしや文化を加えている。

　また、環境省が、同事業により 2011 年に作成した里海づくり手引書では、柳氏の定義そのものを定義としながら、里海づくりは「物質循環」「生態系」「ふれ合い」という三つの保全・再生要素と、「活動の場」「活動の主体」という二つの活動要素によって構成されるとしている（環境省 2011）。また、同書では里海を七つの類型に分け、それぞれの具体的な事例を紹介している。

　この里海創生支援事業による手引書の作成とモデル事業の展開は、その後

の里海づくりの拡大に大きく貢献していると思われる。

　また、2008 年には瀬戸内海環境保全知事・市長会議が瀬戸内海を里海として再生していくことを求めた「瀬戸内海を豊かで美しい里海として再生するための法整備の考え方」（瀬戸内海環境保全知事・市長会議 2008）を出している。これに影響を受けたかどうかはわからないが、2015 年の瀬戸内海環境保全特別措置法の改正では、基本理念として「豊かな海」が取り上げられた。法自体には記載がないものの、環境省の説明資料では「豊かな海（里海）」とされている（環境省「瀬戸内海環境保全特別措置法の一部を改正する法律の概要」）。同法改正の根拠となっている中央環境審議会答申では、施策に共通する事項として、地域における里海づくりが取り上げられ（中央環境審議会 2012、p.15）、同法による基本計画でも地域における里海づくりの手法を導入するとされている（基本計画、p.4）。瀬戸内海と里海の関わりは古いように思われるが、環境政策において里海が公的に使われるようになったのは意外と新しい。また、同答申では里海づくりには幅広い主体の参加によるボトムアップと健全な水循環の確保や有機的につながる生態系ネットワークの形成が重要であることも指摘されている。

　海洋政策においては、2008 年に策定された海洋基本法に基づく海洋基本計画の中に里海が取り上げられた。この計画では、水産資源の保存管理の項で、「沿岸海域において、自然生態系と調和しつつ人手を加えることによって生物多様性の確保と生物生産性の維持を図り、豊かで美しい海域を作るという『里海』の考え方の具現化を図る」（海洋基本計画、p.15）とされた。また、海洋環境の保全等の項において、「沿岸域のうち、生物多様性の確保と高い生産性の維持を図るべき海域では、海洋環境の保全という観点からも、『里海』の考え方が重要である」（海洋基本計画、p.17）とされ、二カ所で里海が使用されている。2018 年に改訂された海洋基本計画では、沿岸域の総合的管理の推進の中で里海づくりの考え方を積極的に取り入れることが記述されている（海洋基本計画 2018、p.54）。2008 年に比べると少しトーンダウンしているものの、海洋基本計画の中で継続して里海あるいは里海づくりが採用されている。

4.　日本以外での里海の評価

　里海は、日本から発信された沿岸域の管理に関する考え方であり手法でもある。この概念が海外における学会で紹介されるようになったのは、2010年くらいからである。当初はなかなか受け入れてもらえなかったようだが、柳氏と松田氏を中心とした多数の発表が行われた結果、それらが功を奏し、国際学会で Satoumi Session が継続して開催されるようになった（松田2013）。主な活躍の場は、兵庫県に拠点を置く国際エメックスセンターが事務局を務める世界閉鎖性海域環境保全会議 EMECS である。これは 2 年ごとに世界を回りながら、現地の関連学会と共同で開催される閉鎖性水域の管理に関する国際学会である。最初に Sato-umi が登場したのは、2006 年にフランスで開催された EMECS7 である。その後の EMECS8 で Satoumi にセッションが開催されて以来、継続してセッションが開かれている。その結果、人と海の相互作用を前向きにとらえ、人間活動と環境保全の調和を目指すSatoumi の考え方が受け入れられるようになり、Satoumi の実践を目指す地域も登場している。

5.　おわりに

　里海の定義は、提案者の柳氏のものが最も広く知られており、共通の認識になっている。しかし、里海には様々な側面があること、現場での活動家にはそれぞれの事情があることから、里海に対する認識の表現も様々なものになっている。これに対して、松田氏は包括的概念規定であり、表現型は様々であってよいとする。

　一方、里海とは何かを明らかにする研究者、あるいは里海と類似した概念を取り扱っている研究者は、その関心分野の違いからいろいろなアプローチをとっており、本章で取り上げたような様々な研究結果に基づく科学的主張が行われている。しかし、ここで取り上げた研究者の言説をよく見ると、共通する特徴があることに気づく。それは、物質の循環、水の循環、生態系、生物の移動生態、人と人のつながりといったもので、循環、ネットワーク、つながりというキーワードで表される。分野やアプローチの違いは、何の循

環を、どのように、どの範囲で捉えるのかといった違いであるということができる。大胆に集約すると、里海とは人と人あるいは人と自然の関わりによって何かの循環が達成された状態となる。

　もう一つ、主な言説に共通する重要なことは、里海は人と自然との向き合い方を重視しているということである。柳（2018）は、里海が欧米の研究者になかなか受け入れられなかった理由について、日本と欧米の環境観の違いを指摘している。つまり、日本は人間と自然の共生を考えるのに対して、欧米は人間と自然の分離を考えるというのである。これは、欧米の環境管理でよく使われる「スチュワードシップ」という言葉に表されている（加藤1998）。スチュワードである人間は神からその創造物である自然の管理を委ねられているというのである。これに対し、日本では里海の中で人は自然と共に生きていこうとする。つまり、人と自然の共生の場が里海と捉えられる。他の研究者も捉える側面や捉え方は違うものの、同じく人間と自然との関わり方の重要性を指摘している。

　人類学者の中沢新一氏は、構造主義で著名なレヴィ＝ストロースの「日本では自然を人間化する」（レヴィ＝ストロース1979、pp.165-168）という表現に基づき、日本の里山は「自然のもつ自発性を生かしながら、最適の環境をつくり出そうとする努力がはらわれてきました」（中沢2016、p.94）としている。つまり、自然が本来持っている力を人間の手によって引き出そうという努力が払われて形成されたのが里山だというのである。また、レヴィ＝ストロースは同書で「日本ではさまざまな生活の要素（筆者注：自然の要素でもある）が、がっちりとしたシステムにまとめ上げられています。それが日本文化の力です」（レヴィ＝ストロース1979、p.166）としている。これらを参考にすると、里海は海が持つ本来の力を引き出すように努力する人間と海をまとめて一つのシステムにしたものと言うことができる。

　里海研究者では、印南敏秀氏の一連の研究（印南2010、2011、2012）は里海で営まれている昔からの食や料理法、藻の肥料や燃料としての活用などを通した人と自然との関わり方を明らかにするものである。これは里海論としての紹介はできなかったが、食や暮らしを通して里海における人と自然の関

わり方に焦点を当てた研究である。ただし、このような里海研究と里海の自然科学的なメカニズムを明らかにしようとする研究とがうまく連携していないという点は問題である。

　里海における様々な循環ならびに人と自然の関わり方については、研究者と活動家、行政、それに一般市民も交えて十分に議論すべきであろう。

参考文献

秋道智彌（2004）『コモンズの人類学』、人文書院

秋道智彌（2011）『生態史から読み解く環・境・学』、昭和堂

印南敏秀（2010）『里海の生活史：文化資源としての藻と松』、みずのわ出版

印南敏秀（2011）『里海の自然と生活：海・湖資源の過去・現在・未来』、みずのわ出版

印南敏秀（2012）『里海の自然と生活 2（三河湾の海里山）』、みずのわ出版

上原拓郎（2019）「沿岸海域のサステイナビリティ評価」、柳哲雄編著『里海管理論』、農林統計協会、pp.221-225

上原拓郎・桜井良・日高健・松田治・柳哲雄・吉岡泰亮（2019）「座談会記録　里海とは何か？」、政策科学、27-1、pp.89-107

太田貴大・仲上健一（2019）「瀬戸内海の生態系サービスの経済評価」、柳哲雄編『里海管理論』、農林統計協会、pp.206-214

小野寺真一・齋藤光代・北岡豪一編著（2018）『瀬戸内海流域の水環境—里水—』、吉備人出版

鹿熊信一郎（2011）「里海の課題—里海とはどのようなものか？どうすれば里海を作れるか？」、地域研究、8、pp.1-16

鹿熊信一郎（2018）「里海とはなにか」、鹿熊信一郎・柳哲雄・佐藤哲編著『里海学のすすめ』（序章）、勉誠出版、pp.9-25

鹿熊信一郎（2019）「日本および海外における里海の広がりと課題—地域の人が密接に関わるアジア型環境保全・資源管理—」、地域研究、24、pp.41-50

加藤尚武（1998）『環境と倫理—自然と人間の共生を求めて』、有斐閣アルマ

環境省（2009）「平成 21 年度里海創生支援モデル事業公募要領」

環境省（2011）「里海づくりの手引書」
　https://www.env.go.jp/water/heisa/satoumi/common/satoumi_manual_all.pdf　2021.09.26 閲覧

環境省「瀬戸内海環境保全特別措置法の一部を改正する法律の概要」
　https://www.env.go.jp/water/heisa/setonaikai_law_rev/kaiseiho-gaiyo.pdf　2021.9.24 閲覧

京都大学フィールド科学教育研究センター（2011）『森里海連環学：森から海までの統合的管理を目指して』、京都大学学術出版会

笹川財団海洋政策研究所編（2016）沿岸域総合管理入門』、東海大学出版部

瀬戸内海環境保全知事・市長会議（2008）「瀬戸内海再生方策　豊かで美しい瀬戸内海をめざして〜里海としての再生〜」

https://www.kankyo.pref.hyogo.lg.jp/JPN/apr/kisha/19kisha/h19m10/1024housaku.pdf
2021.9.26 閲覧

田中克（2011）「森里海連環学と里海」、Biophilia、7(2)、pp.79-83

田中克（2013）「里海を森里海連環学より概観する」、日本水産学会誌、79(6)、pp.1037-1040

田中克（2019）『いのち輝く有明海を』、花乱社

中央環境審議会（2012）「瀬戸内海における今後の目指すべき将来像と環境保全・再生の在り方について（答申）」

柘植隆宏（2003）「表明選択法による環境政策の経済評価に関する研究」、神戸大学学位論文

寺田徹（2015）「里山コモンズを現代の文脈でよみがえらせる」、都市住宅学、90、pp.63-66

仲上健一（2018）「岸海域の生態系サービスと里海のサステイナビリティ評価」、沿岸海洋研究、56(1)、pp.39-47

仲上健一（2019）「沿岸海域の未来可能性とサステイナビリティ評価」、柳哲雄・仲上健一・日高健・印南敏秀・清野聡子編著『沿岸海域の生態系サービスの経済評価・統合沿岸管理モデルの提示　研究成果報告書』、農林統計協会

中沢真一（2016）『野生の思考　レヴィ＝ストロース』、NHK テキスト 100 分 de 名著

畠山重篤（1994）『森は海の恋人』、北斗出版

松田治（2018）「「里海」生誕 20 周年を迎えて：これまでの進展とこれからの展望」、アクアネット、21(11)、pp.62-67

松田治（2010）「"Sato-Umi"（里海）の国際発信」、山本民次編著『「里海」としての沿岸域の新たな利用』、恒星社厚生閣、pp.102-118

松田治（2013）「Satoumi（里海）は国際的にどのように捉えられているか？」、日本水産學會誌、79(6)、pp.1027-1029

松田治（2015）「里海づくりはどこまで進んだのか？」、アクアネット、2015 年 7 月号、pp.62-67

松田治（2021）「里海と Satoumi の『これまで』と『これから』」、瀬戸内海、82、pp.40-44

室田武・三俣学（2004）『入会林野とコモンズ：持続可能な共有の森』、日本評論社

柳哲雄（1998）「沿岸海域の「里海」化」、水環境学会誌、21、p.703

柳哲雄（2006）『里海論』、恒星社厚生閣

柳哲雄（2010）『里海創生論』、恒星社厚生閣

柳哲雄（2018）「里海概念の意義と里海創生活動の広がり」、鹿熊信一郎・柳哲雄・佐藤哲編著『里海学のすすめ：人と海との新たな関わり』、勉誠出版、pp.48-68

柳哲雄編著（2019）『里海管理論：きれいで豊かで賑わいのある持続的な海』、農林統計協会

レヴィ＝ストロース（大橋康夫編）（1979）『構造・神話・労働　クロード・レヴィ＝ストロース日本講演集』、みすず書房、2020 年新装第 5 版

第3章　漁業権と里海

1. 漁業権の通説

　日本では沿岸域の浅い海には、ほぼ隙間なく漁業権漁場が設定されている。このため、日本の沿岸域で何かをやろうとすると必ず漁業権と関わることになる。海岸に「この海には漁業権が設定されており、サザエなどを採ると罰せられることがあります。A漁協」と書かれた看板を見かけたことのある人は多いと思う。漁業権とは一体どのようなもので、里海とどう関わるのかを整理することは、これから里海づくりを進めていくうえで重要なことである。

　漁業権の意味を辞書で調べると、どの辞書にも「都道府県知事の免許に基づいて、一定の漁場において一定の漁業を独占的・排他的に営む権利」（日本大百科全書）とほぼ同じような内容が書かれている。これはそもそも漁業法による記述であるが、これでは漁業者が漁業を行う権利として説明しているだけで、沿岸域の環境や資源をうまく使うことを目的とする里海との関わりはわからない。しかし、漁業権は日本古来の慣習に基づくものであり、長い間日本沿岸域の資源や環境、それに利用秩序を守ってきたとする意見もある。つまり、漁業権には単なる漁業の権利にとどまらず、資源・環境・利用秩序を守るという機能も持っていると考えられる。そこで、この章では漁業権の詳細をひも解いて、そのような漁業権の機能について整理しよう。

　そもそも漁業権は日本独自の漁業制度であり、日本の古来の慣習に基づいて制定されたものであるとされる。通説では、漁業権の由来は江戸時代における漁業秩序にあり、明治維新の後、近代的な法体系の整備が進められる中で、当時の漁業関係の官僚が全国の漁業に関する慣習を調べ上げ、明治漁業法（1891年制定、1900年改正）によって法制度化したというものである。江

戸時代の秩序で最も重要なのが一般に「磯は地付き、沖は入会」と呼ばれるもので、浅い海はその沿岸の部落が管理し、沖合は自由に入り会って利用するというものである。沿岸に形成された漁村がその前面に拡がる地先の海の使い方や保全の仕方を決めるという仕組みは、おそらく日本に限らず世界各地に存在する。例えば、インドネシアにおけるサシと呼ばれる管理の仕組みがある（笹岡2001）。日本の場合は、明治漁業法によって専用漁業権として法制度化され、昭和漁業でも共同漁業権として綿々と引き継がれているのである。

　このような沿岸漁村が漁業権管理として行っている、地先の海や資源を利用するルール（誰が何をどうやって漁獲するか）を決めたり、環境や資源を守るための事業を行ったりといった活動は、おそらく一般の人たちが漁業権に対して持っている認識とは異なる。実は、共同漁業権はこのような共有資源の管理機能を持つことから、コモンズの事例として紹介されるくらいである。著者も、この点に着目して共同漁業権による管理を里海の原初形態とした（日高2016）。江戸時代からの長い歴史を持つ共同漁業権の経験の中から、里海マネジメントに有効な知見が生まれてくると思う。この章では、前章で取り上げた循環やつながりを念頭に、漁業権管理の内容を整理する。

2.　封建時代（江戸時代）の地先管理の慣習

　日本における漁業権の原点は、聖徳太子の時代である7世紀の大宝律令で「山川薮沢之利、公私之共」としたことにあるとされる（金田2003）。これは山や川といった共有地については公私問わず独占的な利用を認めず、共同で利用しなさいといった意味らしい。

　重要なのは、先にも述べた江戸時代の武家諸法度の律令要略の「山野河川入会」にある「磯猟は地附次第なり、沖は入会」であり、漁村部落が地先海面（磯、櫂の届くところまで）の利用と管理を行うものである（金田2003）。これは部落総有による地先の管理を意味するもので、この仕組みを法制度化したのが明治漁業法の地先水面専用漁業権と現行法の共同漁業権であるとされている。このような一連の漁業権に関する考え方は「漁業法の哲学」（浜本

1996) と呼ばれる。この詳細については次の節で説明する。

　漁業法の哲学のもとになった江戸時代の漁業制度であるが、この時代は幕藩体制下にあるため、基本的に海面は藩主によって領有されていたようである。先ほどの武家諸法度を共通の規範として、各藩において封建的な漁場利用の仕組みが作られていた。青塚（2000）によると、漁村部落は庄屋等の支配階級である上層の本百姓と中下層の本百姓、それに水呑百姓に階層化され、さらに大敷網や地引網といった資本が必要な大型漁業の網元と乗り子とに分かれていたとのことである。その結果、部落総有とはいっても全員が平等に漁場を利用していたわけではなさそうだ。ただ、当時の漁船や漁具からすると、網元が支配する一部の大型漁業と網元以外の漁業者による大多数の小規模漁業とに分かれ、小規模漁業では部落総有として漁場利用が行われたとみられる。ただし、幕末になると中下層の本百姓の中から資本と技術を持って新たな漁業を始める漁業ブルジョアが登場し、漁場利用は多層化していった。青塚（2000）はこれを捉えて、漁場利用は部落総有でなく、個人有と総有の混ざった合有という方が適切だとしている。

　この時代の漁場管理は、地先部落（浦）による地先水面に関する全面的な利用の管理（所有ではなく）であり、青塚（2000）はこれを封建的漁場主義と呼んでいる。江戸時代末期から明治にかけての福岡県の筑前海沿岸における漁業事情をまとめた『筑豊沿海志』（筑豊水産組合 1917）によると、江戸時代の地先部落による漁場管理について「今日の如く漁業の種類によらず、全く海面を区画してその領分を定めたり」「従ってこの区域内においては、漂流船の取扱等、一切の事変もまた浦民これを擔任せり」として、地先水面のことに関しては全て地先部落が管理していたことを紹介している。地先水面とは沿岸より沖合へ三里（12km）以内であり、それが浦の漁場とされている。また、大敷網や地引網を行うには藩庁の免許が必要であり、それ以外の漁業は自由とされており、浦毎に同じ漁業を行う仲間が形成され、仲間で漁場利用のルールが形成されていたようだ。さらに、各浦には浦庄屋、さらに複数の浦を束ねる浦大庄屋がおり、漁業紛争時には浦庄屋・浦大庄屋が調停を行い、それでも解決しない場合には藩庁の浦奉行が領主の名でそれを解決した

とされている。ちなみに、博多湾にある箱崎漁協の歴史を綴った『箱崎漁協の想い出』（山﨑 1993）によると、藩政時代の筑前海は東から山家触七ヶ浦、箱崎触 14 ヶ浦、新町触 17 ヶ浦と三つのブロックに分けられ、各浦は浦庄屋、各ブロックは浦大庄屋によって統率されていたとのことである。箱崎の浦大庄屋の名前として、明石家や山崎家が紹介されている。

　青塚（2000）によると、江戸時代に末期には蓄積した資本と新たな技術を持って大型の漁業を始める漁業ブルジョアが登場するが、この時代の封建的な呪縛と漁場主義によって抑え込まれていた。しかし、明治維新によってこれらが一斉に芽を吹き、活動を活発化させ、その結果各地で漁場紛争が生じたのが明治漁業法制定以前の状況であるようだ。この点は次節で述べる。

　以上から、江戸時代の漁場管理は漁業法の哲学で言う部落総有はあったものの、それが全てではなかったことがうかがえる。つまり、漁場主義の中で漁業階層が形成され、同じ階層の中では漁場利用の平等と自由があったものの、浦全体としての総有というよりも個人有と部分的な総有の混ざった複合的な状態である合有にあったとみた方がいい。そのような複合的な状態は、浦の中での浦庄屋による調整、浦間の浦大庄屋による調整、最終的な浦奉行による解決という重層的な調整の仕組みのもとで、全体の利用調整が図られたようである。江戸時代の漁場利用というと、部落総有による漁場管理だけが注目されるが、この重層的な広域での調整の仕組みも重要である。

　これまで述べてきた江戸時代に行われた漁場管理の対象は、利用に関することであり、利用調整の仕組みである。おそらく水産資源の存在量に対して漁労設備や技術が追い付かず、繁殖保護や環境保全は気にする必要がなかったのであろう。筑豊沿海志で唯一見られる繁殖保護は、「水族の繁殖保護に関しては、単に現今魚付林と称する海辺の山林を、総て上り山と唱えて、之が伐採を禁ぜしのみ。」（筑豊水産組合 1917, p.4）とされており、海辺の山林が魚付林として保護されていたことが記されている。繁殖保護や環境保全が漁場管理の中に出てくるのはもっと後である。

3. 明治近代化と漁業権の制度化：明治漁業法

　江戸時代の封建的な漁場主義は明治維新後の近代国家の成立とともに変化していく。明治漁業法が成立するまでの間、海面利用を租税徴収の源にしようとする政府官僚と従来の封建的な漁場利用慣行を守ろうとする庄屋や網元の旧特権階級、それに新たな漁業を起こそうとする漁業ブルジョアの間でし烈なやり取りがあったようだ。これに、海面を公的な管理下に置く一方で、漁業に関する権利を他の分野と同じく近代的な市民権的所有権に変えようとする明治政府全体の流れが加わる。この辺りの経緯については、青塚（2000）で様々な説も踏まえながら詳細に説明されている。いずれにしても、最終的に明治漁業による漁場制度が固まる 1900 年までの間、海面の管理権に関する諸法令、漁業組合準則、漁業取締規則といった個別法令や法制度による漁業制度の準備が進められていった。それと並行して、全国各地の漁業の実態調査も行われたようだ。そして、明治漁業法によって、漁業制度の基礎が固まった。

　明治漁業法によって法的に整備されたのは、漁業権（専用、区画、定置）、漁業許可、漁業取締に関する諸制度である。このうち里海や沿岸域管理と深くかかわるのが専用漁業権である。専用漁業権は地先水面専用漁業権と慣行漁業権に分けられており、江戸時代からの漁村部落による地先管理を法制化したのが地先水面専用漁業権である。区画漁業権や定置漁業権、それに慣行漁業権は江戸時代末期から明治維新後に登場した個人有の資本制漁業などに対応したものである。

　地先水面専用漁業権は漁業組合準則に基づいて各漁村に設置された漁業組合が漁業権者となって免許を受け、その組合員である漁民が漁場を入り会って共同利用するという構造になっている。漁業組合は漁村部落の漁民によって構成されるもので、これまで地先水面を管理してきた漁村部落を代表するものという性格を持つ。組合員である漁民は漁業組合によって設定されるルールに従って漁場を利用する。この漁業権者としての漁業組合による管理とその組合員である漁民による共同利用という、今の共同漁業権につながる二階建ての仕組みがここで出来上がるのである。この地先水面専用漁業権

は、入会を法制化できないローマ法体系の中で例外的に法制度化された事例
として、関係者からは称賛される。昭和漁業法の解説書である『漁業制度の
改革』（水産庁経済課 1950）の中でも、地先水面専用漁業権はゲルマン法的な
部落総有を近代法の枠組みの中で法制度化したものとして評価している。

　明治漁業法で規定された漁業権は一定の漁業を営む権利であり、江戸時代
の地先管理が漁場主義によって漁場を全面的に管理していたのとは異なる。
二階建ての仕組みの中で、漁業権者としての漁業組合が持つ権利は、誰が何
をどうやって漁獲するかという漁業権の管理を行う権利であり、漁業組合自
体が漁業を行う権利というわけではない。漁業を実際に行う権利は組合員で
ある漁民が持っており、それは漁民それぞれが権利を持つ各自行使権とされ
た。この仕組みの基本的な部分は、現在の共同漁業権に引き継がれている。
そして、漁業組合による管理権の内容が里海につながる重要な意味を持つ。

　明治漁業法は 1900 年に修正された際に抵当権に関する規定が加えられ、
漁業権は個人の財産権として市民権化された。その結果、漁業は公共の海を
利用する公的な存在である一方で、個人の財産権である漁業権を持つという
矛盾する状態が生まれたのであるが、この矛盾は現在でも続いている。青塚
（2000）によると、この市民権化は明治政府による近代化路線の中で漁業に
関する権利も近代的な所有権にしようとする動きと、近代化によって勃興し
てきた漁業ブルジョアを守ろうとする動きが合わさって生じたものとされ
る。後者は、旧特権階級から新興勢力を守るために漁業権の長期に及ぶ存続
期間や先願主義による権利の獲得といった規定を生むのだが、それらは後に
漁場利用の占有や固定化に結び付き、漁業資本家による漁場や漁村支配を生
んだようである。昭和漁業法を解説した『漁業制度の改革』（水産庁経済課
1950）では、打破すべき旧弊としてこれらのことが述べられている。明治漁
業法の立法趣旨からすると、全く逆の結果を生んだということである。

　地先水面専用漁業権の漁業権者は、当初の漁業組合から後に漁業協同組合
（以下、漁協）に変わった。これは水産業協同組合法ができて、各漁村に漁業
協同組合が設立されるようになったことによる。漁業組合と漁業協同組合
は、名称は似ているもののその性格は異なっている。漁業組合は漁村のメン

バーである漁業者による漁場管理のための同業者組合であるのに対し、漁業協同組合は加入脱退の自由を原則とする漁業者の経済活動のための互助組織である。しかし、漁業協同組合が漁業権の管理団体になることになり、これ以降、漁協の二面性（漁業管理団体と経済団体）という性格が生じ、現在に至っている。

　以上のように、明治漁業法によって部落総有による漁場の入会利用と管理が地先水面専用漁業権として法制度化され、現在の共同漁業権にその性格が受け継がれている。漁業制度が明治漁業法から昭和漁業法に変わって、漁業制度が連続したのか断続したのかについては議論があるところであるが、以上のような漁業権の性格自体は漁業法の哲学として引き継がれているという意見が多い。

　明治漁業法による漁業制度の近代化の中で、江戸時代にあって明治漁業法下でなかったものが浦・浦庄屋・大浦庄屋・浦奉行と続く広域の漁場をカバーする重層的な管理体制である。明治漁業法による漁業権の対象水域は沖合の慣行漁業権まで含めると、現在の共同漁業権よりも圧倒的に広い。例えば、筑前海であれば海岸から沖ノ島（距岸約60km）までの海域が漁業権漁場となっていた。その中で、漁業権漁業同士、あるいは漁業権漁業と許可漁業や自由漁業との調整の仕組みは見当たらない。漁業取締制度の中で漁業間の紛争調整は行われていたかもしれないが、漁場を複合的あるいは重層的に利用し管理するための仕組みはなかったように思われる。

　一方、漁業組合による漁場管理の中で、水産資源保護や環境保全の取り組みも姿を現すようになる。この時代に作られ、現在にも引き継がれている水産資源保護のルールとしてよく知られているのが、大分県漁協姫島支店による「漁業期節」であろう。漁業期節では漁業権漁業にとどまらず、自由漁業や許可漁業も含めて漁法や漁場の制限が定められており、宮澤（2005）は共同体基盤型管理と呼んでいる。漁業期節の内容から、漁業組合による漁場管理が漁業権漁業のみならず広い範囲に及んでいること、また管理の目的が利用調整だけでなく繁殖保護や漁場保全が含まれていることがわかる。漁業権自体は一定の漁業が対象であるものの、漁業組合による漁場管理の対象は幅

広く、漁場を全面的に管理する漁場主義が底流にあることがうかがえる。浜本（1996）はこのような実態を捉えて、慣習による地先権としての管理と称している。

4. 昭和漁業法による漁業制度改革

　第二次世界大戦が終わって、連合国のGHQ主導による財閥解体や農地改革と合わせて、漁業改革も行われた。これらはこれまでの封建的な社会体制を改め、民主化を進めることを目的としたものである。漁業制度改革については、水産庁が原案を出し、GHQの承認を得るというプロセスで進められたようだ。漁業制度改革の中心課題となったのが、漁場を占有する資本家層とそれに収奪される小作の零細漁業者層という社会構成である。先に述べたように、『漁業制度の改革』では明治漁業法による部落総有を法制化した漁業権制度を高く評価しながらも、明治漁業法によるいくつかの制度とその結果生じた非民主的な状態を封建的残滓として強く非難している（水産庁経済課1950）。そこでは「(1) 慣行の固定。漁場利用の無計画性。(2) 漁業権の法的性格・物権的な独占排他性とその濫用。(3) 全般を貫く強力な官僚支配。」という三つの矛盾を指摘したうえで、改革の課題は何よりもまず一切の矛盾の根源である漁業における封建的残滓の徹底的排除だとしている。

　漁業制度改革の方法として、明治漁業法による漁業権を全部いったんご破算にして新たに民主的に漁業権を再配置すること、水面の総合的高度利用を行うための漁場計画制度、漁民による民主的な調整を行うための漁業調整委員会制度を新たに導入することが行われた。旧漁業権は漁業権証券によって政府が買い上げ、その資金による漁業の近代化も行われている。漁業権の性格自体は明治漁業法のものが引き継がれたが、地先水面専用漁業権は共同漁業権となり、慣行漁業権は許可漁業や自由漁業に編成され、漁業権の対象範囲（対象漁業種類と対象漁場）は大幅に縮小された。とは言っても、地先水面専用漁業権の部分は浮魚が外されただけで、ほぼそのまま共同漁業権として継続された。封建時代からの漁場慣行の中でいい部分だけは残したということである。このほかにも、共同漁業権の財産権の制限、免許期間短縮と公募

制度といった規定が追加されて、先ほど述べた旧法の矛盾の解決が図られた。

このようにして、漁業権の基本的な性格は明治漁業法のものを引き継ぎ、それに免許取得の民主的なプロセス、漁場計画制度による総合的な利用の仕組み、漁業調整委員会による民主的な調整の仕組みを加えて、現在の共同漁業権制度が出来上がったのである。

漁業権の管理内容について詳細にみていこう。共同漁業権は漁業協同組合（以下、漁協）だけに、特定区画漁業権[1]は漁協に優先的に免許されることになった。漁協は加入脱退自由ではあるが、地元の大多数の漁民が入るものとして、これに権利を持たせ、組合内部の自治的な取り決めによって漁業ができるようにするというものである。それがうまくいかない場合は、漁業調整委員会がこれを調整するという仕組みになっている。また、漁協は、管理漁業権に基づいて自治的に漁場利用の調整と漁場の保全を図るという役割を持つ。その際、漁協による漁業権の管理内容や組合員による利用のルールは漁業権ごとに作成される漁業権行使規則に定められる。漁協の活動内容や意思決定のルールは定款に定められているから、漁協による管理活動は行使規則と定款の二つによって民主的に進められることになっている。漁業権行使規則は、行使規則で定められた関係地区に居住し、対象となる漁業に従事する漁民の三分の二以上の書面による同意が必要であり、さらに都道府県の認可が必須となる。漁協が漁業権者となることに対して、このような関係地区漁民の書面同意によって実際に漁場を使用する漁民による自治であることが確保されているのである。利用のルールに関しては、漁協の中に漁業権管理委員会が結成され、漁業権管理に関する内容が決められる。さらに、実際に漁場を利用する関係漁業者の部会によって詳細なルールが形成される。つまり、漁協の中での漁場利用に関する意思決定は、漁協（理事会、総会）、漁業権管理委員会、関係漁業者の部会という階層化されたプロセスで民主的に行われるのである。

以上は単独の漁協による漁業権漁場の管理の話であるが、漁場においては漁業権漁場が隣接したり、異なる漁業権漁場が重なったりしている。また漁

業権対象漁業以外の漁業による利用もある。このような重層的で立体的な漁場利用を調整し、漁場の総合的な利用を進めようとするのが、昭和漁業法で新たに導入された漁場計画制度である。漁場計画の基本要件は、漁場の位置と対象漁業の内容、それに漁業権の対象となる関係地区である。しかし、もっと重要なことは、この計画を定める時に、重層的で立体的な利用ができるように調整を行う民主的な仕組みが設けられたことである。

　漁業法による規定では、漁場計画は都道府県が免許の更新にあたって作成することになっている。しかし、『漁業制度の改革』によると、実際に漁場を利用する漁民が積極的に参加して漁民大衆によって決められるべきとしており（水産庁経済課編1950）、関係漁民からボトムアップで積みあがった漁場利用の計画がベースになる。そして、漁協の管轄の中では漁協によって、それを超えるものについては都道県庁によって調整され、さらに漁業調整委員会によって最終調整され承認を受けるという階層的な調整の仕組みが構築されている。

　漁業権者としての漁協による管理は、誰がどのように漁場を使うかという平面的な利用調整を基本として、複数の漁業による重層的な利用に関して、さらに隣接する漁業権との調整を行うことが含まれる。このような利用調整に加え、昭和漁業法で強調されたのが、水産資源の管理である。昭和漁業法が制定された時代背景として、戦後の多数の零細漁業者の参入と漁労設備や技術の向上があり、労働の生産性を上げるために水産資源の維持が重要問題の一つとして取り上げられている（水産庁経済課編1950）。

　漁業権管理の中で資源や環境をどこまで対象とするかについては、漁業法で使用される重要概念である「漁業調整」の内容がヒントになる。浜本（1989）は明治漁業法において漁業調整は「水産動植物の繁殖保護と漁業取締り」とされていることから、昭和漁業法による第1条の目的、水産動植物の繁殖保護のために規制することも漁業調整にあたるとしている。つまり、漁業権漁場の中で漁業権者である漁協が行う漁業調整に水産生物の繁殖保護培養のための規制も含まれると考えるのは当然である。さらに、浜本（1996）は栽培漁業や資源管理型漁業といった漁業法成立後に登場した活動について

も漁業調整の中に含まれるとしている。

　ただし、栽培漁業や資源管理型漁業では、漁業権の対象とされない移動性・回遊性の魚介類も含まれるうえ、漁業権漁場以外の漁場も対象範囲となり、複数の漁協の組合員が関わることも多くなる。例えば、マダイやクルマエビは漁業権の対象ではないが、種苗放流や漁獲規制といった保護培養の手立てがとられている。つまり、従来の漁業権漁業の範疇では対応できなくなった管理対象や主体、あるいは管理の方法が栽培漁業、資源管理型漁業といった新しい概念で表現されたということである。浜本（1989）では、栽培漁業や資源管理型漁業の内容は漁業権内では漁業権者の漁協が当然やるべき義務であり、「漁業権の管理」というべきところまで栽培漁業などと言ってもらっては困るとしている。これは漁業権管理の本質を言い表していると同時に、従来の漁業権管理ではカバーできないことも生じているということを示している。

　漁場環境に関することはどうであろうか。漁業法と対をなす水産資源保護法には漁場環境の保全に関する規定があり、それを受けた都道府県の漁業調整規則で有害物質の遺棄漏洩の禁止や岩礁破砕用の許可といった漁場環境を悪化させる行為が規制の対象となっている。漁業調整の意味からしても、水産動植物の繁殖保護に直接関わる漁場保全は対象となると思われる。漁業権に関しては漁場環境に関する規定はないものの、『漁業制度の改革』の漁業権侵害に関する説明の中で、漁業権漁場内の魚介類の生息環境などに影響を与える漁業権侵害の例として、定置の魚付林の伐採、海底掘削、土砂の採取、水質汚濁、工作物の設定といったことが示されていることから（水産庁経済課編1950）、そのようなことを発生させない環境管理は漁業権の管理の内容となるとみられる。

　ここでも上の栽培漁業などと同じく、藻場や干潟の保全・創造あるいは生物多様性の保全のような、当初は想定されていなかった環境問題が登場している。特に、日本学術会議（2004）が公表した「水産業および漁村の多面的な機能に関する答申」をきっかけとして、多面的な機能の発揮が求められるようになった[2]。これらは漁業権管理として漁業者だけで対応するような事

項ではないこともあり、水産庁は水産多面的機能発揮支援事業を創設し、漁業者を中心に地域の関係者を加えた組織によって多面的機能が発揮されるような活動を推進している。このような漁場環境問題に関する対象の拡大、さらには漁業者以外の参加によって対応すべき問題への対応を確たるものにするため、「水産政策の改革」の一環として行われた漁業法改正（2020年12月施行）の中で、新たな沿岸漁場管理制度として「保全沿岸漁場」が創設されている。この件については、次の章で取り上げることにする。

　また、以上のような漁業権管理による水産資源や環境の保全機能は、世界的な海洋環境保全のための政策として取り組まれている海洋保護区の機能として日本政府によって認識されている。この件については、第5章で詳細に説明する。

5.　漁業権管理の枠組みで対応できない状況の拡大

　前項で説明した栽培漁業や資源管理型漁業、それに水産多面的機能発揮支援事業といった取り組みは、従来の漁業権管理だけでは対応できない問題を解決するために、政策的に導入・推進されたものである。以上のほかにも、従来の漁業権管理の枠組みでは対応できない状況が発生している。その代表的なものの一つが、海面の多面的な利用の出現である。これは沿岸域を利用する形態が、これまでの漁業や海運業といったものから、海洋性レクリエーションや海洋関連産業による利用まで多様なものになり、沿岸域が多面的・重層的に利用されるようになったということである。

　海洋性レクリエーションについては、漁業者以外の一般市民による親水活動であり、遊漁のような水産動植物を採捕するものだけでなく、スポーツ型やリゾート型といった海面を利用するだけのものが増えている。また、利用が行われる沿岸域の近辺に住んでいる人だけでなく、他所から利用に来る人が多いこと、不特定で匿名の人が多いことを特徴とする。さらに、資源を消費するよりも保全あるいは創造することに関心を持つ人も多い。遊漁の場合は、水産資源の利用を介して漁業権管理の枠組みで対応することが出来るのだが、海面を利用するだけの場合あるいは環境保全活動を行おうとする場

合、漁業権管理では対応が難しくなる。これに加え、沿岸域に居住している漁業者が減少していることも問題である。漁村あるいは漁業地域とされるところであっても、居住人口に占める漁業者の割合が低くなっている。漁業権の根幹をなす漁業法の哲学では、漁民が居住する沿岸漁村による地先水面の自主的な管理が始まりであるのに、その前提が壊れているのである。

　このような状況に対して、漁業者や海洋性レクリエーション参加者による協議会が結成され、海面利用のルールが形成されるという解決法が取られてきた。一般市民による遊漁権と海面利用の協力金の無効を主張して最高裁まで争われた兵庫県姫路市家島坊勢の遊漁裁判では、この問題を解決する法制度はなく、関係者の協議によって地域ルールとして解決を探るしかないとされた（日高 2010）。日高（2016）はそのような地域ルールが持つべき要件として、合理性、透明性、平等性の三つを挙げている。水産庁は、漁業と遊漁との調整に関しては沿岸漁場整備促進法の中で漁場利用協定制度を用意し、協議機関として漁業調整委員会の下部組織である漁場利用調整協議会を水産庁長官通達によって設置するようにしていたが、現在では遊漁に限らず多様な関係者が参加して様々な海洋性レクリエーションと漁業との調整を行う海面利用協議会がその役割を担うことになっている。さらに、前項で述べた改正漁業法による保全沿岸漁場の制度は協議組織やルールづくりについて対応できる枠組みとなっている。

　さらに最近では、化石燃料の量的限界や地球温暖化を抑制するための二酸化炭素の排出削減に対応した再生可能エネルギーの供給先として洋上風力発電に注目が集まっている。その建設地は沿岸域であり、漁業権漁場と重複することが多い。政府は、先進国の中で立ち遅れている洋上風力発電の導入を進めるために、「海洋再生可能エネルギー発電設備の整備に係る海域の利用の促進に関する法律」（2019 年 4 月施行。以下「再エネ海域利用法」）を制定した。この枠組みでは、政府による基本方針のもと、経済産業大臣と国土交通大臣が促進区域を指定し、民間から事業計画を公募したうえで、事業者の選定と計画の認定を行うというトップダウンのプロセスが構築されている。また、途中段階で関連省庁との協議が行われたり、該当地域で関係者との調整

の場となる協議会が設置されたりといった調整プロセスも考慮されている。來生（2018）は、この全体のプロセスについて「今後の一般海域における漁業と他の利用の間の利害関係の調整の一般的ルールとなりうる意義を持つ」と評価している。ただし、直接関わることになる沿岸漁業あるいは漁業権との関わり方について、各所で議論や検討は行われているものの、明確な方針が決まらないままに実態が進んでいるように思われる。

6.　おわりに

　一般には、漁業権は排他的に漁業を営む権利という側面だけが注目される。しかし、共同漁業権と特定区画漁業権は二階建ての構造で、漁協による管理権と組合員による行使権に分かれて、部落総有が法制化されたものである。沿岸域管理から見ると、漁業者の行使権よりも漁協による管理権の方が重要である。漁業権者としての漁協は、漁業権漁場管理の権利と責務を有しており、漁業調整という一般にはなじみのない用語で表現される利用調整、水産動植物の繁殖保護、漁場保全を行わなければいけない。このような漁協の管理活動については、漁民による同一漁業種類による部会、漁業権管理委員会、漁協の理事会と総会という意思決定のプロセスがあり、ボトムアップあるいはトップダウンで漁業権漁場の管理に関する意思決定が行われるのである。

　そのような個別の漁業権漁場の内部での漁業調整ルールに加え、個別の漁業権を超えた広域での調整ルールも存在する。漁協による複数の漁業権漁場の管理、地域によっては関係漁協による漁協を超えた海域での協議[3]、漁業調整委員会による海区全体での調整、といった重層的な漁業調整の仕組みが形成されている。

　このようにみてくると、漁業権というのは様々な関連の法令や慣習が合わさった制度の束として形成されていることがわかる。里海マネジメントを考える場合、このような制度の束を構築するか、あるいは漁業権で形成されている制度の束に便乗するかといったことが必要となる。さらに、重層的な漁業調整の仕組みも重要である。里海の骨格をなす物質循環や連携を考える

時、単独の里海だけではなく広域での重層的な管理が必要となる。これらの点で漁業権管理が示唆するものは大きい。

　前項で述べたように、当初に想定されたものとは異なる状況が登場しており、漁業権管理も変わらざるを得ない。そのうち、いくつかについては既に漁業法の改正によって対応も進められつつある。漁業権管理の内容が、漁業法の哲学を基本にしながらも、これまでその時の状況に応じて機能を強化あるいは変化させてきたように、今もまたそのような対応が求められていると思う。

注

1）ひび建養殖業，そう類養殖業，真珠母貝養殖業，小割養殖業，カキ養殖業，地まき式貝類養殖業を内容とする区画漁業権は特定区画漁業権といわれ，漁協による管理漁業権として，漁協に優先的に免許される。

2）水産の多面的機能とは、水産業及び漁村は、国民に安全で新鮮な水産物を安定的に提供する役割、国境監視・海難救助による国民の生命・財産の保全、保健休養・交流・教育の場の提供といった、国民に対して提供する役割を指す。

3）例えば、兵庫県では関係地区の漁協が集まった協議会（播磨漁友会、淡路水交会、摂津漁業協会）を結成し、その地区での漁業に関する様々な問題の解決に取り組んでいる。

参考文献

青塚繁志（2000）『日本漁業法史』、北斗書房

金田禎之（2003）『新編　漁業法のここが知りたい』、成山堂

川辺みどり・妻小波・日高健（2018）「新たな海面利用開発に対する漁業者の受容過程とその要因分析：福島沖浮体式洋上風力発電実証事業をめぐって」、沿岸域学会誌、30（4）、pp.101-112

來生新（2018）「「海洋再生可能エネルギー発電設備の整備に係る海域の利用の促進に関する法律案」の紹介、その意義と展望の検討」日本海洋政策学会誌、8、pp.14-28

笹岡正俊（2001）「コモンズとしてのサシ：東インドネシア マルク諸島における資源の利用と管理」、コモンズの社会学、pp.165-188

水産庁経済課編（1950）『漁業制度改革＝新漁業法の条文解説＝』、日本経済新聞社

筑豊水産組合（1917）『大典記念　筑豊沿海志』

日本学術会議（2004）「地球環境・人間生活にかかわる水産業及び漁村の多面的な機能の内容及び評価について（答申）」
　　https://www.jfa.maff.go.jp/j/kikaku/tamenteki/inquiry/pdf/honbun.pdf　2021.8.15閲覧

浜本幸生監修・著（1996）『海の『守り人』論─徹底検証・漁業権と地先権』、まな出版企画

浜本幸生（1989）『シリーズ漁業法─第一巻　漁業権って何だろう？』、水産社

浜本幸生（1996）「海の利用と「地先権」の主張」、浜本幸生監修・著『海の『守り人』論―徹底検証・漁業権と地先権』、まな出版企画

日高健（2010）「地域ルール」山本編著『「里海」としての沿岸域の新たな利用』、恒星社厚生閣

日高健（2016）『里海と沿岸域管理：里海をマネジメントする』、農林統計協会

宮澤博久（2005）「大分県姫島の沿岸漁業における共同体基盤型管理―沖建て網漁業の漁場規制を事例として―」、人文地理、57(6)、pp.64-79

安田公昭（2016）「一般海域における洋上風力発電事業の導入のためのステークホルダー・マネージメントと法的手続」、日本海洋政策学会誌、6、pp.149-164

山崎泰輔（1993）『箱崎漁協の想い出』（非売品）

第4章 漁業法改正と里海

1. はじめに

　漁業法改正が 2018 年 12 月の国会で可決、2020 年 12 月 1 日施行となり、70 年ぶりといわれる「水産政策の改革」が本格化した。水産政策の改革は、水産資源の維持と水産業の成長産業化を目指すものであり、漁業法改正は水産政策の改革の中核をなしている。漁業法は、日本における水産制度の核であり、漁業権や漁業許可を始めとした漁業や漁場の管理に関する基本的な制度を定めるもので、里海とも深く関わる。このため、漁業法の大幅な改正は漁業や漁場の管理のあり方を大きく変えることになる。今回の漁業法改正に対して、事前に関係者との十分な議論や説明がなかったこともあり、TAC（漁獲許容量：Total Allowable Catch）制度（以下、TAC 制度）の拡充や IQ（個別割当量：Individual Quota）制度（以下、IQ 制度）の導入、さらに区画漁業権における法的優先順位の削除に対して学会や業界から厳しい批判の声も出ている（片山 2018、加瀬 2018）。

　しかし、これまで日本で行われてきた漁業管理の取り組みと零細小型漁業を中心とする日本の漁業構造を前提とすると、それらの個別制度の問題に加えて、漁業法の目的から「漁業の民主化」が外れたことによる漁業管理や漁場管理に関する意思決定プロセスの変化が重要な問題であると考えられる。そこで、本章では漁業法改正による施策の変化と漁業管理や漁場管理への影響を整理したうえで、漁業法の改正と里海との関係を検討する。

2. 水産政策の改革と漁業法改正のポイント
2-1. 水産政策の改革がめざすもの

　水産政策の改革の目的は、水産資源の適切な管理と水産業の成長産業化を

両立させ、漁業者の所得向上と年齢バランスの取れた漁業就業構造を確立することとなっている。そのために、次のような六つのポイントが示されている（水産庁「水産政策の改革について（ポイント）」）。

①　新たな資源管理システムの構築

②　漁業者の所得向上に資する流通構造の改革

③　生産性の向上に資する漁業許可制度の見直し

④　養殖・沿岸漁業の発展に資する海面利用制度の見直し

⑤　水産政策の方向性に合わせた漁協制度の見直し

⑥　漁村の活性化と国境監視機能を始めとする多面的機能の発揮

　これらのうち、①、③、④は直接漁業法に関わるものであり、水産政策の改革において漁業法改正は中核となる。②は卸売市場法、⑤は水産業協同組合法の改正によって改革への対応が行われることになっている。⑥については、記述はあるものの、これらに直接関わる法制度はなく、施策や事業によって対応が行われるものである。

　目的としている水産業の成長産業化についての具体的な説明はないのだが、水産庁の事業である水産業成長産業化沿岸地域創出事業の説明資料によると、収益性の向上と適切な資源管理が挙げられていることから、持続的に収益性を向上させるような漁業にすることが想定されていると推察される。

2-2.　漁業法改正のポイント

　今回の漁業法改正は、70 年ぶりの大改正と言われている。その目的は、適切な資源管理と水産業の成長産業化を両立させるため、資源管理措置、漁業許可、免許制度等の漁業生産に関する基本的制度を一体的に見直すこととされている。水産庁によると、改正内容は大きく五つに分かれている（水産庁「（3）水産政策の改革（新漁業法等）のポイント」）。

　第一は「新たな資源管理システムの構築」であり、資源管理の基本原則、漁獲可能量（TAC）の設定、個別割当（IQ）の設定を内容とする。水産政策の改革の最も重要な目的である適切な資源管理を実現するために、資源管理を従来のインプットコントロール（隻数などの投入量規制）やテクニカルコン

トロール（漁具漁法規制）から、新たに漁獲量を制限するアウトプットコントロール（産出量規制）へ移行するための様々な措置が新たに規定される。

　第二は「漁業許可制度の見直し」で、船舶規模、許可体系、許可を受けたものの責務が変更される。資源管理の手法そのものではないものの、許可に関わる国や都道府県の権限と責務、許可の条件やプロセスなどについて大幅な変更があり、全国の都道府県では漁業調整規則の改正が行われている。

　第三は「漁業権制度の見直し」であり、内容は漁場計画策定プロセス、漁業権を付与する者、漁場の適切・有効な利用、沿岸漁場管理について変更や追加が行われる。この中で漁業権付与のプロセスや資格、免許権者や免許受有者の責務などの大きな変更が行われている。その一つに特定区画漁業権免許の法定優先順位の削除があり、これまで漁協に優先して免許が付与されていた規定がなくなる。また、新しい制度として幅広く漁場を管理する仕組みである沿岸漁場管理と保全沿岸漁場が追加される。

　第四は「漁村の活性化と多面的機能の発揮」で、漁業者等の活動が健全に行われ、漁村が活性化するよう十分配慮することが記されている。ただし、これに直接関係する漁業法の条文はなく、関連制度や事業での対応が目されている。

　第五の「その他」では、漁業調整委員会制度の改正と罰則の強化が取り上げられている。前者は漁業民主化の担い手とされた漁業調整委員の選定方法を公選制から推薦制に変えるものである。

　以上のうち、漁業法改正の中心となるのは TAC 制度の拡充と IQ 制度の導入による新しい資源管理システムの導入である。これまでも 1997 年より 7 魚種に対して TAC 制度が適用されてきたが、対象魚種が大幅に拡大されるとともに、TAC を個別経営体に分配する IQ 制度の導入も図られる。これによって、日本における資源管理はアウトプットコントロールが中心になる。

　新たに導入される IQ 制度は、譲渡性を加えた ITQ（譲渡可能個別割当量：Individual Transferable Quota、以下 ITQ）とともに TAC と組み合わせることで効率的な漁業管理ができる手法とされる（黒沼 2018）。効率性を発揮でき

る条件（東田 2009）や日本漁業に一律的に導入することの問題（牧野 2013）が指摘されているものの、水産政策の改革における目玉として採用されている。今回の漁業法改正は、このような効率的な管理手法とされる IQ 制度と TAC 制度を中心として、漁業許可制度や漁業権制度、海面利用制度の改正も合わせて、水産資源を回復させ、漁業生産力を向上させることにより収益性の高い漁業に変えることに主眼を置いたものとなっている。これらの改革は、現在の衰退する漁業や悪化する水産資源の切迫した状態を考えると極めて重要な施策の方向性と言ってよいだろう。

　ただし、改革の方向が生産力向上を狙う施策を中心とすることによって、置き去りにされる部分や対応が足りない部分が生じるように思われる。次項ではそれについて検討する。

3.　漁業法改正と漁業ガバナンスの変化

3-1.　漁業法の目的の変更による民主化の削除

　今回の漁業法改正の柱として取り上げられないものの、日本漁業を考える上で重要な変更がある。それは旧漁業法（2020 年 12 月に施行される前の漁業法。以下、旧漁業法）第一条に書かれていた漁業法の目的としての漁業の民主化に関する記述が削除されている点である（日高 2019）。

　旧漁業法の目的は、第 1 条に次のように記されている。

　　　第 1 条　この法律は、漁業生産に関する基本的制度を定め、漁業者及び
　　　漁業従事者を主体とする漁業調整機構の運用によって水面を総合的に利
　　　用し、もつて漁業生産力を発展させ、あわせて漁業の民主化を図ること
　　　を目的とする。

　このように、旧漁業法は漁業生産力の発展と漁業の民主化を目的としていた。漁業生産力の発展には効率的な管理手法が必要である。一方、民主化を支える浜での話合い、すなわちコミュニケーションには時間がかかり、効率は悪い。つまり、旧漁業法では効率化による漁業生産力の向上とコミュニケーションによる民主化のトレードオフの解決が課題であった。しかし、今回の改正によって目的が漁業生産力の向上に絞られた。つまり、漁業生産に

関する制度を効率化することが、今回の漁業法改正の主眼であるということがここからもうかがえる。そもそも、漁業の民主化は明治漁業法下での特定階層が保有していた既得権の排除という目的から、漁業者が自分たちで浜のルールを決めることを制度化するものであった（浜本 1989）。既得権は旧漁業法制定時の漁業制度改革によって大幅に解消されたが、漁業者の話し合いによって民主的に形成される浜のルールは日本における漁業管理の骨格として残り、現在でも日本における漁業資源管理の特徴を形成している。

　旧漁業法下でこのトレードオフをうまく解決しようとしたのが、1980 年代に導入された資源管理型漁業である。資源管理型漁業とは、「地元の漁業者らが、科学的な知見を参考にしながら、地域の漁業や資源の状況に応じた禁漁期・禁漁区の設定、漁具・漁法の制限など多様な施策を柔軟かつ長期的に実施してきた取り組み」（牧野 2013）のことである。これは、漁業者だけではなく、行政や科学者が参加し、研究機関が提供する合理的根拠のもとに関係者で協議して資源や漁場利用のルールを決めるというものである。このような民主化は戦前の既得権益を排除する民主化とは全く性格の異なるものであり、現代的な形での民主化と呼ぶことができる。これを具現化した資源管理型漁業は、効率化と民主化を両立させる日本人の知恵の結晶であったと思われる。現在の漁業を取り巻く社会経済の複雑さを考えると、このような民主化は今後ますます必要性が増すと考えられる。

　しかし、漁業法の改正によって、第一条の目的から「民主化」の文言が削除された。新漁業法の目的は、下記に記述されているように、水産資源の持続的な利用の確保と水面の総合的な利用によって漁業生産力を発展させることである。

　　第一条　この法律は、漁業が国民に対して水産物を供給する使命を有し、かつ、漁業者の秩序ある生産活動がその使命の実現に不可欠であることに鑑み、水産資源の保存及び管理のための措置並びに漁業の許可及び免許に関する制度その他の漁業生産に関する基本的制度を定めることにより、水産資源の持続的な利用を確保するとともに、水面の総合的な利用を図り、もつて漁業生産力を発展させることを目的とする。

　漁業調整委員の公選制度の廃止も民主化の削除に伴って行われた。漁業の民主化に代わって明確に規定されたのが、資源や漁場管理に関わる国や都道府県の責務である。行政の施策に伴う民主化を担保する手続きは整備されており、資源回復計画のような施策による漁業の自主管理も認められていることから、民主化のプロセスがなくなったわけではない。しかし、新漁業法の目的から漁業の民主化という文言が削除され、漁業調整委員会の位置づけや漁協の役割などが後退し、代わって行政の権限と責務が増えていることから、少なくとも民主化の優先順位が下がったことは間違いない。さらに、それに伴って漁業管理に関する意思決定や参加の仕組みに変化が生じるとみられる。そのような状況の中で、資源管理型漁業のように漁業者を中心にさまざまな関係者が参加して現場に即した管理を行うという意味での民主化がどのように維持されるのかについて、ガバナンスの視点からみていく。

3-2.　漁業ガバナンスの変化

　ガバナンスとは、「人間の作る社会的集団における進路の決定、秩序の維持、異なる意見や利害対立の調整の仕組みおよびプロセス」（宮川ほか 2002）である。簡単に言うと、誰がどうやってその組織の方向性や行動を決めるのかということを表す。古くは、最高権限を持つトップの下に形成される階層的なガバナンス構造が中心であったが、近年では多様な主体が意思決定に参加する水平的なガバナンス構造が主流となっている（外川 2011）。

　旧漁業法では漁業許可や漁業権免許、さらには漁業取締など、漁業法や漁業調整規則に基づいて国や都道府県が行うことが規定されていたものの、許認可権限に付随する責務、例えば漁業管理や資源管理によって水産資源を維持する責務が明示されておらず、実務上、漁協や漁業者団体との連携に基づいて許認可行為が行われてきたと言ってよい。また、旧漁業法第一条で漁業者及び漁業従事者を主体とする漁業調整機構の運用がうたわれ、漁業者による自主管理を基本とする資源管理型漁業が重要な施策として展開されており、漁業者の存在が重要視されていた。以上のことから、旧漁業法下では様々な関係者が横並びで責任を持つ水平的なガバナンス、いわゆる協働型ガ

バナンスであったと言うことができる。

　これに対し、新漁業法では資源管理や沿岸漁場管理において国が最高の責務を持ち、それが都道府県に移譲され、さらに漁協に移譲されるという縦の関係が明確になった。例えば、資源管理における国と都道府県の責務（新漁業法第6条、以下同じ）と役割分担（第11、14条）、さらに漁業権者の責務（第74条）、それらの間の監視と報告の関係（第90条）が規定されている。つまり、関係者が縦に並ぶ階層型ガバナンスが明確になったのである。このガバナンスは、図4-1に示したように上の階層が下の階層に指示や許認可を行い、下は上に対して報告の説明責任を負うという関係を意味する。一番下の実行部隊である漁業者は、都道府県からの許認可と監視監督のもとで漁業を行い、資源管理措置を実行する。TAC制度とIQ制度が中心になるのであれば、それに対応しうる経営能力のある個別経営体が対象となる。ここには、漁業者間のコミュニケーションが入る余地は少ない。

　協働型ガバナンスであれば、行政と漁業者が協議して、あるいは漁業者が自主的に浜のルールを作り、公的な規制と組み合わせて管理が行われる。しかし、階層型ガバナンスでは、公的な規制と都道府県による監視監督のもとで漁業者は漁業や資源管理措置を行い、都道府県に報告することになる。濱本（2018）が指摘するように都道府県がそこまでできるのか、不法違法操業あるいは過少報告がはびこるだけではないのかという問題が生じる。階層型ガバナンスに変更するのであれば、都道府県の管理者が漁業者の漁獲情報を

図4-1　新漁業法による階層型ガバナンスの概要

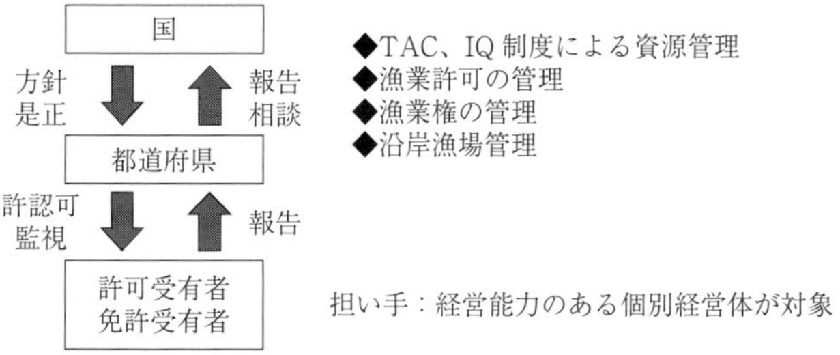

出所：筆者作成

迅速かつ正確に収集し、それを分析し、現場にフィードバックする仕組みがなければ有効な管理はできない。TAC制度やIQ制度が中心施策になるのであればなおさらである。これらを実行するためには、漁獲情報の収集と規制の実行に関する現場の漁業者との協力体制が不可欠である。

　つまり、縦型の階層型ガバナンスであっても、資源管理型漁業で工夫されたような都道府県と漁業者の新たな協働の仕組みを考案することが必要である。これまでの協働管理の歴史と経験を考えると、漁業者による自主管理の経験と知恵を新漁業法による階層型ガバナンスの資源管理に生かすための制度的な仕組みを構築することが喫緊の課題となる。筆者は、漁場管理についてこの役割を果たすのが新しく導入される沿岸漁場管理制度であると考えている。次に、それを詳しく見ることにする。

4.　沿岸漁場管理と保全沿岸漁場の導入

　改正漁業法で新たに設けられた沿岸漁場管理の制度は、赤潮の監視や藻場の保全活動、海ごみの回収、密漁の監視などの漁場管理業務を取り出し、この管理主体と対象漁場ならびに管理内容を漁業権と同じく漁場計画に明記するというものである（水産庁「海面利用制度等に関するガイドライン」）。その対象となる漁場が「保全沿岸漁場」である。これらの管理業務の多くは、従来漁協等が自主的に行ってきたもので、今回の改正で管理義務を持つことになった都道府県が漁協等に委ねるものと説明されている。一方で、これまで水産多面的機能発揮対策支援事業（以下、水産多面的事業）として行われてきた活動がこれに該当し、水産白書では「漁協等による沿岸水域における赤潮監視や漁場清掃等の漁場保全活動を漁業者以外の者を含む幅広い受益者の協力を得て推進するための仕組みとして、沿岸漁場管理制度が導入」されるとされている（水産庁「令和元年度水産白書」）。当事業で実施してきた各種の保全活動や漁協と関係者が協定を結んで行ってきた遊漁管理なども含まれる。

　この水産多面的事業は、各地先で漁業者と漁業者以外が参加する活動組織を作って保全活動が実施される際の基本単位とし、さらに地域協議会を設置してその地域の活動組織に対して指導と調整を行うというものである。同事

業の実施要領では「漁業者、地域住民その他関係者の理解及び協力並びに広く国民の理解を得ながら進めることが重要」（実施要領の第5）とされており、活動組織には漁業者以外の者の参加が必須であり、地域協議会には構成員として都道府県、関係市町村、漁業者団体、学識経験者及び非営利団体等を含むこととなっている。水産多面的事業は全国で積極的に推進されており、現在の取り組み数は、全国で706グループとなっている（2019年8月19日現在））。また、その活動内容もほぼ改正漁業法で示された内容である。

　沿岸漁場管理制度で管理主体となる団体には漁協・漁連のほか一般社団法人や一般財団法人が当てられていることから、水産多面的事業の管理主体である協議会が法人化すれば、管理団体と管理内容が漁場計画の中に記載され、その管理は法的に正統化されるということである。管理内容の中には管理費用も含まれ、管理団体の構成員以外の受益者が費用を負担する場合にはその額と算定根拠ならびに使途を明記することになっている。もちろん、漁業権と同じく活動内容を都道府県知事に報告しないといけない。水産庁の説明では、漁業権管理の内容であれば沿岸漁場保全団体の認可を得る必要はないとのことであるが、水産多面的事業には漁業権の対象外の活動、複数の漁業権漁場にまたがる活動、漁業権漁場の外部に及ぶ活動といった場合があり、漁業権管理を超える内容があることから、認可の対象となる。

　活動組織の内容は著者が考える里海と近く、地域協議会は複数の里海が連携する里海ネットワークと同じ機能を持つ。海面や水産資源の公共性ならびに漁村地域における漁業者の割合を考えた場合、漁業権の内容と区域を超えた管理を行うためには、地域の様々な人達と協働で取り組む必要があり、この点でも里海と重なる。水産庁は水産多面的事業の施策を里海とは呼んでいないが、水産多面的事業の報告会を「里海保全の最前線」として開催しており（水産庁「令和元年度水産白書」）、またこの事業による活動の多くは里海づくりの一覧表に記載されている。

　ただし、このような取り組みが、国→都道府県→漁協（漁業権者）という権限委譲の下、予算（交付金）を伴うトップダウンで効率性の向上という視点によって実施された場合、果たして有効な取り組みができるであろうか、

あるいは予算措置が切れても継続することが可能であろうか、きわめて大きな疑問符が付く。漁業者を始め、地域のいろいろな人たちが参加して地域の環境保全の活動を継続的に行っていくためには、関係者がコミュニケーションをとり、自発的・自主的に活動に取り組むことが不可欠である。日本水産学会（2018）は「水産政策の改革」に対する意見として「漁業権免許を受けている漁協・漁連のみが管理団体となることを基本とすることが重要である」としている。しかし、現在の地域における漁業の勢力を考えると、地域における様々な関係者との協働なしには実行と継続が難しいと考えられる。

5.　漁業法改正と漁村の活性化

　漁村の活性化については、「水産政策の改革」の六番目のポイントとして「漁村の活性化と国境監視機能をはじめとする多面的機能の発揮」が挙げられている。漁村振興を研究テーマの一つとしてきた筆者にとって関心のある項目であり、漁業関係者の多くも関心を持っていると思う。しかし、この項目に関する解説では漁業・漁村が持つ多面的機能のうち、国境監視機能のみが記述され、漁村の活性化そのものには何も触れていない。何よりもこれを直接に推進するための法律がない。漁業生産力の向上によって漁業者の所得が増加すれば、漁村活性化の問題は解決すると考えられているようにもうかがえる。しかし、そもそも漁村という社会システムは多面的な性格を持ち、漁業生産力の向上だけで御せられるものではなく、漁村を維持するにはコミュニケーションによって様々な関係者が協働して社会システムを維持することが不可欠となる。その点が、漁業法改正では外されており、「水産政策の改革」の弱点になる。

　この件に関して、水産庁が2014年から積極的に展開してきた「浜の活力再生プラン」（以下、浜プラン）に注目したい。浜プランの施策は、市町村、漁協、漁業者、加工業者、流通業者を構成員とする地域水産業再生委員会が漁村の実態に応じた総合的かつ具体的な活性化策を策定し、実行するというもので、2019年8月現在、水産庁に承認された浜プランは660件にものぼる。浜プランには中心的な取り組みはあるものの、その内容は多面的であ

り、また漁業所得の1割アップ（5年間）を目標とし、何よりも浜の活力向上を成果目標としている。漁村地域の自主的な活性化努力を推進するという意味で、浜プランは注目すべき施策である。さらに言えば、漁業者を中心に地域の関係者が参加して、コミュニケーションをベースに計画を作り、実行しているものであり、漁村の社会システムの維持に貢献していると思われる。日本水産学会（2018）は浜プランの成果を有効活用することを求めており、浜プランは漁村の活性化に関して積極的に活用すべき施策であると思われる。しかし、このようなコミュニケーションをベースにした活動は、漁業法改正の埒外になっている。

　先の沿岸漁場管理と漁村活性化の施策内容は異なっているのだが、多面的機能というキーワードでつながっており、協働的な取り組みやコミュニケーションを必要とすることでも共通している。里海が求めるものも同じであり、その点で漁業法改正と里海は関連が出てくる。

6.　漁業法改正の弱点を補完する里海

　これまでみてきたように、漁業法改正は漁業の民主化を目的から外すことによって関係者間の協働とコミュニケーションが弱体化することが危惧される。これによって、漁業ガバナンスが協働型から階層型に変わることで生じる現場での行政と漁業者の協働の減少、新たに導入される沿岸漁場管理への対応、改革のポイントとしている漁村の活性化の実行という点で問題が生じる。資源管理型漁業が、漁業法による漁業生産力の向上と漁業の民主化をうまく連結して日本独自の漁業管理形態を作ったように、これらの弱点をうまく解決する知恵はないものか。ここで登場するのが、関係者の協働とコミュニケーションを必須とする里海と里海づくりである。

　提案者の柳氏による里海の定義は「人手が加わることによって、生産性と生物多様性が高くなった沿岸海域」（柳2006）である。しかし、里海という言葉は様々な地域で様々な意味合いで使われており、里海推進者の一人である松田治氏は、柳氏の定義は包括的概念規定であり、様々な概念があってよいとしている（松田2013）。それを受けて、筆者は里海のマネジメントを研

究してきた立場から「里海とは、沿岸域の住民や行政が協働して、沿岸域の環境や資源を持続的に利用していくための組織と仕組み、あるいはそのような組織と仕組みで管理される沿岸域」（日高 2016）とした。つまり、里海に関わるいろいろな人たちが協働して管理するための組織と仕組みであり、里海づくりの途中過程に着目している。ここで重要になるのはコミュニケーションである。

　また筆者は、都市と漁村の関係を考える中で、沿岸域では自然の生態環境と人間の経済活動、それに地域住民の生活や文化活動という性格の異なる三つの価値が同時に実現されるべきであるとした（日高 2002）。これを沿岸域に形成される里海に当てはめると、里海では生態環境の保全だけでなく、経済活動や生活文化の実現も求められるということである。里海と言えば環境保全が注目されるものの、このような経済活動や生活文化も重視するものである。柳（2006、2010）では里海の活動として漁業管理や養殖管理も含めてとらえており、漁村の経済的な側面でも里海は結びつく。

　このように里海の定義と性格を整理すると、里海は先ほどの漁業法改正の弱点とした点と深く関わる。つまり、里海づくりは地域における関係者の協働とコミュニケーションを促進し、沿岸域の資源や環境を守る活動を行い、経済活動や生活文化の実現によって漁村活性化に寄与するということが期待されるということである。そのための政策ツールとしては、前項で紹介した水産多面的事業と浜プランがある。これらを組み合わせて里海づくりを行うことで、里海づくりがより有効なものになる。

　水産多面的事業と浜プランはいずれもプランの作成と実行の母体となる協議会を各地域で作成するようになっており、漁業者だけでなく地域の関係者や行政も参加することが要件である。里海づくりにおいても、海面や水産資源の公共性に加え、近年の漁村居住者の状況（漁業者の割合の低下）、沿岸域での漁業以外の利用の増加、地域以外から来訪する沿岸域利用者の増加を考えると、漁業者だけで里海づくりを行うには限界がある。また、先の三つの価値を実現するためには、漁業者・漁業関係者だけでなく、地域の沿岸域居住者、商工会や観光協会のような他の経済団体、学校、環境保護団体なども

参加する必要があるだろう。そこで、筆者は、このように地域の沿岸域に関わる可能性のある人たちが総がかりで里海づくりに取り組むことを、「地域挙げてのアプローチ」と称し（日高、2016）、里海づくりの基本に置いている。ここで必要になるのが、関係者間の協働であり、コミュニケーションである。

　また、里海づくりで行われることの多い漁場環境の保全や創造あるいは漁場利用のルール作りは、新たな沿岸漁場管理制度の対象となるような内容である。漁業権の対象や区域から外れる管理に関しては、これまでも里海づくりとして地域の様々な関係者が協働してこのような対策を講じるような取り組みを行ってきた。新制度は、これらを保全漁場として漁場計画に登録することが可能になる。その結果、水産多面的事業を使って里海づくりを行い、出来上がった里海を保全漁場として登録するという流れができる。

　漁村の活性化については、里海は沿岸域の生態環境価値を基本として、経済価値や生活文化価値を高めるというものであるから、地域における様々な関係者が協働することを要件とする。これは里海づくりを通して地域の社会システムの構築が進められるということであり、さらに里海の効果として漁業生産や観光による経済価値の向上も期待される。里海づくりのなかで、地域の様々な関係者が連携して新しいビジネスを展開していく取り組みは、例えば沖縄県恩納村のモズクを核とした活動の事例（比嘉ほか 2018）のようによく見られる。このような里海づくりの取り組みと浜プランを統合すれば、地域の協働とコミュニケーションに基づく活性化策を講じることが可能になる。

　次に、里海づくりで有名な岡山県備前市日生の取り組みを、漁業法改正の弱点補完という視点から見てみよう。

　日生は、里海発祥の地として知られているところである（田中 2014）。一部の漁業者が始めたアマモの保全活動が漁協の取り組みに拡大し、地域の様々な経済団体を巻き込み、地元の中学校が参加し、活動の参加者が地域全体に及んでいる。活動もアマモの増殖から始まり、新たな経済活動を生んだり、漁業や養殖の改善につながったり、さらに内陸部の自治体との連携を進

めたりというように活動の領域が拡大している（田中 2017）。この日生のような活動は地域の状況に応じて行われるべきで、関わるべき人たちも地域によって異なるため、それぞれの地域で地域の状況に応じて組織や活動内容を決めないといけない。地域の人たちが自発的に動き、知恵を出し合うことでそれは可能になるのだが、各地域で一から始めていたのではらちが明かない。また、隣接する地域で形成された里海との連携を図ることも必要となる。

　そこで必要になるのが、このような里海のロールモデルの提示と各地域で里海の形成を支援し、里海間の連携を促進するような支援体制である。これは、水産多面的事業や浜プランでも同様の支援体制の構築が行われているが、これの枠組みを広げて、里海づくりを支援するような仕組みにしないといけない。理想的には、拡大した里海の概念をもとにロールモデルを示すとともに、水産多面的事業や浜プランのような事業フレームワークで各地域の里海づくりとその支援体制、さらに全国の情報を収集し、知識や経験を蓄積する全国的なレベルでの支援体制という枠組みが有効であろう。沿岸域の環境や漁業以外の産業も関わることで、漁業者を中心に漁業者以外も参加する取り組みとなると、行政としては水産部門だけでなく、環境部門、経済部門、企画部門との連携と調整、あるいは壁を壊すことが必要となる。まち・ひと・しごと創生総合戦略のように、複数の省庁の所管に分かれる事業を、当該地域の自治体で統合するような枠組みも有効かもしれない。

7.　おわりに

　今回の水産政策の改革と漁業の改正は、70 年ぶりの大改正ということである。詳細は別にして、最も特徴的なことは効率性の向上を貫徹し、漁業生産力の向上を目指しているところであろう。漁村をはじめとする伝統的なシステムとは相いれないところが出てくるのは仕方がないところである。現在の日本漁業がそこまで追い込まれているということでもある。効率性の向上による漁業生産力の向上が効果を挙げることを切に希望する一方で、効率性の向上のために置いて行かれたにしても、漁業や漁村にとって重要なものま

で失うわけにはいかない。そのためには、既存の制度やこれまで有効だった事業をフルに活用し、新しい知恵を加えながら、現在の漁村に合うようにリメイクすることが必要である。幸い、水産多面的事業や浜プランは 2021 年度の水産関係予算の中でも重要視されている施策である。これらをうまく使い、間口を広げ、地域として里海づくりに推進できるようにすることが肝要であろう。

参考文献

鹿熊信一郎（2018）「里海とはなにか」、鹿熊信一郎、柳哲雄、佐藤哲編『里海学のすすめ：人と海との新たな関わり』（序章）、勉誠出版、pp.1-25

加瀬和俊（2018）「養殖漁場利用制度の水産庁構想に反対する」、アクアネット、2018.8、pp.22-25

片山知史（2018）「「水産政策の改革について」で資源は増大しない」、アクアネット、2018.8、pp.26-30

黒沼吉弘（2018）「コモンズ管理：ITQ 導入前後の豪州 SBT 漁業管理とその応用可能性」、大妻女子大学紀要—社会情報系　社会情報学研究、第 27 巻、pp.67-79

水産庁「水産政策の改革について（ポイント）」
　https://www.kantei.go.jp/jp/singi/nousui/dai23/siryou2-6.pdf　2021.9.27 閲覧

水産庁「(3) 水産政策の改革（新漁業法等）のポイント」
　https://www.jfa.maff.go.jp/j/kikaku/wpaper/h30_h/trend/1/t1_1_3.html　2021.9.28 閲覧

水産庁「海面利用制度等に関するガイドライン」
　https://www.jfa.maff.go.jp/j/kikaku/kaikaku/attach/pdf/suisankaikaku-39.pdf　2021.928 閲覧

水産庁「令和元年度水産白書」、「オ　漁業・漁村の多面的機能の発揮」
　https://www.jfa.maff.go.jp/j/kikaku/wpaper/r01_h/trend/1/t1_f3_2.html　2021.9.28 閲覧

田口さつき（2019）「漁業法の変更と都道府県の水産行政」、農林金融、2019・10、pp.40-58

田中丈裕（2014）「アマモとカキの里海 "ひなせ千軒漁師町"（岡山県日生）」、日本水産学会誌、第 80 巻第 1 号、pp.72-75

田中丈裕（2017）「アマモとカキの里海「岡山県日生（ひなせ）」」、水環境学会誌、第 40 巻第 11 号、pp.393-397

外川伸一（2011）「ネットワーク型ガバナンスとネットワーク形態の NPM：病院 PFI をケース・スタディとして」、社会科学研究、第 31 号、pp.47-88

日本水産学会（2018）「「水産政策の改革」に関する日本水産学会の意見」
　https://www.miyagi.kopas.co.jp/JSFS/COM/14-PDF/14-20181203.pdf　2021.9.15 閲覧

濱本俊作（2018）「水産政策の改革法案を論評する：県行政 OB の視点から（水産行政の大転換＝水産政策改革構想に反対する）」、農村と都市をむすぶ、第 68 巻第 11 号、pp.27-35

浜本幸生（1989）『漁業権って何だろう？』（早わかりシリーズ漁業法Ⅰ）、水産社

浜本幸生（1999）『共同漁業権論―最高裁判決批判』、まな出版企画

比嘉義視・竹内周・家中茂（2018）「モズク養殖とサンゴ礁再生で地方と都市をつなぐ―沖縄県
　　恩納村」、鹿熊信一郎・柳哲雄・佐藤哲編著『里海学のすすめ―人と海との新たな関わり』第
　　9章、勉誠出版

東田啓作（2009）「譲渡可能な漁獲割当（Individual Transferable Quotas：ITQs）の効率性に
　　関する一考察」、経済学論究、第63号、pp.621-638

日高健（2002）『都市と漁業―沿岸域利用と交流』、成山堂

日高健（2016）『里海と沿岸域管理：里海をマネジメントする』、農林統計協会

日高健（2018）「ネットワーク・ガバナンスによる沿岸域の多段階管理試案」、沿岸域学会誌、
　　第31巻第3号、pp.29-40

日高健（2019）「漁業法改正を補完する里海の役割」、漁港漁場漁村研報、第46巻、pp.4-7

マーク・ベビア（野田牧人訳）（2013）『ガバナンスとは何か』、NTT出版

牧野光琢（2013）『日本漁業の制度分析：漁業管理と生態系保全』、恒星社厚生閣

宮川公男・山本清（2002）『パブリック・ガバナンス―改革と戦略（NIRA チャレンジ・ブ
　　ックス）』、日本経済評論社

柳哲雄（1998）「沿岸海域の「里海」化」、水環境学会誌、第21巻、pp.703

柳哲雄（2006）『里海論』、恒星社厚生閣

柳哲雄（2010）『里海創生論』、恒星社厚生閣

柳哲雄（2018）「アマモ場を再生しカキを養殖する」鹿熊信一郎・柳哲雄・佐藤哲編『里海学の
　　すすめ：人と海との新たな関わり』第4章、勉誠出版、pp.105-123

第5章　海洋保護区と里海

1.　はじめに

　現在、海洋における自然環境を保護するための方策として、海洋保護区が国際的な潮流となっている。世界で海洋保護区を推進する枠組みは、生物の多様性に関する条約（Convention on Biological Diversity：CBD。以下、生物多様性条約）を中心に形成されている。日本もこの条約を批准しており、条約締結国会議（Conference of the Parties：COP）によって作成された目標に向けて、日本の沿岸と沖合の海域において海洋保護区を設定することになっている。海洋保護区は、文字通り海洋の一部分を保護区として設定し、その中での人間による活動を制限することによって、自然環境、特に生物多様性を保全あるいは向上させようとするものである。その目的や方法には里海と重なる部分が多い一方で、異なるところもいくつか見受けられる。また、海洋保護区の中でも例によって欧米流と日本流の違いがあり、日本型海洋保護区という考え方も提案されている。このような海洋保護区の内実を整理することによって、里海との関わり、さらに里海のマネジメントに関して参考になるところを探ってみよう。

2.　国際的な流れとしての海洋保護区

　海洋における保護区導入の検討は、1960年代の海洋における環境保全のための保護区や禁止区域の話から始まった。そして、1992年の地球サミット（環境と開発に関する国際連合会議）で決められたアジェンダ21（第17章）、1993年の生物多様性条約、1994年の国連海洋法条約（UNCLOS）といった、海洋の環境保全に関する重要な国際的枠組みの形成を経て、2002に開催された持続可能な開発に関する世界首脳会議（WSSD）で2012年までの海洋保

護区設定が宣言されるに至った。次いで、2004年の生物多様性条約締結国による7回目の会議（COP7）において海洋保護区の定義が示されるとともに、2008年までに少なくとも五つの海洋保護区を公海に設定するとされた。そして、2010年に日本（愛知県）で開催された第10回の生物多様性条約締結国会議（COP10）による名古屋議定書の中で愛知目標が定められた。これによって、2020年までに少なくとも陸域および内陸水域の17%、また沿岸域および海域の10%に海洋保護区を設定することが締約国の義務となったのである（目標11）。さらに、2015年に開催された国連持続可能な開発サミットによって採択されたSDGsにおいても、目標14（海洋・海洋資源の保全と持続可能な利用）の14.5において、2020年までに国内法及び国際法に則り、最大限入手可能な科学情報に基づいて、少なくとも沿岸域および海域の10%を保全することが規定された。このようにして、沿岸および海域の10%を海洋保護区に設定するというのが世界的な共通の目的となり、条約締約国はこの目標を達成する努力を行っているところである。

　日本においては、2008年に制定された海洋基本法に基づいて作成された海洋基本計画において、初めて海洋保護区が登場した。次いで、2011年に策定された海洋生物多様性戦略において、日本型海洋保護区の定義が示されるとともに、海洋保護区の設定と充実、さらにネットワーク化の考え方と推進の施策が提示された。

3. 海洋保護区の定義

　初めて明確に海洋保護区の定義を示したのは、第7回生物多様性条約締約国会議（COP7）である。これによると、海洋保護区は「海洋環境の内部又はそこに接する明確に定められた区域であって、そこにある水塊及び関連する動植物相、歴史的及び文化的特徴が、法律及び慣習を含む他の効果的な手段により保護され、それによって海域又は／及び沿岸の生物多様性が周辺よりも高いレベルで保護されている効果を有する区域」（環境省 2011, p.28）とされる。また、国際自然保護連合（IUCN）は「生態系サービス及び文化的価値を含む自然の長期的な保全を達成するため、法律又は他の効果的な手段

を通じて認識され、供用され及び管理される明確に定められた地理的空間」
（環境省 2011、p.28）としている。

　日本においては、海洋生物多様性保全戦略（2011 年制定）により「海洋生
態系の健全な構造と機能を支える生物多様性の保全および生態系サービスの
持続可能な利用を目的として、利用形態を考慮し、法律又はその他の効果的
な手法により管理される明確に特定された区域」（環境省 2011、p.29）と定義
されている。

　ほかにもいくつかの定義が見られるが、それらに共通するのは、第一に地
域的空間として設定されるもの（Area-Based と呼ばれる）であること、第二
に海洋生物多様性の保護・保全とこれと不可分な生態系サービスの持続的利
用を目的としていること、第三に法律または他の効果的手段が用いられるこ
とという点である。また第四に、日本における定義には含まれていないが、
保護・保全される対象として文化的特徴や文化的価値が含まれること、第五

表 5-1　国際自然保護連合（IUCN）保護区管理カテゴリー

	保護区 Category of protected areas	主な管理目的 Areas managed mainly for
Ⅰa	厳正自然保護区 Strict nature reserve	厳格な保護／主に科学的研究 Strict protection
Ⅰb	原生自然保護区 Wilderness area	厳格な保護／主に原生自然の保護 Strict protection
Ⅱ	国立公園 National park	主に生態系の保全と保護 Ecosystem conservation and protection
Ⅲ	天然記念物 Natural monument or feature	主に特定の自然の特徴を保全 Conservation of natural features
Ⅳ	生息地／種の管理区域 Habitat/species management area	主に人間の管理介入を通じた保全 Conservation through active management
Ⅴ	陸上／海洋景観保護区 Protected landscape/seascape	主に陸上・海洋景観の保全及びレクリエーション Landscape/seascape conservation and recreation
Ⅵ	持続的資源利用保護区 Protected Area with sustainable use of natural resources	主に資源の持続可能な利用 Sustainable use of natural resources

出所：環境省（2011）、p.29 より引用
注：本表の「保護区（Protected Area）」には、陸域と海域の双方が含まれる。

に目的として利用することも含まれる保護と手を付けずに価値を維持する保全の双方が幅広く含まれていることも特徴として指摘していいだろう。

　目的が幅広いことについては、国際自然保護連合（IUCN）が p.75 の表5-1 のように保護区管理カテゴリーを七つに分けて示していることからもわかる。これによると、全く手を付けない厳格な保護である厳正自然保護区から主に天然資源の持続可能な利用である資源利用保護区まで七つの管理目的が示されている。牧野（2010）によると、これらの目的の間に優劣や序列はなく、保護区管理の並列の目的とされている。

4.　海洋保護区のネットワーク

　海洋保護区の設定に関して特徴的なことは、保護区域が国際会議で取り上げられるようになった早い段階から海洋保護区のネットワークを設定することの必要性が指摘され、ネットワークの形成が求められてきたことである。

　生物多様性条約（CBD）では、1992 年の締結の段階で海洋保護区のネットワークを構築することを決議している。2002 年の持続可能な開発に関する世界首脳会議（WSSD）では、「代表的な海洋保護区ネットワークを 2012 年までに構築する」ことを含むヨハネスブルク行動計画が採択されている。

　海洋保護区ネットワークの内容について具体的に述べているのは IUCN・WCPA（2008）による「海洋保護区ネットワークの構築」である。この本では、海洋保護区ネットワークは「さまざまな空間スケールで単一の保護区では達成できない目的を満たすように設計された一連の保護レベルで、協調的かつ相乗的に動作する個々の保護区または保護区の集合として定義」（IUCN・WCPA2008、p.12、訳は筆者）とされている。そして、数個から多数の小規模から中規模の海洋保護区のネットワークを確立することは保全と漁業の利益を損なうことなく社会経済的影響を減らすのに役に立つとする。さらに、十分に計画されたネットワークは生態系のプロセスと接続性を維持するために必要な空間的つながりを提供するだけでなく、局地的な災害や気候変動などのリスク分散によって回復力を増加させ、単独の保護区よりも長期間の持続可能性を確実にするとしている（IUCN・WCPA2008、p.10、訳は筆者）。また、

ネットワークの種類として、生態的な知見に基づく生態ネットワークに加え、人・組織・情報のつながりである社会ネットワークの二つがあるとしている。

IUCN・WCPA（2008）では、海洋保護区ネットワークの事例として、パプアニューギニア：Kimbe Bay MPA network、パラオ：Micronesia MPA network、セブ島：Philippines MPA network、チャネル諸島：California MPA network の四つが紹介されている（IUCN・WCPA2008、pp.64-82）。四つのうち三つが南太平洋であり、サンゴ礁を中心とした保護区であることは注目すべき点である。さらに、ネットワークの構築にあたっては、専門家のアドバイス、調査やモニタリングの結果に、Marxan（ソフトウェア）[1]による分析結果を加え、生物物理的・社会経済的特徴の双方を考慮したネットワークデザインが作成されたとしている。

サンゴ礁における保護区とネットワークについては、国際サンゴ礁イニシアティブ（ICRI 2010）が2010年に策定したICRI東アジア地域サンゴ礁保護区ネットワーク戦略で指針を出している。ここでは、東アジアにおける生物・地理的多様性の高さ、国境を越える問題あるいは国内でも多様なセクターを超える問題から、個々の海洋保護区や局所的な海洋保護区では回復を図るのは困難であり、ネットワークのアプローチが必須であるとしている。ここで対象となる海洋保護区ネットワークは「生態的及び社会・制度・組織的なつながりの両方の観点から、システム的に機能することが期待される海洋及び沿岸における幅広い保全・管理区域の総称」（国際サンゴ礁イニシアティブ 2010、p.4）と定義され、その中に生態ネットワークと社会ネットワークの二つがあるとしている。多くの海洋保護区ネットワークは海洋や沿岸の生物をより効果的かつ総合的に保全するという生態的な観点で構築されているのに対し、海洋保護区の設置・管理を支援する社会・制度・組織的なつながりである社会ネットワークも必要であるとしている。そして、付属書５では社会ネットワークの構築が中心的に述べられている（国際サンゴ礁イニシアティブ 2010、pp.19-23）。

わが国では、2011年に策定された海洋生物多様性保全戦略で海洋保護区

ネットワークが述べられている（環境省 2011a、pp.38-41）。この中でまず、特定の海域において様々な管理目的による保護区を組み合わせ、一つの管理計画若しくは十分に調和された複数の管理計画によってこれらの保護区を連携させることは、ネットワークの形態の一つであるとしている。そして海洋保護区ネットワークの形態として、目的や守るべき対象に合う海洋保護区を連携させて効果的に配置する生態系ネットワークと、地域や国内の保護地域システムを支援するための知見や経験、科学技術的協力、能力育成や共同などといった社会的な連携である社会的連携ネットワークの二つがあるとしている。また、ネットワークに必要な特性および構成要素として、生態学的および生物学的に重要な地域、代表性、連結性、反復される生態学的特性、適切かつ存続可能なサイト、の五つが挙げられている。

　海洋保護区の広さについて、広くすべきか、狭くすべきかという問題がある。広い海洋保護区では生物の保護には有効であるが、人間の活動を阻害し、管理も困難という問題がある。そこで、狭い海洋保護区を多数作って連携させる（つなげる）ことによって管理効果を上げるというのが、海洋保護区ネットワークの狙いである。この点は、複数ある海洋保護区ネットワークの提案に共通する考え方である。

　加々美（2012）は、このような海洋保護区のデザインのあり方は、生態学のテーマである SLOSS（Single Large or Several Small）問題であると指摘している。SLOSS 問題とは、大きな保護区を一つ設置すべきか、小さな保護区をいくつか設置すべきか、どちらが生態系の保全のために有効であるかという問題である。加々美（2012）によると、大規模の海洋保護区を設定する場合、国際法との整合性が問題となる。一方、小規模の海洋保護区をいくつか設定する場合、個々の海洋保護区をネットワーク化することが国際的に推奨されているとしている。そして、前者の事例としてオーストラリアのグレートバリアリーフ（GBR）海洋公園、後者の事例として北大西洋地域の海洋保護区ネットワークが紹介されている。

　また、鹿熊（2019）は、フィジーにおける取り組みをコミュニティベースの海洋保護区と社会ネットワークの事例として紹介している。フィジー政府

は 2004 年に地域主導型管理海洋区域（Locally Managed Marine Areas：LMMA、IUCN・WCPA2008、p.13）による沿岸資源管理政策を正式に採用し、政府主導による海洋保護区と地域コミュニティによる海洋保護区であるタンブーの設定を進めた。タンブーは、地域コミュニティが政府、大学、NGOなどと協働して設定管理するものである。鹿熊（2019）によると、フィジーのある地域（ウドゥニバヌア）における地域主体の活動がフィジー全体に拡大し、さらにアジア太平洋島嶼国全体をつなげる LMMA ネットワークとして広がったということである。LMMA ネットワークはアジア太平洋地域で活動する土地所有者、政治家、行政、科学者などの自然保護活動家をメンバーとするもので、学習やトレーニングの機会を提供するとともに、政府に政策提言を行っている。鹿熊（2019）は、この中でレジデント型研究者による双方向型トランスレーターとしての役割によって、様々な主体がつながり、社会ネットワークが形成されることを重視している。

5.　日本における海洋保護区の取り扱い

　日本では、2008 年の海洋基本法に基づいて策定された海洋基本計画（第 1 期）において初めて海洋保護区という概念が登場した。ただし、日本では禁漁区や保護区域は大昔からあったものであり、国際的な流れに従った海洋保護区が初めて政策に登場したという意味である。

　そして、先述のように 2011 年に策定された海洋生物多様性保全戦略において海洋保護区の定義と日本型海洋保護区の進め方が提示された。この戦略は、海洋の生物多様性の保全及び持続可能な利用を目的として、それを達成するための基本的考え方と施策方向性を示すものである。これによって、わが国の歴史や事情を反映した海洋保護区の定義と海洋保護区に該当する既存の制度に基づく保護区域の種類が示され、さらに既存の制度を使った海洋保護区の設定及びネットワーク化の推進と管理の充実という方向が示されたのである。

　また、2010 年の COP10 で設定された愛知目標を受け、2012 年に閣議決定された生物多様性国家戦略 2012-2020 においては、2011 年 5 月時点で領

海及び排他的経済水域の約 8.3％が保護区であり、2020 年までに我が国の管轄圏内水域の 10％を保護区にすることが定められた。

　さらに、2013 年の海洋基本計画（第 2 期）でも、2020 年までに沿岸域及び海域の 10％を適切に保全・管理するために海洋保護区を設定することが明記された。また、海洋保護区を資源の保存管理の手法の一つとして海洋の生態系および生物多様性の保全と漁業の持続的な発展の両立を図るとともに、日本型海洋保護区の国内外への理解の浸透を図ることも記された。この内容は、2018 年に策定された第 3 期の海洋基本計画にも引き継がれている。

　海洋保護区の具体的な内容は、日本では海洋保護区の設定に関する法制度がないことから海洋保護区の条件に合致する複数の法制度から構成されている。既存法制度との対応については環境省（2011b）で示されており、表 5-2 はそれを簡略化したものである。

　環境省（2011a）によると、以上の既存法制度によって、国内の海洋保護区に該当する区域の合計面積は約 36.9 万 km^2（区域の重複を除く）、管轄水域（領海及び排他的経済水域）の約 8.3％と推測されている。その内訳は、「①自然景観の保護等」0.4％、「②自然環境又は生物の生息・生育場の保護等」0.1％、「③水産生物の保護培養等」を目的とした海洋保護区が 8.1％となっている。

　日本型海洋保護区の特徴については複数の研究者が報告している。それらによると、特徴の第一は異なる目的を持つ既存の様々な法制度によって構成されていることである。これは日本における沿岸域利用の長い歴史ゆえに、すでに海域環境の保護保全や管理に関する多様な法制度が存在することから生じている。釣田ほか（2013）は、日本型海洋保護区は起源の異なる既存の制度を追認したものであり、限定した目的や管理の対象があり生物多様性の包括的な視点を必ずしも持っていないこと、すでに管理されている保護区域であるために政策決定において科学的データや異なる関係者の意見が必ずしも反映されないことを問題点として指摘している。一方、牧野（2017）は様々なタイプの海洋保護区が重層的に配置されることで生態系の機能と構造が維持されると評価したうえで、異なる目的の小規模の海洋保護区を連携さ

表5-2　日本における海洋保護区に該当する区域と法制度

区分	区域（制度）	区域指定目的
①　自然景観の保護等	自然公園（自然公園法）	自然の風景地を保護し、その利用を促進することにより、生物多様性の確保に寄与する
	自然海浜保全地区（瀬戸内海環境保全特別措置法）	自然の状態が維持され、将来にわたり海水浴や潮干狩り等に利用される海浜地等を保全する
②　自然環境又は生物の生息・生育場の保護等	自然環境保全地域（自然環境保全法）	自然環境を保全する
	鳥獣保護区（鳥獣保護法）	鳥獣を保護する
	生息地等保護区（種の保存法）	国内希少野生動植物種を保存する
	天然記念物（文化財保護法）	学術的価値の高い動物、植物、地質鉱物を保護する
③　水産生物の保護培養等	保護水面（水産資源保護法）	水産動植物の保護培養
	沿岸水産資源開発区域、指定海域（海洋水産資源開発促進法）	水産動植物の増殖及び養殖を計画的に推進するための措置等により海洋水産資源の開発及び利用の合理化を促進
	都道府県、漁業者団体等による各種指定区域（各種根拠制度※）	水産動植物の保護培養、持続可能な利用の確保等 ※各種根拠制度：採捕規制区域（漁業法及び水産資源保護法）、資源管理規定の対象水面及び組合等の自主的取組（水産業協同組合法）
	共同漁業権区域（漁業法）	漁業生産力の発展（水産動植物の保護培養、持続的な利用の確保等）等

出所：環境省（2011b）を筆者が修正

せることが必要であるとしている。

　特徴の第二は、海洋保護区を構成する法規制の多くが水産資源の保護を目的としたものであることだ。表5-2で見たように、③水産生物の保護培養等を目的とした法制度が多く存在し、しかもそれらは漁業関係のものである。環境省の資料によると、この区分に該当する海洋保護区の面積が39万9,753.51km^{2}と最も広く、日本における海洋保護区面積の95.4％を占めている。また、③に該当する海洋保護区の数は1,055で、全体1,161の90.9％と

なっている。このように水産資源の保護を目的とするものが多いことについて、釣田ほか（2013）、最首（2018）ともにそれらは必ずしも海洋保護区の本来の目的である生物多様性の保全を目的としておらず、水産資源の保護と生物多様性の保全をどう結び付けるかが課題としている。

　第三の特徴は、行政主導型と地域主導型が混在していること、さらに地域主導型では漁業者による自主管理が多いことである。地域主導型で漁業者による自主管理とされるものの代表は共同漁業権の管理で、管理区域面積は8万9,587.16km²、全体の21.4％になる。他にも漁業者の自主管理に基づいて設定された操業禁止区域や採捕制限区域が存在している。八木（2011）は、日本の漁業に関する規制の多くは地域の漁業者による自主管理によって管理の細部を決める仕組みになっているとしている。さらに、八木（2017）は行政から漁協への漁業権の免許を通した行政による場の配分と漁協による漁業権の自主管理という漁業者による場の管理の仕組みは、同じく場の管理である海洋保護区と親和的であることを認めている。そのような漁業者の自主管理である漁業権の管理について、牧野（2017）は水産資源の維持と生物多様性保全の両立に貢献しているとしている。また、牧野（2017）、八木（2011、2017）は漁業者による自主管理は行政主導型であれば行政が負担すべき海洋保護区の維持管理に要するコストを負担し、コストの削減に貢献していると評価している。

6.　海洋保護区の課題

　様々な文献で海洋保護区に関する課題が提起されている。ここではそれらを参考にしながら、里海マネジメントとの関連を念頭に、海洋保護区の導入に関する国際的な取り組みと日本型海洋保護区の取り組みを順に検討する。

　先行研究に共通する第一の課題は、区域の設定に基づく取り組みが優先し、マネジメントの内容が明確でないという問題である。八木（2017）は、現在の国際的に進められている海洋保護区の取り組みは保護を加える（保全ではない）区域を設定することが目的で、どのような管理によってどのような状態にするかについては何も示していないとしている。白山（2014）によ

ると、重要海域の基準と設定手順については、世界標準のものが定められており、日本でもそれに従った手順がある。しかし、八木（2017）はCOP10においては海洋保護区の設定目標10％の議論で終わり、管理については何も議論されなかったという舞台裏も紹介している。つまり、設定される海洋保護区の管理や目標とする状態、つまり海洋保護区のマネジメントについては何も示されておらず、各国に任せられた状態にあるということである。

　第二の課題として、海洋保護区内での生物多様性と生態系の保護・保全が優先されることにより、地域住民の生活が阻害されかねないという地域住民問題がある。海洋保護区の定義の中で、地域の歴史や文化が含まれることが示され、保護区の管理手段として法令等に加えて「その他の効果的な地域をベースとする保全手段」が挙げられており、地域の文化や歴史に根付いて管理・保全されている区域も海洋保護区になることになっている。しかし、關野（2014）は、アフリカでは海洋保護区が行政によるトップダウンで設定され、住民参加が十分でなかったことによって地域住民の生活が脅かされる状態も生じているとしている。そして、地域の社会的文脈を理解し錯綜した諸アクターの関係を解きほぐし、地域住民と諸アクター間の提携関係を結び直すことが必要と指摘している。一方、鹿熊はフィリピン（鹿熊2017）やフィジー（鹿熊2019）における地域住民主体の海域管理について紹介し、特にフィジーの事例から地域住民主体の管理組織が現地に深く根付いたレジデント型研究者の双方向トランスレーターという機能によって政府と双方向で結びつくことで、LMMA型の海洋保護区ネットワークが出来上がったとしている。海洋保護区において、地域の歴史や文化あるいは地域住民の生活を考慮するのであれば、關野や鹿熊の指摘に応えるような対応の仕方あるいはそのための仕組みについて明示することが必要である。現在の国際的な枠組みではその点が不足している。その際、秋道（2020）が指摘するように、海洋資源の所有権あるいは海洋資源利用に関する正統性は誰が持つのかが問題になる。それは地域によって差異があり、十分な議論が必要である。

　第三の課題は、海洋保護区間の連携を進めるネットワークの問題である。海洋保護区ネットワークを構築すべきであることは海洋保護区登場の初期か

ら各所で言われている。先に述べたように、海洋保護区が有効に機能するには生態ネットワークと社会ネットワークという二種類のネットワークが必要であるとされている。生態ネットワークについては生物学的知見（例えば浜口 2012）と Marxan の解析（松葉ほか 2015）によって提示されるが、社会的ネットワークについてはいくつかの先行事例が紹介されているだけで、ネットワークをどのように構築し、どのように運営していくのかについては述べられていない。さらに、八木（2011）が指摘しているように、陸域と海域との連携については全く触れられていない。保護区の設定による生物多様性の保全は陸域と海域とは別の枠組みで推進されており、両者の連携による環境保全効果は考慮されていないのである。栄養塩や水などの物質循環については、陸域と海域で繋がっており、両者の連携を考えるべきであるが、海洋保護区の機能としては全く検討されておらず、したがって陸域と海域の連携については何も触れられていない。

　以上の三つの課題について、日本型海洋保護区について検討する。結論を先に言うと、同じく三つの課題があることは共通しているが、課題の内容が国際的な取り組みとは異なっている。

　第一のマネジメントの課題については、日本型海洋保護区の場合は管理区域が定められる法制度が選ばれているため、それぞれの法制度の管理目的や管理方法が全て明確に定められている。このため、個別の管理目的や管理方法をどのように統合するのかという問題になる。この点について、釣田ほか（2013）は、日本型海洋保護区は起源の異なる既存の制度を追認したものであり、限定した目的や管理の対象があり生物多様性の包括的な視点を必ずしも持っていないことを問題点として挙げ、海洋保護区の設定や管理が適切に行われるには異なる制度や情報を総合的かつ具体的に支援管理する組織体制が必要であると指摘している。

　第二の地域住民問題は、日本型海洋保護区の多くは漁業者による自主管理によるものであることから、国際的な取り組みで取り上げられるような地域住民の疎外という問題はない。しかし、漁業者の減少と海面利用者や海の環境に関心のある人の増加を考えると、海洋保護区が浅瀬に形成される場合に

は、漁業者のみならず地域住民が広く管理に参加する必要性が生じている。柳（2006）は、里海に関して沿岸域で圧倒的に少数の漁業者が多数の沿岸域住民をどう巻き込むかが問題としている。これと同じように海洋保護区でも地域社会がどのように沿岸域に関わるのかという問題になるのだが、釣田（2017）は海洋保護区に対する地域での認知度が低いことを問題視している。

　第三の海洋保護区ネットワークについては、既存の多数の法制度が海洋保護区の枠組みに当てはめられただけであるから、個別法制度間、特に所管官庁の異なる法制度の調整や連携を前提とする海洋保護区間のネットワークはほとんど考慮されていないと言ってよいだろう。先の釣田ほか（2013）が指摘するのはこの点である。牧野（2017）は多様な保護区域があることで水産資源の保護・保全と生物多様性の両立が可能になっているとするものの、釣田（2014）は海洋保護区に関する多様な関係者の具体的な意見調整は行われていないとしている。これは、社会ネットワークの欠如といってよいだろう。国際的な取り組みでこの点が不足していることを指摘したが、日本においても同様に不足しているのである。一方、国際的な取り組みで問題にした陸域と海域の連携については、同じく海洋保護区の取り組み自体には含まれていないものの、実際の活動として里海と里山の連携あるいは森川里海の連環として考慮され、様々な取り組みが行われている。

7.　里海と海洋保護区をどうつなげるか

　最後に、前項の海洋保護区の課題と突き合わせながら、里海と海洋保護区との関係について検討する。

　第一のマネジメントの課題について。里海は、海洋保護区の基準である「その他の効果的な手法により管理される明確に特定された区域」に該当すると考えられる。これまでみてきたように、海洋保護区は明確に区画された海域があることを前提としたものである。しかし、里海は対象となる沿岸海域という考え方はあるものの、そうでない海域との間に明確な境界を引くということはしない。もちろん、管理を考えるための対象海域はあるし、里海の原型とみなされる共同漁業権漁場は明確な境界を持っている（このため海

洋保護区に加えられる）。しかし、境界は必ずしも里海の成立条件ではなく、あっても緩やかな捉え方がされている。最も重要視されるのは、里海の中で何が起こっているのかであり、特に人手が加わることによってそれが改善されるかどうかである。これは環境の創造にあたる。表5-1で海洋保護区の管理カテゴリーには維持や利用はあるものの、創造はない。強いて言えば、里海は創造的資源利用を目的とした海洋保護区とも言うべきものであり、カテゴリーⅥの先にある新しいカテゴリーと捉えることもできる。

　第二の地域住民の参加について。里海は、その中での人と海、あるいは人と人との関わり方を重視している。古典的な里海ではそれが沿岸住民の生活の一部として達成されていたのだが、現代では人と海との距離が開いたため、里海内での様々な活動によってそのような関わりが再構築されることが注目されている。上原ほか（2020）はそのような機能を里海における関係性資本と捉えている。研究者以外でこの点を重視する主張も多く、例えば、井上ほか（2016）は里海における人々の暮らしからあるべき経済社会の将来を遠望している。つまり、日本型海洋保護区は漁業者の自主管理としての住民参加は達成しているものの、幅広い地域住民参加には至っていないということである。里海の考え方を海洋保護区に適用することで、沿岸域における人と海、人と人との関わり方を見直すきっかけになると思われる。

　第三のネットワークについて。第2章で見たように、里海は循環や連環あるいはつながりを重視しているのだが、里海間のネットワークを構築すべきだと主張している研究はあまりない（筆者はそれを主張している数少ない一人）。これは里海の境界が緩やかであるため、あえて異なる里海のネットワークを作るということにならないためと思われる。その代わり、緩やかな境界による里海の空間的な広がりの中で栄養塩や水のような物質循環が重視されているのである。しかし、異なる目的を持つ法制度に基づく小規模な海洋保護区の組み合わせとなると、生態的知見に基づく生態ネットワークを前提に、釣田ほか（2013）が求めるような様々な異なる法制度を調整し連携を図る仕組みが必要である。これは海洋保護区ネットワークの一つである社会ネットワークに該当するものである。しかし、この点は里海マネジメントの

実際と研究の両面で欠けている部分である。里海研究では筆者が里海ネットワークの形成とそれを支える支援型アプローチの必要性を主張している以外に論じられていない。海洋保護区においても社会ネットワークは弱点となっているが、鹿熊（2019）がフィジーにおける LMMA を支えたのは社会ネットワークであるとしているように、その重要性も認識されている。里海においてもこのような社会ネットワークの構築について検討すべきである。

　以上のように、課題ごとに里海と海洋保護区を比較検討すると、補完的な関係にある課題と共通する課題を持っていることがわかる。鹿熊（2018）は、海洋保護区は里海のツールであるとしている。しかし、海洋保護区が明らかに世界的なムーブメントになっていることを考えると、海洋保護区の中に里海の概念や優れている点を織り込み、創造的資源利用を目的としたカテゴリーⅦとして位置付け、里海の世界的な拡大を図ることも検討すべきである。そうならないにしても、海洋保護区で優れている点は里海の仕組みにも積極的に取り入れるべきだと思う。

注

1）松葉ほか（2015）によると、Marxan は生物多様性を保全する上で優先度が高い場所を効率的に選定する手法として開発されたコンピュータプログラムである。

参考文献

IUCN World Commission on Protected Areas（IUCN-WCPA）（2008）. Establishing Marine Protected Areas Networks - Making It Happen. Washington, D.C.: IUCN- WCPA, National Oceanic and Atmospheric Administration and The Nature Conservancy. 118p.

秋道智彌・角南篤編著（2020）『海はだれのものか』、西日本出版社

井上恭介・NHK「里海」取材班（2015）『里海資本論—日本社会は「共生の原理」で動く』、KADOKAWA

内閣府「海洋基本計画（平成 25 年 4 月）」、p.20
　https://www8.cao.go.jp/ocean/policies/plan/plan02/pdf/plan02.pdf　2021.6.26 閲覧

加々美康彦（2012）「海洋保護区」、白山義久、桜井泰憲、古谷研、中原裕幸、松田裕之、加々美康彦編著『海洋保全生態学』、講談社、pp.235-251

鹿熊信一郎（2017）「海洋保護区を管理ツールとするフィリピンの村落主体沿岸資源管理」、国際漁業研究、15、pp.1-26

鹿熊信一郎（2018）「里海とは何か」、鹿熊信一郎・柳哲雄・佐藤哲編著『里海学のすすめ』（序

章）、勉誠出版、pp.9-25

鹿熊信一郎（2019）「フィジーにおける海洋保護区のトランスディシプリナリー研究」、日本サンゴ礁学会誌、21、pp.49-62

環境省（2011a）「海洋生物多様性保全戦略」
　　https://www.env.go.jp/press/files/jp/17230.pdf　2021.9.28 閲覧

環境省（2011b）「我が国における海洋保護区の設定のあり方について」（平成 23 年 5 月）
　　https://www.kantei.go.jp/jp/singi/kaiyou/dai8/siryou3.pdf　2021.6.26 閲覧

国際サンゴ礁イニシアティブ（2010）「ICRI 東アジア地域サンゴ礁保護区ネットワーク戦略 2010（仮訳）」
　　https://www.env.go.jp/nature/biodic/coralreefs/pdf/international/a_meeting6_jap.pdf
　　2021.6.26 閲覧

最首太郎（2018）「「日本型海洋保護区」の策定にむけて―生物多様性条約愛知目標の達成―」、水産大学校研究報告、pp.25-31

生物多様性国家戦略 2012-2020（平成 24 年 9 月 28 日）、p.131
　　https://www.biodic.go.jp/biodiversity/about/initiatives/files/2012-2020/01_honbun.pdf
　　2021.6.26 閲覧

關野伸之（2014）『だれのための海洋保護区か』、新泉社

釣田いずみ・松田治（2013）「日本の海洋保護区制度の特徴と課題」、沿岸域学会誌、26(3)、pp.93-104

釣田いずみ（2014）「日本の海洋保護区（MPA）―政策決定過程の科学技術社会論（STS）的研究―」、海洋政策研究、13、pp.33-53

浜口晶巳（2012）「沿岸資源の持続的利用のための里海と海洋保護区」、農林水産技術研究ジャーナル、35(3)、pp.16-20

松葉史紗子・赤坂宗光・宮下直（2015）「Marxan による効率的な保全計画：その原理と適用事例」、保全生態学 20、pp.35-47

牧野光琢（2010）「日本における海洋保護区と地域」、環境研究、No.157、pp.55-62

牧野光琢（2017）「海洋保護区のさらなる拡大と管理のあり方に関するスタディグループ（SG）報告書」、総合海洋政策本部参与会議（第 49 回）資料 2-9（公表版）、pp.4-5
　　https://www.kantei.go.jp/jp/singi/kaiyou/sanyo/dai49/shiryou2_9.pdf　2021.6.27 閲覧

八木信行（2011）「わが国沿岸域の生物資源管理と海洋保護区」、沿岸域学会誌、23(3)、pp.25-30

八木信行（2017）「日本型海洋保護区：その思想と可能性」、沿岸域学会誌、29(4)、pp.25-31

柳哲雄（2006）『里海管理論』、恒星社厚生閣

第6章 沿岸域のガバナンスとマネジメント

1. はじめに

　この本のテーマは沿岸域管理と里海マネジメントである。管理とマネジメントが何を意味するかについては前著でも触れたのだが（日高 2016）、あらためてこの章で整理したい。沿岸域管理や沿岸域総合管理という時には管理という言葉が使われる。しかし、それも英語にすると Integrated Coastal Management とマネジメントになる。日本語としては、管理は統制や監理を意味するコントロールという意味で使われ、マネジメントは賢く使う（wise use、ワイズユース）あるいは成果を挙げるという意味で使われる。後者はドラッカー（2001）によって一般的になった。ただし、沿岸域管理という時の管理には、水質管理や海岸管理のような統制の意味合いと沿岸域のワイズユースのためのマネジメントという意味の両方を含む（敷田 2005）。つまり、沿岸域管理では内容や状況によってどちらも使われることになる。

　また、似たような言葉にガバナンスがある。第9章ではネットワーク・ガバナンスという考え方を使って、沿岸域管理をまとめる方法を提案することにしている。ガバナンスは、環境に関わる分野では海洋ガバナンス、流域ガバナンス、環境ガバナンスというように使われる。特に、海洋ガバナンスは国際的な海洋政策や海洋管理において使われるものであり、沿岸域管理とも関わりが深い。しかし、このガバナンスはマネジメントと共通する内容がある一方で、異なる部分も多く、その意味するところが混乱している状態である。

　そもそも、ガバナンスとは「統治・統制すること」を意味する（広辞苑）。従来は自治体の首長による自治体経営（マネジメント）に対する議会や監査委員会によるガバナンス、あるいは経営者による企業経営（マネジメント）

に対する株主やステークホルダーによるガバナンスというように使われてきた（石原 2010）。しかし、近年では多様な主体の参加を踏まえ、調整の仕組みとプロセスに着目した定義に変化している（ベビア 2012）。海に関しては、海洋ガバナンスのように世界的な海洋の秩序と管理のあり方について様々な言説があるが（寺島 2016）、沿岸域に関するガバナンスについてはほとんど研究が行われていない（李 2012）。

　本章では、近年の傾向に従ったガバナンスの考え方に立ち、ガバナンスを「人間の作る社会的集団における進路の決定、秩序の維持、異なる意見や利害対立の調整の仕組みおよびプロセス」（宮川・山本 2002）とする。また、ガバナンスとマネジメントに共通するのは、誰が（主体）、何を（客体）、どうするか（目的と方法）を基本要素とすることである。このため、両者の具体的な活動内容はあまり変わらないように見える。しかし、上の定義を前提とすると、ガバナンスは誰がそれを決めるのか、あるいは誰が意思決定に参加するのか、それをどのように調整するのかを重視するのに対し、マネジメントはどんな経営資源を使ってどうやって成果を挙げるかを重視するということになる。つまり、ガバナンスは主体に重きを置き、マネジメントは目的と方法に比重を置くということである。以上を踏まえて、沿岸域管理と沿岸域のガバナンスの関係を整理する。部分的に二重の意味になるが、沿岸域管理における様々な主体の関わり方と調整の仕方をガバナンスとして検討するということである。

2.　海洋ガバナンス

　海洋に関するガバナンスは、国際的な海洋管理や海洋政策の分野で用いられる。寺島（2016）によると、海洋ガバナンスは「海洋の管理を目指す法秩序の構築、並びに海洋の総合的管理および持続可能な開発に関する政策・行動計画の策定・実施の二つを基盤とした概念」とされる。世界的に海洋ガバナンスが注目されるようになったのは、1982 年の国連海洋法条約の採択と1992 年の国連地球開発会議（地球サミット）によるアジェンダ 21 の採択があったからである。国連海洋法条約は、これまでの「海洋の自由」から「海

洋の管理」への転換と、そのための新たな海洋管理の制度導入を意味するものである。また、「アジェンダ 21」の第 17 章は海洋の総合的管理と持続可能な開発に関する基本文書であり、この中で沿岸域及び海洋環境の総合的管理と持続可能な開発を沿岸国の義務とすること、沿岸国は地方と全国レベルで、沿岸域・海域とその資源の総合管理と持続可能な開発のための適切な調整機構（ハイレベルの政策立案機関など）を設置・強化することが明記されている。この内容は、以後の海洋政策の柱となっている。

　寺島紘士氏は、そのような国際的な海洋政策の変化とそれを受けた日本における海洋政策の基盤づくりについて、当事者として関わった経験も踏まえ、その著書『海洋ガバナンス』（寺島 2021）で経過と内容を詳細に紹介している。その中で、「アジェンダ 21」に基づいて求められる総合的な取り組みのメカニズムとして、「沿岸域及び管轄海域全体を対象とする海洋政策又は計画を策定し、それに国、都道府県、市町村がどのように分担して取り組むかという『重層的メカニズム』および海域の公的管理者や地方共同体・住民・資源利用者グループ、アカデミア、NGO などのステークホルダーがどのように協議しつつ取り組むかという『水平的メカニズム』を構築すること」がわが国にも求められているとしている（同書、p.23）。また、各国の海洋ガバナンスに共通する重要なポイントとして、「a. 海洋に関する総合的な政策・戦略を策定し、b. 海洋に関する基本的な法令を制定し、c. これらの法令・政策を所管する海洋主管大臣・海洋管理（調整）事務局を設置し、あるいは海洋行政に関する連絡調整の仕組みを構築し、d. さらには沿岸域の総合的管理の法制度・政策等を定めて、海洋ガバナンスに取り組んできた」ことを挙げている（同書、p.46）。寺島氏が主張する海洋ガバナンスは、以上の二点に集約されると思われる。

　特に、重層的メカニズムについては、ボルゲーゼ氏の言説を紹介し、個人から始まり、それが地元社会、国家、地域、国連総会へと広がっていく「海洋ガバナンス」という新しい形としての「海洋の環」（ボルゲーゼ 2018）の考えを紹介している。

　このような重層的かつ水平的に関係者が連携するという点については、流

域ガバナンスも同じようなテーマを掲げている。大塚（2007）によると、流域ガバナンスは「ある流域において生態環境の保全・再生を図りながら，社会経済の発展を実現するために，政府各部門および社会各層の利害関係主体（ステークホルダー）が協力・連携し，多層なパートナーシップの形成のもとに行う，多様な流域資源の管理・利用・保全のあり方」と定義される。

　共通するのは、多様な関係者の重層的・水平的な協力・連携の仕組みづくりが重要ということである。脇田（2020）は、流域ガバナンスのこのような関係の根底に栄養塩の循環や生物多様性、それに人々の信頼関係を置いている。一方、海洋ガバナンスでも生態系に基づいて考えるべきという主張はあるが（瀬木2013）、栄養塩の循環については言及していない。

3.　沿岸域のガバナンス

　沿岸域は海洋が持つ重層的メカニズムの一部であることから、沿岸域のガバナンスは海洋ガバナンスの特徴を共有する。しかしながら、浅い海域と海に近い陸域という特性や複雑な法制度の存在から、広い海洋とは異なる多様な側面を持っている。このため、制度や管理主体も様々で利用の仕方も多様であり、沿岸域におけるガバナンスの形態もいくつかに分かれる。一般的な話として、ベビア（2012）は、組織の形態とそれに対応するガバナンスとして三つの類型、すなわち階層型、市場型、ネットワーク型があるとした。では、これらの類型はどのような状況に適応するのであろうか。

　沿岸域に関して、国内外問わず共通する問題は、沿岸域は多面的な性格を持つため、これに関わる法制度、管理主体、利用の形態と利用者が多様だということである。同じ行政でも、国・州（都道府県）・市町村といった異なるレベルの行政が関わり、例え同じレベルであっても、港湾、水産、環境といった異なるセクションが関わる（Cicin_Sain et al. 1998）。ベビア（2012）が示した三つのガバナンスの類型に従うと、このことへの対応の仕方として①多様な行政・セクションを統合する独立した強力な権限を持つ階層的な管理組織をつくる、②管轄官庁が基本的なルールのみを示し、自由な利用者の活動に任せる、③多様な行政・セクションを緩やかに束ねるネットワーク組織

をつくる、の 3 通りが考えられる。この三つの類型について、沿岸域管理に
あてはめると次のようになる。

　階層型である①の著名な例として、米国カリフォルニア州の沿岸域管理シ
ステムが挙げられる。サンフランシスコ湾保全開発委員会とカリフォルニア
州沿岸委員会は関係官庁の管理権限を上回る権限を持ち、一元的沿岸域管理
のモデルとされている。米国の他の州ではこのような独立した管理組織を設
けているところは少ないものの、連邦政府—州政府—地方政府の行政組織の
間で計画・予算・管理権限に関する上下関係がある階層型となっている（荏
原 2007）。日本では、日本沿岸域学会による「2000 年アピール」がカリフォ
ルニア州のような組織形態を提案している（日本沿岸域学会 2000 年アピール委
員会 2000）。また、來生（2018）は、「海洋再生可能エネルギー発電設備の整
備に係る海域の利用の促進に関する法律」（2018 年 11 月国会承認）で規定さ
れた国の基本方針策定から開発行為に至る一連の手続きが一般海域における
利害関係の調整の一般的ルールになるとしている。これは、米国のカリフォ
ルニア州以外でみられる組織間の階層関係に相当すると思われる。

　②は、特定の監督官庁が決めたルールの下で、利用者は自己の合理的判断
に従って行動するというものである。厳密には、沿岸域での経済活動におけ
る価格メカニズムは存在しないが、一定の基準のもとで各主体が経済的合理
性に従って自由に行動した結果として資源の適切な配分が決まるという意味
で、疑似市場型といってよい。環境負荷の総量を決め、利用者はその枠内で
自由に資源を利用するという規制方法はこれに入る。ただし、総量だけを決
めて後は自由競争にするというやり方はオリンピック方式とも呼ばれ、熾烈
な先取り競争を生みかねない。そこで、総量を個人に割り当てて、取引可能
にする二酸化炭素の排出権取引のような方法が開発されている。水産資源の
管理方法として、この考え方に基づく譲渡可能個別割当方式（Individual
Transferable Quota：ITQ）が世界的に注目されている。日本でも 2020 年の漁
業法改正でこれに近い漁獲量の個別割当制度が導入された。

　③はネットワーク型のガバナンスである。これは、水平的な関係を持つ構
成員によって形成された組織であるネットワーク、さらには組織間のネット

ワークに基づいて調整が行われるもので、管理組織は強力な権限を持つ単一組織ではなく、沿岸域に関わる多様な主体（行政、個人、団体など）の緩やかな連携によって構成されるものになる。著名な例として、米国チェサピーク湾管理委員会がある。チェサピーク湾では沿岸の6州・1特別区と連邦政府の管理協定に基づき、チェサピーク湾管理委員会が設立され、管理が行われている（長峯2003、日高・川辺2018、第15章参照）。この組織は、カリフォルニア州とは違って管理協定によって管理項目が州の関係部局と分担されており、同委員会が州の担当部局を上回る強力な執行権限や許認可権を持っているわけではない。また、同委員会は機能別に細分化しているが、権限上の上下関係はなく、また関係者は複数の委員会に所属することができる（高山2001）。日本では、「21世紀の国土のグランドデザイン」（1998年）に基づく沿岸域圏総合管理計画策定指針で示された沿岸域圏管理委員会がこれに近い。これ以降、各地で登場する自主的な沿岸域管理のための協議会はこのタイプに入る。

　ガバナンスの3類型のうち、近年注目されているのは、様々な管理主体や利用者が連携するネットワーク型のガバナンスである。第9章で取り上げるネットワーク・ガバナンス（Rhodes2017）やコレクティブ・インパクト（Kania et al. 2011）は多様な組織が階層的ではなく協働的に管理に関わるという意味で、この範ちゅうに入る。ただし、階層型や市場型が否定される訳ではなく、これらはネットワークを構成する要素の一つとして含まれるか、あるいは併存する。というのは、沿岸域の管理主体を見ると、階層組織である行政が公有における重要な役割を占める一方で、沿岸住民や漁業者が総有として関わることから（三浦2016）、管理はこのような複数の形態を包含したネットワークによって行われると考えるのが妥当であるからだ。ただし、ネットワーク型のガバナンスでは様々な組織やネットワークの計画・活動がどのように組み合わされ、実行され、調整されるのか、またネットワーク全体としての包括的目標がどのように設定され、それに基づくPDCAがどのように運営されるのかが問題となる。

　先に述べたように沿岸域管理には多様な主体が登場するが、主体の性格に

よって管理として果たすべき内容や役割が変わってくる。管理主体は国、都道府県、市町村、地域住民等（漁協、NPO、一般市民など）というように階層化されることから、各管理主体が果たすべき管理の内容や役割は、表6-1のようにガバナンスの階層構造として整理することができる。重要なのは、各行（階層）の管理内容がしっかりと実行されるかどうかと同時に、複数の行の管理内容がいかに統合されるかということである。

　これを考えるために、漁業の協働管理を分析するのに使われた政府と利用者の間の責任分担を説明する図を参考にする。図6-1は、左端が政府による集権的管理、右端が利用者による自主的管理であり、その間が斜線によって

表 6-1　沿岸域管理におけるガバナンスの階層構造

管理主体	管理の内容	方向性
国	県を超える海域の調整 沿岸域管理の最終責任	制度の設計
都道府県	物質循環の範囲をカバー 防災、環境保全等の事業主体	一元管理
市町村	全てが集積する身近な沿岸域 地域資源の全般的な管理主体	自主管理 協働管理
地域住民等	沿岸域の日々の利用主体 環境創造、利用調整	自主管理

出所：著者作成

図 6-1　漁業の協働管理における責任分担と管理タイプ

出所：Sen and Nielsen 1996 に著者加筆

責任分担の領域として分けられている。これは、ある時点の協働管理がどこに位置づけられるか、あるいはそれが時間とともにどう変化したかを見るものである。この図を使ってある時点において、政府と利用者がどのような割合で責任分担しているかを見ることができる。

　元の図は責任分担を縦に分けて管理主体の責任の組合せを見るものであるが、これを管理の内容によって横に分けて（政府を上段、利用者を下段に変えて）考えることもできる。それが図6-2である。これは、図6-1を大きく左上段（国、都道府県の領域）と右下段（地域住民と市町村）に分け、上になるほど制度的対応（例えば制度構築や計画策定）、下になるほど日々の管理対応（現場でのルール作成）となることを意味する。これによって、管理主体と責任分担内容の関係を階層的に整理することができる。これを沿岸域の協働管理におけるガバナンス階層と呼ぶことにする。次の問題は、これをどのように全体として回すのかであり、その考え方がネットワーク・ガバナンスであると考える。この図は、第8章で再び使用する。

図6-2　協働管理におけるガバナンス階層

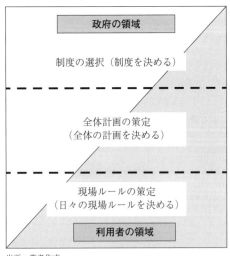

出所：著者作成

4. 沿岸域のマネジメント

　冒頭で管理には規制や統制を意味するコントロールとワイズユースや成果をあげるマネジメントの二つの意味があるとした。そもそも、マネジメントとは人を動かし共に働いて、効率的かつ有効に物事を行う活動プロセスのことである（ロビンスほか 2014）。言い換えると、経営資源をうまく使って組織の目的を達成しようとすることで、経営管理や資源管理の場合はこちらに入る。沿岸域管理の場合、水質など自然の状態を優先すればコントロールになり、沿岸域から生み出される価値に着目すればマネジメントになる。沿岸域のワイズユースと言えば後者である。沿岸域管理に関しては今のところ定説はなく、両者が入れ混じって使われているという状態である。里海として環境創造するとなれば、当然後者である。

　管理を構成する要件として、誰が（主体）、何を（客体）、どうするか（方法）を考えよう。コントロールかマネジメントかは、どうするか（方法）にあたる。

　主体について、来生（2012）は沿岸域管理には首長主導型、公物管理者型、非権力主体型があるとしている。これによれば、沿岸域管理の主体となりうるのは、地方自治体（都道府県、市町村）の首長、港湾管理者や漁港管理者のような法定の管理者、漁協や NPO といった民間組織である。日高ら（2015）の里海マネジメントに関するアンケートによると、国、県、市町村、漁協が主体となっていることが多く、特定の管理型や管理主体がいるわけではないことが示されている。これに、一般市民が管理の内容や意思決定に主体的に参加する社会的合意形成が加わる。

　客体については、自然科学の立場から見た沿岸域における自然・空間・資源であり、この場合、まずこれらを一定水準に統制（維持）するコントロールが中心となる。ただし、資源の場合はそれから生じるアウトプットを最適化することが含まれる。また、社会科学・人文科学の立場からは沿岸域から価値を創出することもある。日高（2002）によると、沿岸域で創出される価値には生態環境価値、経済的価値、生活文化的価値の三つがある。創出される価値を最適化（最大化）するのはマネジメントである。一方、自然・空

間・資源にしても創出される価値にしても、それを増減させるのは人手であることから、沿岸域に加えられる人手も管理の客体となる。

　次に管理の方法であるが、これには創造、支援・誘導、規制の三つが考えられる。創造は、主体が積極的に客体となる沿岸域（自然・資源・空間）に直接に働きかけて何か創り上げていこうとするもので、これは積極的管理である。規制は、利用者の行動を制限するもので、消極的管理ということができる。支援・誘導は、客体となる人の行動を支援・誘導するもので、両規制の中間にあたる。

　さらに、管理の方法にはトランザクティブ型とトランスフォーメーショナル型がある（入山 2015）。これはリーダーのタイプとして取り上げられるものである。トランザクティブ型は信賞必罰型あるいは飴と鞭式の管理方法で、水質規制のように一定の基準を達成するようにコントロールする場合に適している。トランスフォーメーショナル型はモチベーション管理あるいは啓蒙方式とも呼ばれる管理の方法で、環境創造を含む里海づくりに対してはこちらが優れている。

　以上のように、管理の構成要件や実行条件が多様にある中で、沿岸域管理の内容を一つに決めてしまうことは難しそうだ。おそらく、対象沿岸域の広さや状態によって適切な組み合わせがあり、状況依存的に決めざるをえない。つまり、状況によって沿岸域管理の仕方が決まるという枠組みの構築が必要となる。

　次に、沿岸域のマネジメントをどのように進めるかを考えよう。それは、マネジメントの目標に対して、PDCA サイクル（Plan：計画、Do：実行、Check：評価、Action：修正の一連のプロセス）をどのようにまわすかということが問題になる。これを考えるために、地先単位の里海から管理の仕組みを見ることにする。

　里海あるいは自主的沿岸域管理の原型は、沿岸の漁村を代表する漁協による地先水面の管理としての共同漁業権管理である。これを念頭に、里海における管理の仕組みを整理したのが図 6-3 であり、先に説明した管理の構成要素がこの中にちりばめられている。漁業権を取り巻く社会環境が大きく変

図 6-3　里海の管理の仕組みとしての「管理の輪」

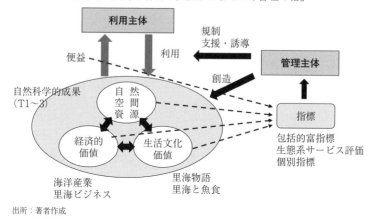

出所：著者作成

わったため、漁業権管理も変質を余儀なくされているのであるが、本質は大きく変わらない。里海には自然や資源の自然科学的側面だけでなく、海洋産業や魚食文化のような社会科学・人文科学的側面も管理の対象となり、利用主体がこれらを使用し、便益を得る。管理主体は、利用主体による利用を規制し、支援・誘導し、また自らも創造活動を行う。多様な管理主体という考え方から言うと、管理主体に利用主体が加わり、これらが同一になることも多いと考えられる。第 3 章でみたように、漁業権管理ではこのような仕組みが制度化されているのである。

　理想的な管理の仕組みを考えると、里海の多様な側面あるいは里海から引き出される便益の大きさや状態を表す指標があり、管理主体はこの指標をみて管理方法の種類や強弱を決める。利用主体は利用ルールに従って沿岸域の利用を行うことになる。この PDCA サイクルによって、管理と利用のプロセスがひと巡りするので、これを「管理の輪」と呼ぶことにする。

　自然科学的側面を表す指標については、第 1 章で紹介したようにいくつもあり、実際に使われている。生活文化価値については、里海物語や魚食として導出が試みられている。経済的価値は漁業や海洋関連産業あるいは里海ビジネスから生み出される利益が考えられる。また、これらを統合した総合指

標として、包括的富指標や生態系サービスの経済的評価などがある。しかし、自然科学的側面を表す指標以外はまだ研究段階である。これらの指標は、企業の経営判断や投資判断が営業利益率や在庫回転率といった個別の経営指標やROE（自己資本利益率）のような総合的な指標に基づいて行われるように、沿岸域の管理を有効にするために不可欠なものである。

　管理の輪は、基本的には地先で形成される里海ごとに作られ、回されるべきである。共同漁業権管理では、経験に基づく暗黙の指標にしろ、管理の輪が存在したと思われる。全国にある多数の里海づくりの取り組みに、この管理の輪が作られ、回されているのかどうかは、里海マネジメントの仕組みをチェックするうえで重要なポイントである。

　地先で形成される里海のほかに、都道府県がその管轄する沿岸域全体を対象に管理を行う際にもPDCAによる管理が行われている。例えば、瀬戸内海環境保全特別措置法に基づく府県計画や大村湾の管理計画の場合、対象海域全体での目標値と個別事業の成果指標に基づいてPDCAサイクルが回されている。地先の里海づくりと沿岸域全体のPDCAが形成されていることから、二重の管理の輪となる。

　このような指標に基づく管理の輪は、管理の結果や環境の変化に対応した適切な管理内容の変化を行う順応的管理の基本になるものである。順応的管理の要件として、古川ら（2005）は包括的目標、個別目標、順応的管理の方法、順応的管理手順のシステム化を挙げている。順応的な沿岸域管理が行われるためには、二重の管理の輪がこれらの要件を備えている必要がある。

5.　様々な関係者の関わり方

　ガバナンスやマネジメントには多様な関係者が関わる。一部は管理主体であり、一部は利用者である。さらに関心を持つ一般市民もいる。ここでは主体とはならない関係者をどうやってガバナンスやマネジメントに関わらせるのかについて検討する。

　この章の2節で述べたように、沿岸域のガバナンスとしてはネットワーク型が適切であると考えられる。しかし、ネットワーク型のガバナンスでは

ネットワーク内とネットワーク間のマネジメントに主眼が置かれ（中村 2010）、多様な関係者をどのようにネットワークするかについては深く触れていない。この点に注目した研究分野としてコレクティブ・インパクトとシステム思考、社会的合意形成、マルチステークホルダー・プロセス（内閣府国民生活局企画課 2008）、ステークホルダー・エンゲージメント（文 2018）がある。このうち後の二者は主として企業を対象としたマネジメントの手法であるのに対し、先の二者については社会資本や天然資源に関するもので多くの研究蓄積があるため、これらを先行研究として整理する。

　コレクティブ・インパクトは、Kania, et al.（2011）によると「異なるセクターから集まった重要なプレーヤーたちのグループが、特定の社会課題の解決のため、共通のアジェンダに対して行うコミットメント」と定義される。井上（2019）は、これは行政、企業、NPO、財団・社団など複数の異なるセクターが協働して、ある社会課題を解決するとともに大きな社会的な変革（インパクト）を創出することを目指すものであるとする。Kania, et al.（2011）では事例として米国シンシナティの Strive と言われる教育改善の取り組みを取り上げ、様々な教育関係者が連携して目的を達成するために辿ったプロセスや成功の条件を紹介している。

　コレクティブ・インパクトはシステム思考であるフィードバック・ループとつながって、様々な利害関係者が持つ関心（要素）の相互の因果関係を表したループ図を作り、全体の変化を捉えることにより社会変革に結び付けるという考え方に発展している（ストロー 2018）。このループ図は大村湾でも作成が試みられており、大村湾の関係者のワークショップから沿岸域管理に関する様々な要因が抽出され、それらの間の因果関係が因果ループ図（Casual Loop Diagram：CLD）として整理されている（Uehara, et al. 2018）。

　社会的合意形成は、桑子（2016）によると「不特定多数のステークホルダーによる合意形成」と定義される。さらに、「社会的合意形成を進めることは、合意のないスタート時点から始めて、合意というゴールへと至るプロセスをプロジェクトとしてマネジメントすること」としている。高田（2014）は、その関心は多様な関係者の関わり方を詳細に分析したうえで、合意形成

プロセスの構造を明らかにすることであるとする。その上で、佐渡島・加茂湖を対象とした自然再生事業に関して異なるインタレストを持つ人々が共有可能な考えを持つための条件として、「局所的風土性」（地域空間における微細な地理構造の変化によって生じる風土的特性）（高田 2014）の認識とこれに基づくプロセス・マネジメントが重要とした。また、コモンズ再生に向けた活動と主体の局面を示したうえで、地域住民が自らの手で自然再生を実現できる手法として「市民工事」を挙げ、地域空間と市民・技術者の関係性に着目した協働のモデルである「多機能重奏協働モデル」を示した。このように、社会的合意形成の研究では社会的合意形成のための構造把握や合意に至るプロセスのマネジメントに重きが置かれており、局所的風土性のもと、多様な意見・インタレストを地域空間の文脈の中で包括的に捉えようとする。

　コレクティブ・インパクトと社会的合意形成を比較すると、いずれも目的を達成するために不特定の多様な関係者をどうやって巻き込むかについて検討し、その方法と成功条件を述べている。特に関係者のリストアップを行い、ステークホルダーとインタレストの拾い上げを十分に行い、関係者の協議の場を設けるという点では共通している。

　一方、両者の関心の中心は少し異なっている。ストロー（2018）によると、コレクティブ・インパクトとシステム思考は多様な関係者の関わる要因間の因果関係を捉え、全体の構造から社会変革を目指すものである。つまり、プロセスよりも社会を変えることにより重心を置く。これに対し、社会的合意形成はプロセスの方により注目しており、多様な関係者の関わり方から合意形成プロセスの構造を明らかにしようとする。社会的合意形成の結果として生じるのは社会的基盤の形成や自然資源利用のルールである。

　上記を里海に適用すると、里海マネジメント全体としてはコレクティブ・インパクトとシステム思考の示唆が多く、里海を構成する要因間の因果関係を捉えながら全体の変革を目指すことを考慮すべきとなる。地域における里海づくりは社会的合意形成が適合的で、この考え方に従って関係者が協働するプロセス・マネジメントを行うことが重要となる。つまり、状況に応じて両論をうまく使い分けて里海に適用すべきということになる。

　さらに、両者による関係者の範囲に違いがある。コレクティブ・インパクトでは関係者をすべからく対象としているのに対し、社会的合意形成では同じような意見やインタレストを共有できる局所的風土性によって関係者を限定している。その結果、前者では地域性や利用度の濃淡による関係者の区別はなく、多様な関係者の意見をどうやってまとめるのかが問題となる。逆に、後者では局所的風土性の外にいる人は社会的合意形成の対象から外れることになる。地域資源の管理を考える場合、どの範囲の関係者が管理に関わるべきか、あるいは正当性を持つのかという課題が生じる。さらに、沿岸域利用の問題は漁業と漁業以外、地域と地域外、特定少数と不特定多数といった対立にあり（日高 2002）、地域性や利用度の濃淡のある関係者の間でどうやって合意してルールを作るのかが問題になる。

6. おわりに

　ガバナンスとマネジメント、それに様々な関係者の参加について、先行研究を整理しつつ、里海マネジメントと比較してきた。参考にした先行研究と里海マネジメントの差異をことさら取り上げることよりも、これらから得られる示唆をどのように里海マネジメントに生かすかが大事である。海洋にしても、流域にしても、それに里海にしても対象となる範囲が小さなスケールから大きなスケールまで重層的に広がっており、さらに実に様々な関係者がそれに関わる。関係者といっても管理主体となるような関係者と参加するだけの関係者がいて、海洋ガバナンスで言われたように、水平的連携と垂直的連携が必要になる。この重層的な関係と水平的・垂直的連携をどのように達成し、望ましい里海を作っていくのか。この課題について、次の章から順次答えを考えていくことにする。

参考文献

Cicin-Sain, B. and Knecht, R. W. (1998) Integrated Coastal and Ocean Management: Concepts and Practices. Island Press, Washington DC.

Kania, J., Kramer, M.: Collective Impact. Stanford Social Innovation Review, pp.36-41, 2011.

Rhodes, R. A. W. (2017). "Network Governance and the Differentiated Polity: Selected Essays". Oxford Univ Pr; Illustrated 版

Sen, S., Nielsen, J. R., 1996. Fisheries co-management: a comparative analysis. Marine Policy. Volume 20, Issue 5, pp. 405-418

Uehara, T., Hidaka, T. (2018): Study of the Contribution of Sustainability Indicators to the Development of Sustainable Coastal Zones - A Systems Approach, PeerJ CC BY 4.0 Open Access, 2018

石原俊彦（監修）・新日本有限責任監査法人（訳・編）『地方自治体のパブリック・ガバナンス―英国地方政府の内部統制と監査』、中央経済社

井上秀之（2019）「企業と社会の利益は一致する　コレクティブ・インパクト実践論」、ハーバード・ビジネス・レビュー、44（2）、pp.14-28

入山章栄（2015）『ビジネススクールでは学べない世界最先端の経営学』、日経 BP 社

荏原明則（2007）「アメリカ沿岸域管理制度」、環境研究、No.147、pp.45-53

來生（2018）「「海洋再生可能エネルギー発電設備の整備に係る海域の利用の促進に関する法律案」の紹介、その意義と展望の検討」、日本海洋政策学会誌、8、pp.14-28

来生新（2012）「海洋の総合的管理の各論的展開に向けて」、日本海洋政策学会誌、2、pp.4-15

桑子俊雄（2016）『社会的合意形成のプロジェクトマネジメント』、コロナ社、pp.12

敷田麻実（2005）「沿岸域管理」、漁業経済学会編『漁業経済研究の成果と展望』、成山堂書店、pp.219-223

ストロー D. P.（小田理一郎監訳、中小路佳代子訳）（2018）『社会変革のためのシステム思考実践ガイド』、英治出版

瀬木志央（2013）「生態系に基づいた海洋ガバナンスに関する世界的動向と日本への政策的含意」、海洋政策研究、11、pp.17-45

高田知紀（2014）『自然再生と社会的合意形成』、東信堂

高山進（2001）「日米の内湾域環境管理政策の展開と「順応的管理」概念」、三重大生物資源紀要、27、pp.61-76

寺島紘士（2016）「海洋ガバナンスの課題と展望―海洋の秩序形成と持続可能な開発―」、政策オピニオン、No.45、pp.1-8

寺島紘士（2021）『海洋ガバナンス　海洋基本法制定　海のグローバルガバナンスへ』、西日本出版社

ドラッカー P. F.（上田淳生訳）（2001）『マネジメント［エッセンシャル版］―基本と原則』、ダイヤモンド社

内閣府国民生活局企画課「マルチステークホルダー・プロセスの定義と類型」
https://www5.cao.go.jp/npc/sustainability/research/files/2008msp.pdf　2020.2.1 閲覧

中村祐司（2010）「ネットワーク・ガバナンス研究の基礎類型―行政理論からのアプローチ」、宇都宮大学国際学部研究論集、30、pp.25-32

長峯純一（2006）「流域マネジメントとアメリカ・チェサピーク湾プログラムにおける取組み」、総合政策研究、24、pp.69-94

日本沿岸域学会 2000 年アピール委員会（2000）「日本沿岸域学会・2000 年アピール―沿岸域の持続的な利用と環境保全のための提言―」

日高健・川辺みどり（2018）「チェサピーク湾における沿岸域管理の仕組み」、沿岸域学会誌、

30(4)、pp.52-56

日高健（2016）「多段階管理方式による沿岸域管理の可能性」、環境技術、45(3)、pp.126-131

日高健・吉田雅彦（2015）「里海管理組織の構造と機能に関する研究：アンケート調査による予備的検討」、沿岸域学会誌、28(3)、pp.107-118

日高健（2002）『都市と漁業―沿岸域と交流の視点から』、成山堂

古川恵一・小島治幸・加藤史訓（2005）「海洋環境施策における順応的管理の考え方」、海洋開発論文集、21、pp.67-72

ベビア M.（野田牧人訳）（2012）『ガバナンスとは何か』、NTT 出版

ボルゲーゼ E. M.（（公財）笹川平和財団海洋政策研究所訳）（2018）『海洋の環　人類の財産「海洋」のガバナンス』、成山堂書店

三浦大介（2016）『沿岸域法制度論　森・川・海をつなぐ環境保護のネットワーク』、勁草書房

宮川公男・山本清（2002）『パブリック・ガバナンス―改革と戦略』、日本経済評論社

文載皓（2018）「ステークホルダー・エンゲージメントにおける理論的展開と課題」、常葉大学経営学部紀要、5(1・2)号、pp.149-154

山本啓（2008）「ローカル・ガバナンスと公民パートナーシップ：ガバメントとガバナンスの相補性」、山本啓編『ローカル・ガバメントとローカル・ガバナンス』、法政大学出版局

李銀姫（2012）「沿岸域の重層的ガバナンスとノンガバメントセクターの役割」、海洋政策研究、10、pp.15-29

ロビンス S. P.、ディチェンゾ D. A.、コールター M.（高木晴夫監訳）（2014）『マネジメント入門―グローバル経営のための理論と実践』、ダイヤモンド社

脇田健一・谷内茂雄・奥田昇編（2020）『流域ガバナンス　地域の「しあわせ」と流域の「健全性」』、京都大学学術出版会

第Ⅱ部　里海マネジメントの仕組み

第7章　里海マネジメントの主体と対象範囲

1.　はじめに

　マネジメントを考える際には、まず誰が（管理主体）、何を（管理客体）、どのように（管理形態）、どの範囲を対象とするのか（対象範囲）について決めないといけない。前章では、ガバナンスの主張に共通するものとして、重層的・水平的な協力・連携の仕組みづくりが重要であることを示したうえ、沿岸域に関する管理主体ごとの役割と責任分担をガバナンスの階層構造として整理した。ガバナンスが重層的・水平的であると、管理の対象範囲を明確にしないと、管理主体の役割や責任分担が明確にならず、協力や連携も考えにくい。そこで、この章では里海マネジメントの仕組みを考える前提となる管理主体と管理の対象範囲の関係について検討し、適切な範囲の考え方について提案する。

　前章ではマネジメントの内容をガバナンス階層と管理の輪としてまとめた。それらに基づくと、市町村の地先に形成される里海における管理の輪では管理主体は市町村や地域住民等であり、これより広い海域では都道府県や国になる。つまり、管理の対象範囲の広さによって中心となる管理主体は違うということになる。

　第5章の海洋保護区のところで述べたように、里海には管理の対象範囲に関する明確な基準はない。そこで、この章では沿岸域管理に関する構想や提言、先行研究を整理するとともに、いくつかの事例分析を行い、里海マネジメントが有効に行われるための管理主体と管理の対象範囲についての考え方について検討する。

2. 沿岸域管理の管理主体に関わる理論的背景

　わが国では、沿岸域を構成する海面と海岸は国有財産であり、国が財産管理を行うこととなっている。海洋基本法の規定によっても沿岸域管理における国の責任は明らかである。このことから、第一義的には国が管理責任を持つと言ってよい。しかし、だからといって国が管理主体であると簡単にはいかない。

　一般海面（港湾区域や漁港区域などを除く）と一般海岸（海岸保全区域を除く）は、国有財産ではあっても法的な管理権限や管理内容が定められていない法定外公共物であり、漠然と国が管理するとされているに過ぎない（來生2012）。利用面でみると、一般海面と一般海岸のみならず管理規定のある海面や海岸も公共物であることから、国民は海面と海岸を基本的に自由に使用することができる。一方、そこに存在する生物資源は無主物であり、原則として誰でも採ることができ、採取物は先に採った人のものとなる。管理を考える上で問題になるのは、基本的に誰でも海面や海岸、それに生物資源を自由に使用することができること（フリーアクセスの状態）である。つまり、法的な管理権限の定められていない（管理者がいない）状態でフリーアクセスが行われていることである。これが、沿岸域の管理において解決すべき重要な問題である。

　フリーアクセスの共有資源は、自由使用に任せておくと崩壊してしまう。このことは、Hardin（1968）によって「共有地（コモンズ）の悲劇」として指摘されたことである。彼は、共有地が崩壊に至らないようにするための方策として、個人や政府が共有地を一元管理するか、共有地を分割して私有財産にすることを挙げた。沿岸域を分割して私有財産にすることはできないことから、共有地としての沿岸域の管理には政府による一元管理が適していることになる。

　これに対し、コモンズ論の研究者たちは共有地の性格としてフリーアクセスであり他人の利用を排除できないこと（非排他性）、ある者が先に利用すると他の者の利用する分が減少すること（高控除性）を挙げ、このような性格を持つ共有地をコモンズとして規定し、コモンズを持続的に利用するために

は利用者による共同管理が優れているとした（Ostrom 1990、Ostrom et al. 2002）。さらに、コモンズを持続的に利用するための条件を具体的に提起している（日高 2016 の第5章参照）。沿岸域における生物資源や鉱物資源などの天然資源には非排他性と高控除性を持つコモンズとしての側面があることから、コモンズとしての沿岸域が崩壊しないようにするためには、利用者による共同管理を考慮する必要があるということが導かれる。

　ただし、利用者による共同管理の可能な範囲は狭く、また利用に関して多くの条件があり、さらに管理の対象区域が拡大したり、対象となる人や活動が多様化したりすると先ほどのコモンズの成立条件が適用できなくなる。その場合、利用者だけで管理するのではなく、政府の力を借りたり、政府による管理と組み合わせたりという、政府との協働を考慮する必要が出てくる。

　このような問題に対して、近年、政府と NPO その他民間団体とのネットワークによる社会的課題の解決が注目されている（ゴールドスミスほか 2006、小島ほか 2011）。沿岸域管理ではネットワーク型のガバナンスが適しているということは、第6章でも述べたことである。これは、政府が第一義的な責任を持つ課題について、NPO 等民間組織の優位性を生かし、両者がネットワークによって柔軟で効率的な行政サービスを提供しようという枠組みである。次に見るように沿岸域管理における管理目的はいくつもあり、また対象範囲の広さからも管理の内容によって主体や管理方法が異なっていることを考慮すると、政府が一元的に管理するのではなく、適切な管理主体と管理方法の組み合わせのネットワークによって管理するというのは有効な考え方と思われる。

3.　沿岸域管理における管理目的と管理主体

　国土交通省は「沿岸域圏総合管理計画策定のための指針」（以下、総合管理指針）により総合管理計画に盛り込む課題は「良質な環境の形成」「安全の確保」「多面的な利用」の三分野とした（「21 世紀の国土のグランドデザイン」推進連絡会議 2000）。海洋基本計画（2013 年策定）では、沿岸域の総合的管理の目的として沿岸域の安全の確保、多面的な利用、良好な環境の形成及び魅

力ある自立的な地域の形成を挙げている。両者とも、安全、利用、環境の三分野が重要な管理領域であることで共通している。海洋基本計画では、この目的を達成するために、陸域と一体的に行う沿岸域管理として（1）総合的な土砂管理の取組の推進、（2）栄養塩類及び汚濁負荷の適正管理と循環の回復・促進、（3）生物及び生物の生息・生息の場の保全と生態系サービスの享受への取組、（4）漂流・漂着ゴミ対策の推進、（5）自然に優しく利用しやすい海岸づくりの五つの施策を挙げている。さらに、閉鎖性海域での沿岸域管理の推進と沿岸域における利用調整を加えている。

　以上のような施策を行う管理主体として、総合管理指針や海洋基本計画では都道府県を挙げ、都道府県が陸域と海域を一体的かつ総合的に管理する地域の計画の策定をするように求めている。

　しかし、上記の課題や施策をよくみると、課題や施策によって政府の役割や関わり方が異なっている。具体的にいうと、政府の役割は①政府が規制をするもの、②政府が事業を行うもの、③政府が利用者間の調整を行うもの、④政府が利用者と環境の関係を調整するもの、の四つに分けることができる。

　①は栄養塩や汚濁負荷の規制のように、政府が利用者の活動を制限するように法律による規制や指導を行うものである。②は土砂管理や海岸保全施設の設置のような防災事業、劣化・破損した環境の修復事業といった施設を政府が行うものである。③は利用者間の沿岸域利用を調整あるいはルール化し、利用者間のトラブルを回避するもので、政府が関与したり、利用者間で自主的に調整したりする。④は利用者が沿岸域の環境や資源の利用をコントロールしたり、環境修復を行ったりする取り組みを政府が支援するものである。

　上記のうち、①と②は完全に政府が主体として実施するものであり、施策の実施に関して住民参加はありえても、事業の実施そのものは政府の判断と予算で行われる。沿岸域管理の分野では、政府による一元管理が最も進められやすい領域となる。ただし、政府が責任を持つとはいっても、例えば都道府県の中でも環境部、土木部、水産部というように所管する部局は異なって

おり、事業によっては市町村が主体となる。所管が異なれば、それらの統合や調整が問題となる。これは、沿岸域管理でいつも問題として取り上げられるところである。

　③と④の政府の関与と利用者の自主調整では、現場での沿岸域利用に関わる細かな情報は日々沿岸域を利用する側にあり、上位の政府ほど関与が難しくなる。このため、都道府県よりも市町村が主体となり、実際の利用者と連携する方が有効な解決が望める。また、ここで利用される環境や資源には控除性の高いものが多く、利用者間の分配を決めないといけないという政府によっては難しい領域である。非排他的で控除性の高いことから、③と④は先に述べたコモンズ論の範疇であり、利用者が自主的に管理したり、市町村と共同管理したりすることが有効な領域となる。

　このように、沿岸域管理の個別課題をみると、政府のトップダウンによる一元的な管理が適しているもの、政府と利用者の参加あるいは協働による管理が適しているもの、利用者による自主的な共同管理のほうが効率が良いもの、という三種類の異なる性格の管理課題があることがわかる。さらに、政府といっても国、都道府県、市町村という三つの階層が関わる。つまり、沿岸域管理の多様な課題は、それぞれの課題に対応した適切な管理主体と管理の仕方が存在することを意味する。

　管理課題の性格に対応した管理主体・管理の仕方を管理のレイヤーとすると、沿岸域には異なる管理のレイヤーが重なっており、沿岸域管理を考える際には、それぞれの管理レイヤーがうまく機能するようにマネジメントすると同時に、異なる管理レイヤー間の調整・整合を図ることが必要となる。これが筆者の考える沿岸域管理のガバナンス構造になるものであり、詳細は次の章で検討する。

4.　沿岸域管理の管理主体と対象範囲の捉え方

　主な構想や計画、提言、研究などから整理すると、基本的な管理の対象範囲は都道府県の沿岸域全体か、市町村など地域の沿岸域かに分けられる。管理主体として都道府県、市町村、地域住民・利用者の三者であることから、

これらを組み合わせて①都道府県がその沿岸域全体を一つとして管理するもの、②市町村や地域住民・利用者がその地域の沿岸域を管理するもの、③両者の組み合わせという三つのパターンに分けることができる。なお、都道府県を超えた広い海域では、都道府県の連携となり、国の役割が重要になるが、これは次章で検討し、ここでは基本単位となる都道府県の沿岸域を対象とする。

1) 都道府県を管理主体として都道府県の沿岸域を管理するもの

　都道府県を中心とした管理を提案しているものに、上で述べた国土交通省による総合管理指針がある。ここでは、日本の沿岸域を48の沿岸域圏に分け、それぞれの沿岸域圏内の都道府県（政令指定都市を含む）が中心となって多様な関係者を集めた沿岸域圏総合管理協議会を作り、そこが沿岸域圏総合管理計画の策定と推進を行うとしている。そして、総合管理協議会の下にNPO、地域住民、漁業者などが参画する沿岸域圏委員会、技術的・学術的検討を行う技術専門委員会、関係行政機関の連絡調整を行う行政連絡調整会議を置くこととした。さらに、沿岸域圏総合管理計画は、当該都道府県のマスタープランとして認定し、個別施策や計画との整合と調和を図ることを求めている。

　同じように都道府県を管理主体とするものに、日本財団による「海洋と日本　21世紀における我が国の海洋政策に関する提言」（日本財団海洋船舶部編2002）がある。同提言では、理念と指針を国が示し、関係自治体（都道府県および政令指定都市が中心）がその開発、利用および保全について総合管理計画を策定すべきとしている。

　沿岸域総合管理研究会（2003）は、「沿岸域総合管理研究会提言〜未来の子供達へ美しく安全で生き生きした沿岸域を引き継ぐために〜」において、施策の実施主体の協働として、行政、研究者、地域住民、利用者、NPO等当該地域に関わる多様な関係者の参加が必要とし、行政（地方公共団体）が主体となって各地域において多様な関係者が参画する協議会などを設置し、施策の具体化の検討、施策の実施、実施した施策の評価を行うべきであると

している。

　以上のように、都道府県が管理主体とは言っても、都道府県が中央集権的に計画の策定・遂行を進めるのではなく、都道府県を中心に関係者が参加する協議会を作って、民主的に管理を行う形態が提案されている。

　管理の対象範囲については、総合管理指針では自然の系と地域の特性を考慮して全国を 48 の沿岸域圏に設定するとしており、概ね都道府県の管轄範囲となるが、海域によっては複数の都道府県が関わることになる。他では特に管理の対象範囲に関する記述はなく、都道府県の範囲を想定していると思われる。従って、以上は都道府県が主体となって都道府県の管轄範囲を管理するものということになる。

　なお、海面における都道府県の管轄範囲について、陸上の境界は行政区域の境界で明確であるが、海面については地方自治法で慣習によると定められているだけで明確でない。ただし、知事許可漁業に関しては、許可範囲として隣接する都道府県との境界が明確に定められていることが多く、漁業以外の分野でもこれを準用することが多いと考えられる。例えば、福岡県は、隣接する長崎県、佐賀県、山口県との間でそれぞれ漁業に関する協定を結んで境界を定めている。

2)　市町村や地域住民を管理主体とする地域の沿岸域の管理

　前項が管理主体として都道府県を置いているのに対し、基礎自治体である市町村や直接沿岸域に関わる地域住民などが主体となるという考え方がある。管理の対象範囲は、それぞれの自治体や地域住民の居住地地先の沿岸域である。

　海洋政策研究財団（2014）は「沿岸域総合管理の推進に関する提言」において、沿岸域総合管理は地域の実情を最もよく知る地域の関係者が主体となって進めるべきであり、関係地方自治体（都道府県または市町村）が中心になり、関係者で構成される協議会等を設置して計画を策定し、推進するとした。さらに、沿岸域・離島の過疎化・高齢化や広域合併による自治共同体機能の低下という問題を克服するためには、地域が主体となった沿岸域総合管

理の推進が必要であり、特に住民に最も身近な基礎自治体である市町村が果たすべき役割が大きいとしている。同財団が発行している『海洋白書2014』においても、「沿岸域の総合的管理は、本来、基礎自治体である市町村が自らのまちづくりに海をいかに取り込むかという問題である」（海洋政策研究財団 2014）として、沿岸域管理における市町村の役割の重要性を強調している。

　内閣官房総合海洋政策本部事務局（2011）は「沿岸域の総合的管理の取組み事例集」の中で、沿岸域の諸問題を総合的に解決するためには、政府による制度的枠組みだけでなく地域特性等に応じた地方における取り組みが必要とし、地域が「自発的に」かつ「主体となって」環境や生態系保全の視点を持って取り組んでいる事例を集めた。その中には市町村が中心となって総合的な管理を行っている事例（千葉県一宮町の一宮海岸、三重県志摩市の英虞湾、沖縄県恩納村沿岸など）や地域住民が中心となって管理組織を形成して管理に取り組んでいる事例（京都府の琴引浜、沖縄県の白保地区など）が紹介されている。ここでは、市町村に加えて、地域住民等による総合管理が取り上げられている点に注目する必要がある。

　また、ここで取り上げられている事例の多くは、里海づくりの事例としても注目されているものである（上の例では英虞湾、琴引浜、白保）。里海づくりの主体に関して、環境省が作成した「里海づくりの手引書」（環境省 2011）では、里海づくりの活動主体は地域住民、ボランティア、漁業者、企業、行政等であり、多様な主体が参加する場合は協議会方式による推進を勧めている。行政の参加は必須ではなく、参加する場合も事務局的な立場で調整役にあたるとよいとしている。里海と沿岸域管理の関係について、松田（2011）は、里海づくりは地域主導の多様な主体と連携したボトムアップ型の仕組みであり、沿岸域の総合的管理の実践的アプローチの一つであるとして評価している。つまり、市町村を主体とした地先の沿岸域における自主的な沿岸域管理は、ボトムアップ型の仕組みである里海づくりと同じものということになる。

3)　都道府県による管理と自治体や地域住民による管理の組み合わせ

　最後は、以上のいずれかではなく二つを組み合わせて管理すべきという提案をみてみよう。つまり、都道府県による沿岸域全体の管理と市町村あるいは地域住民・利用者による地域沿岸域の管理を組み合わせて、二段階の管理を行うべきという提案である。

　総合管理指針が策定された同年に、日本沿岸域学会（2000）による「2000年アピール—沿岸域の持続的な利用と環境保全のための提言—」（以下、「2000年アピール」）が公表された。「2000年アピール」は、沿岸域をコアエリア、基本エリア、広域エリアに分け（第1章参照のこと）、コアエリアと基本エリアを狭域管理委員会が、広域エリアを広域管理委員会が管理を行う二重構造による管理が提案されている。コアエリアと基本エリアは市町村区域を範囲として、産業的利用者・非産業的利用者・非営利団体（NPO）および行政の代表者によって構成される非営利法人である狭域管理委員会が管理を行う。広域エリアは都道府県の沿岸を範囲とし、同じく沿岸域利用者や行政の代表者と専門家から構成される当該都道府県の行政委員会である広域管理委員会が管理を担う。広域管理委員会は広域・狭域を含めた沿岸域全体の管理計画を策定するとともに利用や開発に関わる許認可を行い、狭域管理委員会は利用者による調整が必要な日々の管理を行う。そして、個別の施策や事業の調整・統合は広域管理委員会が行う、という役割分担が設定されている。

　同じような都道府県と市町村による二階層に分けた沿岸域管理計画の策定を提案しているものに、磯部（2013）がある。磯部氏は、自然の系としての空間スケールは都道府県境を超えることなく、その内側で一連の海岸地形のまとまりを形成していることが多く、一方、人間活動の範囲としての空間スケールは市町村の広がり程度であるとする。その上で、広域では淡水、栄養塩、土砂の収支を把握し、物質循環面で適正に管理することが必須の条件であり、狭域ではそれを制約条件として利用や保全などの具体的な空間計画を策定し、実行する。狭域沿岸では、広域沿岸での持続性や役割分担と矛盾しない範囲で独自性を発揮して具体的な保全・利用を行うことで、全体としての統一性と多様性を増すとしている。

　管理主体の構成は異なるが、全体と個別地域の二段階による管理を提案しているものに国交省国土計画局（2004）の「瀬戸内海沿岸域における総合的管理の在り方調査報告書」がある。これは、瀬戸内海全域と地域に分けた二段階の総合管理システムを提案するものである。瀬戸内海全域では各県にまたがる住民関係者、NPO 関係者、漁業者代表、企業代表、有識者、行政代表からなる広域管理協議会が広域管理指針を策定し、個別計画間の調整を行う。市町村を範囲とする地域では地域主導の合意形成によってゾーニングを柱とした管理計画を策定し、実行するというものである。

　各段階における管理主体の構成は提案によって異なってはいるが、第一段階の都道府県レベルで全体の管理、第二段階の市町村や利用者レベルで個別地域の管理という、二段階の管理によって管理を進めるというのが以上に共通する考え方である。第一段階と第二段階では管理主体の性格が異なると同時に、管理の役割が異なっており、両段階の管理主体が補完的につながっている点が重要である。

　管理の対象範囲は、都道府県が主体となるものは都道府県の沿岸域であり、市町村の場合はその地先の沿岸域となる。2000 年アピールではコアエリアと基本エリアを市町村、広域エリアを都道府県としているが、そのほかでは範囲を明確に指定していない。

　沿岸域管理では、一段階管理にせよ二段階管理にせよ、地方自治体が重要な役割を持っていることでは共通している。しかし、都道府県と市町村でかなり役割が違う。都道府県は大きな権限を持って管理主体として沿岸域管理を主導するのに対し、市町村は沿岸域に関わる事業を行う場合と支援者に回る場合とがある。里海づくりでは地域住民やボランティアなど地域において実際に沿岸域に関わる人たちが管理主体や活動主体であり、地方自治体が関わる場合は支援者や事務局として一歩後ろに下がるとしている。

　重要なことは、沿岸域管理における都道府県と市町村の役割を整理したうえで、両者がどのように役割分担をし、あるいは連携するのかを決めることである。これは松田（2011）が課題として挙げているように、里海づくりによるボトムアップ型の仕組みを沿岸域総合管理のトップダウン的な制度の中

にどのように調和的に位置付けていくかという課題でもある。

5.　沿岸域管理の事例にみられる管理主体

1)　長崎県による大村湾管理の事例

　まず、都道府県が管理主体となってその沿岸域全体を対象としてトップダウン型により沿岸域管理を行うというタイプの事例として、長崎県による大村湾の管理を取り上げる。ほかにも沖縄県の総合沿岸域管理計画や瀬戸内海環境保全特別措置法に基づく府県計画もあるが、大村湾の管理は多様な活動を含むことから、最も総合管理に近い性格を持っている。また、大村湾は長崎県の行政区域のみに属し、管理対象区域が明確であるという特徴もある（日高 2016、第 9 章参照）。

　長崎県は、閉鎖性海域である大村湾の水質環境保全を目的として、2003年に大村湾環境保全・活性化行動計画（以下、「行動計画」）を策定した。以後、5 年おきに行動計画を改定しており、直近では 2018 年に第四期の行動計画を策定したところである。この計画は大村湾の水質環境の悪化がきっかけとなって環境改善を目的として始められたものである。しかし、大村湾が地域住民の生活や産業とも深く関わっていることから、多方面の取り組みを含む総合的な計画となっている。さらに、第二期の行動計画では「美しく豊かな大村湾の里海づくり」、第三期の行動計画では「自律的な再生能力のある里海づくり」「持続的な活動ができる里海づくり」を目標としていることからわかるように、里海づくりを基本的な方向とした総合管理計画ということができる。

　この計画は、副知事を本部長とし、大村湾に関わる事業を持つ全ての関係部局の責任者をメンバーにした大村湾環境保全・活性化推進本部と同幹事会によって作成され、実施される。関係部局間あるいは関連する事業間の調整はこの運営組織の中で行われる。また、計画全体と個別事業の成果指標（Key Performance Index：KPI）が定められ、計画の進捗が管理される PDCA プロセスが構築されている。この KPI に基づいて年々の個別事業の実施状況が評価されるとともに、5 年ごとに計画全体が評価され、見直しが行われるこ

とになっている。

　さらに、計画には沿岸市町や市民団体等との連携も含まれており、県が運営する大村湾環境ネットワークによって専門家や企業、NPO等による環境保全活動がネットワーク化されている。これによって、流域5市5町で構成される「大村湾をきれいにする会」による行政区域を超えた清掃活動や、NPO法人や自治会によるゴミ拾い活動のような取り組みが、行動計画と連携を取って行われることになっている。

　このように、長崎県による大村湾管理は階層型組織に基づくトップダウン型の管理を基本とするものの、実際には市町や住民団体によるボトムアップ型の活動を含んでおり、それらは大村湾環境ネットワークのような取り組みによって連携が図られているのである。市町や住民団体との連携の実際については、第12章で詳細に見ることにする。

2）志摩市による沿岸海域の管理事例

　志摩市は、2012年に策定した「志摩市里海創生基本計画」に基づき、志摩市沿岸域全体と個別地域に分けた二段階の管理を行っている（日高2016、第8章参照）。第一段階の管理主体は志摩市であり、一般市民や関係団体代表も加えた志摩市里海創生推進会議が市の沿岸域全体の方向付けと取り組みの取りまとめを行うことになっている。第二段階は区域ごとに里海創生活動の実施者によって結成される分科会である。この分科会は、志摩市沿岸を英虞湾、的矢湾、太平洋沿岸域の三つの区域に分け、区域ごとに市民公募委員、関係する団体、自治会、学校、行政の代表によって作られたものであり、区域における取り組みの取りまとめを行うことになっている。このように、第一段階の志摩市全体を対象とした里海創生推進会議、第二段階の区域ごとの分科会というのが管理の全体構造である。

　このような志摩市における二段階の管理は、英虞湾沿岸域における地域住民による先行的な取り組みから始まった。英虞湾では水質環境の悪化によって真珠養殖の生産が激減したことから、2000年に若手真珠養殖業者の研究会が人工干潟造成を開始し、国からの助成金を得て、産学官民による英虞湾

再生事業を進めた。そして、この活動に参加した一部の有志によって2003年に英虞湾再生コンソーシアム（任意団体）が結成され、2008年に志摩市が設置する英虞湾自然再生協議会に発展する。この組織が主体となって英虞湾の再生活動を牽引し、ここを基盤に様々な民間活動がボトムアップ型で発生した。そして、2009年には合併後の志摩市に里海づくりが取り上げられ、2011年に市の総合計画の重点施策になり、里海創生基本計画が策定されるに至る。

　つまり、第二段階の分科会の前身である英虞湾で先に自主的な活動が始まり、ボトムアップによって志摩市全体の取り組みとして拡大し、その結果、第一段階の管理主体や調整組織が形成されている。このため、第一段階の管理主体は先行する英虞湾の成果を志摩市全体の方向性として拡大する機能とともに、取り組みが進んでいない他地区への展開や隣接する区域間の調整の機能を持っている。このような二つの段階の間の補完的な機能分担があるのが、志摩市における二段階管理の特徴である。

　特に、里海推進会議は異なる事業や取り組みの間の調整、隣接する区域間の調整、あるいは行政と活動主体との連携促進といった機能を担っている。行政が担当する部分は階層型組織によるトップダウン型となるが、このような里海推進会議による中間支援機能によって活動主体間の横の連携が図られるとともに、行政によるトップダウンと区域の民間活動によるボトムアップが相互補完的に結びついているのである。

3) 福岡市による博多湾管理の事例

　福岡市の沿岸域である博多湾は湾中央から奥部にかけて国際港湾である博多港があるため、博多湾全体（133km^2）の59％にあたる約78km^{2}が港湾区域に指定され、福岡市を管理者とする博多港港湾計画が策定されている。一方、博多湾の水質環境を維持・改善するために、博多湾全体を対象として、同じく福岡市によって博多湾環境保全計画が策定されている。つまり、博多湾においては、福岡市を管理者とする港湾計画と環境保全計画に基づき、福岡市が沿岸域管理を行っている状態にある。

　「博多港港湾計画（改訂）」（平成28年3月改訂）は、日本の対アジア拠点港を目標として、物流・人流・環境に関わる三つの方針に基づいて港湾の機能整備を行うものである。三つの方針のうち、人流と環境が沿岸域管理に深く関わる。人流では貴重な水辺を生かした賑わい空間の創出と良好な景観の形成、環境では市民との協働による環境の保全と創造の取り組み促進および水底質の改善や身近に自然と触れ合える場の形成を内容としている。

　「博多湾環境保全計画（第二次）」（平成28年9月策定）は、「生き物が生まれ育つ博多湾」を将来像として定め、生物の生息・育成に適した水質・底質環境の保全、漁業等による健全な物質循環と生態系の維持、市民の環境保全活動の場や市民と自然の触れあいの場の提供などを行うこととしている。具体的には底質などの環境特性に基づく海域区分を行って、海域ごとの目標を設定した上で、特性に応じた施策や事業を張り付けている。さらに、市民・事業者・NPO等市民団体などの主体的・自主的な取り組みを支援することが明記されている。

　以上のように、両計画には重複する点が多く、特に環境に関してはほとんど同じ内容となっている。これを調整し、有効な博多湾の利用と管理を行うため、福岡市港湾空港局が事務局となり、2018年に「博多湾NEXT会議」が設立された。設立目的は、市民、市民団体、漁業関係者、企業、教育、行政など多様な主体が連携・共働し、環境・経済・社会の統合的向上に取組みながら、豊かな博多湾の環境を未来の世代に引き継いでいくことである（博多湾NEXT会議設置要項第1条）。実際の活動としては、アマモ場づくりや市民を対象とした博多湾シンポジウムなどが行われている。

　このように、博多湾における沿岸域管理は福岡市が管理主体となる二つの計画に基づいて行われており、福岡市自身によって両計画の連結が試みられている。両計画は基本的に整備と保全の補完関係にあるが、人流と環境は重複する。しかし、重複部分は、環境局と港湾空港局の間で調整が図られている。さらに、環境保全計画には福岡市の博多湾に関連する事業が網羅され、庁内横断的な組織によって調整が行われている。これらによって、両計画による博多湾の管理は総合的な性格を持つことになり、階層型組織によるトッ

プダウン型の管理ではありながら、横の密な連携が図られていることがうかがえる。

　博多湾における沿岸域管理のもう一つの重要な点は、以上のような行政組織間の調整に加え、行政と民間で構成される博多湾NEXT会議が行政と市民との協働を進めていることである。博多湾には複数の自主的な環境保全や環境創造の取り組みがある。例えば、和白干潟に関する市民活動は活発であり（和白干潟を守る会HP、波多野ほか2013）、漁業者による藻場や干潟の保全活動も複数行われている。それらは里海づくりとみなされるものであり、博多湾NEXT会議は、これらと連携しつつ行政と市民活動との連携を図るという中間支援組織としての機能を持っている。

　つまり、博多湾における沿岸域管理は基礎自治体である福岡市による地先沿岸の管理であるものの、前節で述べたような基礎自治体によるボトムアップというよりも、港湾計画や環境保全計画のような行政によるトップダウン型の管理と様々な市民活動によるボトムアップ型の活動の連携したものということができる。

4) 地域住民による石垣島白保の管理事例

　沖縄県石垣市の白保地区は石垣島南東部にあり、対象となる白保地区沿岸域は環礁の内側である。当該水域での沿岸域管理については、WWFサンゴ礁保護研究センターしらほサンゴ村（以下、「サンゴ村」）を事務局とする地域住民の自主組織である「白保魚湧く海保全協議会」がビジョンや管理計画の策定、環境保全活動、水域利用ルールの作成を行っている（日高2016、第8章参照）。

　当水域は、1979年に新石垣空港の建設予定地とされ、アオサンゴの保全や地元漁業者の生活権などで反対運動が行われた結果、2000年に予定地から外れた。同年、WWFは白保地区にサンゴ村を設置し、サンゴ礁に関する調査活動や住民との連携活動を始めた。そして、調査結果を地域住民に説明するうちに、住民の中から自主的な管理活動の意識が芽生え、2005年に「白保魚湧く海保全協議会」が設立されるに至ったのである。会員資格は地域住

民に限定され、自治公民館、農業者、漁業者、観光業者、民宿事業者、老人会、青年会、婦人会などが会員となっている。石垣市の行政は全く関与していないが、自治公民館の参加によって正統性が担保されている。

　協議会は、2006年に白保地区における沿岸域管理のビジョンを示す「白保村ゆらていく憲章」を定めるとともに、シュノーケリングを中心とした海域利用の自主ルールの作成、海岸清掃や環境保全、環境に関する教育啓発活動などを行っている。特に、伝統漁法である魚垣の修復活動や赤土流失防止のための月桃栽培が代表的な活動である。さらに、「白保村ゆらていく憲章」を実行するとともに、協議会をはじめとするいくつかの組織や活動を統合することを目的として、2013年にNPO法人夏花が設立されている。

　このように、白保地区における活動は地域住民による自発的で自主的なものであり、地域住民で構成される協議会が管理主体となって管理活動を行っている。取り組みには、サンゴ礁の利用と保全に関する様々な活動が含まれ、沿岸域利用のビジョンのもとに利用ルールが作成・実行されている。特徴的なことは、管理主体が地域住民だけで構成されており、会員間の階層はなく、平等なネットワーク組織となっていること、さらにサンゴ村が地域住民や様々な活動をつなぐ中間支援の役割を果たしていることである。行政による保全事業や海岸利用に関する一般的な規制はあるものの、行政からは独立した地域住民だけの自主的でボトムアップ型の沿岸域管理と言えるものである。

6. まとめと考察

　沿岸域の法的性格とコモンズ論からの示唆、ならびに構想・提案や先行研究を参考にすると、沿岸域の管理主体と管理形態ならびに対象範囲の組み合わせは、都道府県によるその沿岸域全体を対象としたトップダウン型の一元管理、市町村や地域住民・利用者による地先水域を対象としたボトムアップ型の自発的管理、それに都道府県による沿岸域全体の管理と市町村や地域住民による地先水域の管理の組み合わせ（二段階管理）、という三つのパターンとなる。

都道府県（長崎県）、市町村（志摩市、福岡市）、地域住民（白保地区）による管理事例の分析結果からは、都道府県の沿岸域全体については階層型組織に基づくトップダウン型の管理、個別地域の沿岸域では市町村と地域住民・利用者が連携してボトムアップ型の自発的管理を行うという特徴が確認できた。また、都道府県による沿岸域全体の管理であっても現場となる個別地域におけるボトムアップの活動との連携が行われたり、個別地域でも博多湾のように自治体の担当部分はトップダウン型であり、市民活動との連携が行われたり、といったように重層的な管理形態にあることがわかった。

その結果、沿岸域の管理主体と対象範囲の基本的な枠組みは、都道府県が主体となった都道府県の沿岸域全体の管理と、市町村や地域住民が主体となったそれぞれの地域沿岸域の管理の組み合わせとなる。また、単に都道府県の沿岸域全体の管理と個別地域での沿岸域管理の二段階ではなく、民間の活動、市町村の管理、都道府県の管理が多段階で重層的に入り組みながら、民間や行政が水平的に連携するという形態になっている。こうなると、単純な二段階管理ではなく多段階管理と言った方がいい。この多段階管理の構造をどのように考えるのかが次の課題となる。

この重層的で水平的な連携を持つ管理形態を構築し、運営していくために重要なこととして事例分析で示されたのは、関係する管理主体や活動を連携させる中間支援組織の機能である。二段階管理とした志摩市の事例において、第一段階と第二段階の管理主体が相互補完的に関わることで沿岸域管理が進展していくプロセスが示された。都道府県による一段階管理の例として取り上げた大村湾の事例でも、現場レベルでは行政や民間の自主的な活動によって横の連携が図られている。博多湾では博多湾 NEXT 会議が行政と民間、民間どうしを連結する役目を持っていた。重層的で水平的な連携による沿岸域管理が成り立つためには、この中間支援組織がうまく機能することが必要であると考えられる。

また、地方自治体が関わる場合、行政組織の性格として階層型組織によるトップダウン型の管理にならざるを得ないが、個別地域において管理に参加する市民団体はネットワーク型の組織によるボトムアップ型の活動を行って

いる。中間支援組織は、このベクトルの異なる管理活動を連携させないといけない。多様な管理主体が関わることから、第6章で述べたようにガバナンスはネットワーク型になるのだが、ネットワーク型のガバナンスにおいてどのようにトップダウン型とボトムアップ型の連携を図るのかが次の課題として残る。

　重層性と水平的連携を考慮した多段階管理の仕組みは次の第8章で、ベクトルの異なる多様な活動を連携させるためのネットワーク型のガバナンスについては第9章で提案する。

参考文献

Hardin, G. (1968) "The Tragedy of the Commons", Science, 162(1968): 1243-1248.

Ostrom, E. (1990): Governing the Commons, Cambridge, Cambridge University Express.

Ostrom, E. et. al. (2002): "The Drama of the Commons", Washington, National Research Council

磯部雅彦 (2013)「総合的沿岸域管理の枠組み」、日本海洋政策学会誌、3、pp.4-13.

エコパークゾーン環境創造保全委員会 (2010)「エコパークゾーン環境保全創造計画」

海洋政策研究財団 (2013)「沿岸域総合管理の推進に関する提言」
　　https://blog.canpan.info/oprf/img/E6B2BFE5B2B8E59F9FE7B78FE59088E7AEA1E79086E
　　381AEE68EA8E980B2E381ABE996A2E38199E3828BE68F90E8A880.pdf　2021.9.28 閲覧

海洋政策研究財団 (2014)「海洋白書 2014 「海洋立国」に向けた新たな海洋政策の推進」、成山堂書店

上村真仁 (2007)「石垣島白保「垣」再生」、地域研究、3、pp.175-188

上村真仁 (2011)「「里海」をキーワードとした生物多様性保全の可能性」、地域研究、8、pp.17-28

沿岸域総合管理研究会 (2003)「沿岸域総合管理研究会提言―未来の子供たちへ美しく安全で生き生きした沿岸域を引き継ぐために―」
　　https://www.mlit.go.jp/river/shinngikai_blog/past_shinngikai/shinngikai/kondankai/engan/teigen.pdf　2021.10.1 閲覧

環境省 (2011)「里海づくりの手引書」
　　https://www.env.go.jp/water/heisa/satoumi/common/satoumi_manual_all.pdf　2021.10.1 閲覧

来生新 (2012)「海洋の総合的管理の各論的展開に向けて」、日本海洋政策学会誌、2、pp.4-15

国土交通省国土計画局 (2004)「瀬戸内海沿岸域における総合的管理の在り方調査報告書」
　　https://www.mlit.go.jp/kokudokeikaku/report/15kaiyou.pdf　2021.10.1 閲覧

ゴールドスミス，S. 他 (城山英明ほか監訳) (2006)「ネットワークによるガバナンス―公共セクターの新しいかたち―」、学陽書房

小島廣光・平本健太（2011）『戦略的協働の本質―NPO，政府，企業の価値創造』、有斐閣

内閣官房総合海洋政策本部（2011）「沿岸域の総合的管理の取組み事例集」
　　https://www8.cao.go.jp/ocean/policies/enganiki/pdf/jirei_all.pdf　2021.9.28 閲覧

「21 世紀の国土のグランドデザイン」推進連絡会議（2000）「沿岸域圏総合管理計画策定のための指針」
　　https://www.mlit.go.jp/kokudokeikaku/enganiki/shishin.html　2021.9.28 閲覧

日本財団海洋船舶部編（2002）「海洋と日本　21 世紀における我が国の海洋政策に関する提言」、日本財団

日本沿岸域学会（2000）「日本沿岸域学会 2000 年アピール―沿岸域の持続的な利用と環境保全のための提言―」
　　http://www.jaczs.com/03-journal/teigen-tou/jacz2000.pdf　2021.928 閲覧

波多野信子・たいら由以子（2013）「NPO 活動紹介　小さな循環でいい暮らしをしよう！和白干潟周辺での市民発実践型のとりくみ」、沿岸域学会誌、26(1)、pp.9-11

日高健（2012）「第 5 回　里海を創る新しいコミュニティ」、アクアネット、15(5)、pp.58-64

日高健（2013）「里海のマネジメントに関する分析視角の検討」、地域漁業研究、53（1・2）、pp.53-74

松田治（2011）「「里海づくり」をめぐる最近の動きと沿岸域の総合的管理」、日本海水学会誌、65(4)、pp.199-209

三俣学・森元早苗・室田武編（2008）『コモンズ研究のフロンティア　山野海川の共的世界』、東京大学出版会

宮内泰介編著（2006）『コモンズをささえるしくみ　レジティマシーの環境社会学』、新曜社

柳哲雄（1998）「内湾における土木事業と環境保全―内湾の "里海" 化―」、土木学会誌、83(12)、pp.11-15

和白干潟を守る会ホームページ
　　http://wajirohigata.sakura.ne.jp/katudou/katudou.html　2021.10.1 閲覧

第8章　多段階で沿岸域を管理する仕組み

1. はじめに

　沿岸域を総合的に管理する必要性は、日本では 1970 年代から提起され、最新の海洋基本計画（2018 年策定）でもうたわれているところである。沿岸域を総合的に管理するための法制度はまだ作られていないのだが、近年では沿岸域の総合的な管理を目指した東京湾や大阪湾の再生プロジェクトのような取り組みや自発的な沿岸域総合管理とも呼ばれる地方自治体や地域住民による地先水面の管理活動も行われている。自発的な管理活動の多くは里海づくりと呼ばれており、取り組みの数も増加している。また、日本には昔から漁村が地先の沿岸域を管理するという慣習があり、漁業権制度として制度化されている。このような実態を生かして、個別の制度や里海づくりの取り組みをうまく組み合わせ、沿岸域を全体として有効にかつ持続的に使っていくことはできないであろうか。

　第7章では、都道府県の沿岸域と市町村の地先沿岸の二段階で管理する方法が沿岸域管理に適していることを示した。ただし、二段階にはっきり分かれるわけではなく、各段階がさらに細かく分かれる重層性があるために多段階管理になること、および垂直・水平連携のために中間支援組織が必要であることがわかった。以下ではこれらの考え方をベースに、日本国内の様々な沿岸域の管理活動を整理・分析したうえで、沿岸域を総合的に管理する仕組みとして多段階管理システムを提案する。これは、地域の状況に応じて、また海面の広がりに応じて適切な取り組みを行い、それを組み合わせることによって、沿岸域全体の管理をうまくやろうというものである。最後に、多段階管理であるかどうかを評価するための枠組みを示す。

2. 沿岸域管理のダイナミクス

　日本では、既に大小さまざまな沿岸域管理に関する活動や取り組みが行われている。沿岸域管理と言っても厳密な意味ではなく、沿岸域の資源や環境を保全したり創造したりといった活動やそのためのルールづくりといった里海づくりと呼ばれる取り組みから、沿岸域総合管理と呼んでもいいような大きなプロジェクトまである。

　これらの実際の取り組みをよくみると、管理の内容や仕組みが空間スケール（地先、市町村沿岸、都道府県海域、それを超える海域）と利用の複雑さ（単相、複相、多相）で異なるように思われた。そこで、実際に筆者らが調査したものや文献で内容を確認できた取り組みを対象に、空間スケールと利用の複雑さの二軸で分類して配置したのが図8-1である。図8-1には、本書の中で取り上げた章の番号と事例地を記載している。

　図の左下隅には、地先水面での共同漁業権や区画漁業権に基づく漁業権漁場の管理が入る。これは地先の漁村コミュニティによる前浜の漁場や水産資源の管理であり、里海の原型となるものである。これに漁業以外の利用が加わり、利用の複雑化とともに図の上の方にシフトしていくというのが、上向きの矢印である。次には、対象範囲が地先水面を超えて市町村の沿岸域にまで拡大するものである。

　里海づくりあるいは自発的な沿岸域総合管理と呼ばれる取り組み（内閣官房総合海洋政策本部事務局 2011）の多くは、この地先水面と市町村沿岸の空間領域に形成される。次章以降で取り上げる事例では、明石市沿岸のタコ釣りのルール化（第10章）と南三陸町志津川湾の管理（第11章）がある。また、前章と本章では簡単な事例として石垣市白保（第7章）と備前市日生（第8章）、志摩市（第7章）、博多湾（第7章）を紹介した。

　都道府県の海域については、前章で沿岸域管理の範囲となることを指摘したものの、総合的な管理を実施している例は意外と少ない。その中から、長崎県が管理を行う大村湾（第12章）を挙げた。また、水質管理や海岸管理などの個別管理は都道府県単位で行われるものが多く、例えば瀬戸内海環境保全特別措置法（以下、瀬戸内法）に基づく府県計画は、府県の管轄する海域

図8-1　沿岸域管理のダイナミクス

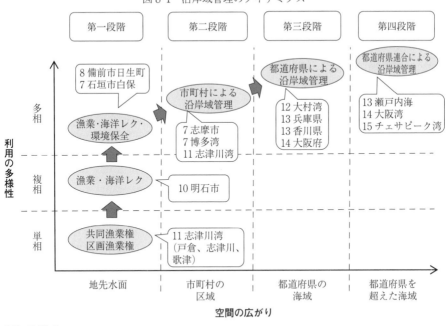

出所：著者作成

注：図中の地名は本書中で事例として取り上げた地域。頭の番号は登場する章。

内での環境保全の目標と実行計画を示すものである。そこで、兵庫県（第13章）と香川県（第13章）ならびに大阪府（第14章）における瀬戸内法府県計画を取り上げた。

　さらに右側の都道府県を超えた海域は、複数の都道府県にまたがるような広い海域の管理事例である。瀬戸内法と基本計画は瀬戸内海全域に関わる管理の基本方針を示すものであり（第13章）、大阪湾再生行動計画は大阪湾流域に関わる管理計画である（第14章）。さらに、海外の事例として6州・1特別区の連携による管理が行われている米国チェサピーク湾（第15章）を取り上げる。

　図8-1は空間の広がりと利用の多様さが増えるにつれて沿岸域管理の形態が変わるということを表していることから、沿岸域管理のダイナミクスを表すものである。一見すると、図の左下隅から図の右上隅へと対象区域を変え

ながら、沿岸域管理の仕組みが成長あるいは発展しているように思われる。しかし、事例分析の結果を先取りすると、管理の仕組みが成長・発展して次の区域に移動するのではなく、各海域に独特の仕組みがあり、それが次々と重なって管理の仕組みが構成されているのである。

　以下では、空間の拡がりに対応して、第一段階：地先水面、第二段階：市町村の沿岸、第三段階：都道府県の沿岸、第四段階：都道府県を超えた海域として、段階ごとの内容について、事例を交えながら整理する。

第一段階

　左下隅には、海岸にある漁村コミュニティがその地先にある沿岸域を利用し、管理するという、日本では近代化以前から存在する慣習に基づく管理の仕組みが入る。第3章で説明したように、この仕組みは明治漁業法で専用漁業権として法制度化され、現行漁業法の共同漁業権に引き継がれている。現在の共同漁業権の精神と基本的枠組みはそれを具現化するものである（浜本1989）。

　共同漁業権が免許された漁場における管理の仕組みは、「総有」を制度化したものと言われる。簡単に言うと、都道府県が漁業協同組合（以下、「漁協」）に漁業権を免許し、漁業権者となった漁協が漁場の使い方と管理の仕方を決め、組合員である漁業者がそれに沿って共同で漁業を行う、というものである。沿岸域管理や里海マネジメントの視点からは、この漁協が持つ管理権が重要である。漁村コミュニティの総有とはいっても多数の漁業者による多様な漁法が含まれており、漁協はそれをうまく調整するとともに、水産資源の維持と漁場環境の保全のために様々な手段を講じる。これは、コンパクトな沿岸域管理であり、管理の仕組みを持つ海洋保護区とされるゆえんである。このため、図8-1の左下には里海の原型としての漁業権管理が入るのである。

　このような制度化された総有は、漁村が漁業者で構成され、主な沿岸域利用の方法が漁業である場合は有効である。しかし、そのような状況が1980年代以降に急速に変わってきた。主な理由として、高度経済成長の果実とし

て国民の所得向上と余暇時間の増加があり、海洋性レクリエーション（以下、「海洋レク」）を楽しむ人が急増したこと、高度経済成長後の投資先として沿岸域や海洋産業が注目されたことが挙げられる。その結果、沿岸域の利用が多様化するとともに、地域外からやってくる沿岸の利用者が増加した。さらに、高度経済成長期に漁村で過剰人口と言われた漁業者は都市の工場に吸収され、漁村における漁業者人口の減少、あるいは漁業者の割合の低下という状況も起きている。

　そのような中で、漁業権漁場においても先に遊漁者が増え、やがてスキューバ・ダイビングやサーフィンのような海洋レクも増えていった。そのような活動を行うのは、必ずしも地域の人というわけではない。さらに、それらの活動は漁業権の対象となっている魚介類を捕るわけではなく、漁業の妨げにならなければ自由に海面を利用することができる。その結果、1980年代以降、様々な海面の利用をめぐるトラブルが発生するのだが、その解決の方向として取り組まれたのが、関係者が集まって協議し、みんなが納得する地域ルールを作るというやり方である。その先鞭は、姫路市の家島坊勢における遊漁裁判の最高裁判決でつけられた（日高 2016）。

　地域ルールを作るための協議は、当初は直接的な関係者だけで行われていたが、やがて地域の関係者が広く関わるようになる。その具体的な事例として、備前市日生のアマモ保全活動から始まり、図 8-2 のような沿岸域総合管理研究会に発展した取り組みや明石市沿岸において様々な関係者を巻き込んでマダコ釣りのルール化を行った取り組みがある（第 10 章で紹介）。

　このような場合に管理主体として登場するのが、地域の様々な関係者が参加して構成される協議会である。この組織は、漁業権の管理主体である漁協のような強力な権限は持っていないものの、漁業権者である地元の漁協や市町村のような地方自治体が参加するとともに、広く地域の関係者が参加することによって、その協議会の活動は正統化される。沿岸域は自然公物であり、地域の共有資源であるから、その地域で沿岸域に関わる人たちが沿岸域の管理に参加する必要がある。そこで、このような取り組みを「地域挙げてのアプローチ」と呼ぶことにする。

図 8-2　備前市日生における沿岸域総合管理研究会
の組織図

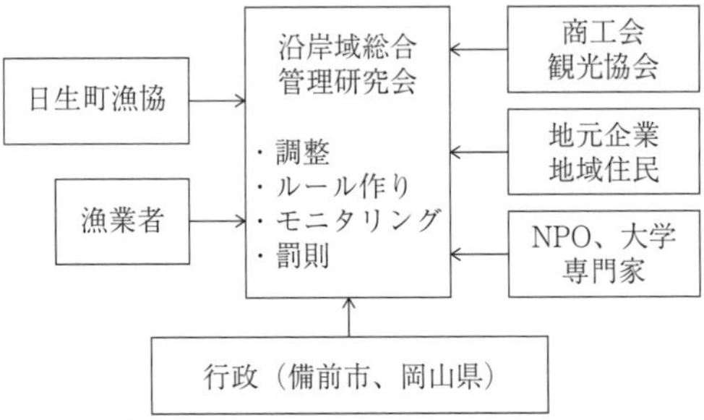

出所：日高（2016）、p.137 より引用

　また、このような協議会は地域の様々な関係者が参加しやすくなるよう
に、加入脱退は自由であることが多い。また、協議会のメンバーの中に組織
運営のための役職はあるもののメンバー間の階層はなく、ネットワーク組織
としての機能を備えていると思われる（日高2016）。ネットワーク組織の性
格を持つ協議会は、地域の漁業者のみが組合員となり、理事長を筆頭に階層
化された漁協とは組織の性格が異なるもので、地域の沿岸域管理あるいは里
海マネジメントを行うための新しい沿岸域コミュニティと呼ぶことができ
る。
　これを管理主体として、地域で直接関係する地方自治体と幅広い関係者に
よる協働の里海づくりでその地域の重要な沿岸域を管理するというのが第一
段階の重要な点である。
　漁業者や漁協はこの主要なメンバーとなるべきであり、それによって実効
性のある管理が可能になる。その先行的取り組みとして、水産多面的機能発
揮支援事業による活動がある。これは漁協を中心に地域の関係者を集めた協
議会を作り、漁場保全等の活動を行うものである。第4章で取り上げたよう
に、2019年の漁業法改正で新たに設けられた沿岸漁場制度で制度的裏付け
が設けられている。この事業と制度は、今後の地域における里海づくりを進
める際の大きな拠り所になると思われる。

第二段階

　第一段階の仕組みで行う管理は、地形などの地理的条件、生物の分布や移動、沿岸域利用の状況、その地域に住んでいる人たちの構成といった様々な条件がほぼ同じである狭い範囲の地先の沿岸域では有効である。しかし、その条件が変わると使えなくなる。市町村沿岸では条件の異なる複数の地先水面が存在する場合は多い。その際、それぞれの地先沿岸域の条件に応じた里海を形成し、それらをネットワークすれば、市町村沿岸を広い範囲でカバーすることができる。全体をカバーしなくても、生態的・物理的にあるいは利用上の重要な水面を里海として押さえ、それらの連携を図ればよい。これが里海ネットワークの考え方である。里海ネットワークによってより広い範囲の沿岸域がカバーされる。

　海洋保護区ネットワークについては、第5章で見たように、海洋保護区の導入当初から重要視されていた。海洋保護区におけるネットワークには、生物多様性の視点から構築される生態ネットワークと関係者の教育や情報の共有といった点を重視する社会ネットワークの二つがあるとされている。それに加えて、里海論では里海の形成を支えるためには「太く・長く・滑らかな物質循環」が重要であるとの指摘があることから（柳 2006）、物質循環のネットワークが必要である。このような生態系や物質循環を実現するためには、それらが達成されるような広い範囲の里海を設定するか、狭い範囲の里海を複数設定してそれらをネットワークするかということになる。海洋保護区では後者が選択されているのと同じく、里海においても後者が適していると思われる。つまり、複数の里海をネットワークすることによって、生態、社会、物質循環の三つのネットワークを構築する必要がある。

　同じ市町村内での異なる地理的・社会経済的条件に対応して複数の里海を設定し、それらをネットワーク化することで、市町村の沿岸域全体をカバーするという方法を実践しているのが、志摩市の取り組みである。第7章で見たように、志摩市の沿岸には、英虞湾、的矢湾、太平洋沿岸という性格の異なる三つの沿岸海域がある。そこで、各沿岸海域にそれぞれの条件にあった里海を作り、里海創生推進会議がそれをまとめるという仕組みで志摩市全体

に及ぶ里海づくりが進められている。

　科学的根拠に基づいて、生態ネットワークの構築を目指している取り組み
として、広島県松永湾広島県松崎湾におけるアサリのメタ個体群という特徴
を生かし、分布範囲をカバーできるように複数の小規模な保護区を設定して
アサリの資源回復を図ろうとする取り組みがある（浜口2012）。ここではメ
タ個体群理論による生態ネットワークに合わせて、多数の人が関わる里海管
理体制として「尾道の人の輪」と呼ばれる社会ネットワークを構築すること
が試みられている。また、物質循環ネットワークの構築が期待される事例と
して、南三陸町志津川湾における取り組みがある。その詳細は第11章で紹
介するが、志津川湾の湾口、湾中央、湾奥に形成される里海が湾の物質循環
の動線をカバーするように配置されることで、湾内に供給されたり、養殖に
よって生じる栄養塩のコントロールをしようという考え方である（小松ほか
2018）。

　このように、単に管理する海域を広げるためだけでなく、生態、社会、物
質循環というネットワークを科学的根拠に基づいて構築することで、地先の
狭い範囲から広い範囲までの重層的な管理を考えることが可能になる。そも
そも、漁業権の管理においても、単独の漁業権漁場から漁協が管理する複数
の漁業権漁場、漁協が属する地域内での漁業権調整、さらに都道府県沿岸の
海区の範囲での漁業調整という重層的な調整システムがある。これは漁業調
整のための社会ネットワークであるが、資源管理型漁業では対象魚種の生態
的知見に基づいた地先、地域、海区という重層的な生態ネットワークによる
漁業資源管理が考えられていた。これを実現したのが、瀬戸内海のサワラ資
源管理である（小林2003）。

　以上のようなネットワークを構築するには、まず対象となる沿岸域の主要
な水産生物の生態学的な知見と物質循環に関する海洋物理学的な知見が必要
である。つまり、里海ネットワークを構築するためには、単独の里海づくり
以上に研究者の存在が重要となり、特に研究組織による本格的な調査が必要
となる。また、社会ネットワークについては、管理に関わる人たちの間で理
念や方向性の共有、関連する様々な情報の集約、関係者の教育訓練などが必

要である。そのためには、このような取り組みを支援する中間支援組織が不可欠となる。つまり、ここでの中間支援組織は、管理組織メンバー間の縦と横の連携を支援するだけでなく、生態と物質循環のネットワークに関する組織的な研究と社会ネットワークのための理念共有・情報集約・教育を進めるという役割も持っているのである。

　中間支援組織の機能を本格的に整備しようとしている事例として、香川県における瀬戸内法に基づく香川県計画がある。詳細は第 13 章で説明するが、支援によってネットワークを構築することを主眼に置いた取り組みであるため、それを「支援型アプローチ」と呼ぶことにする。第 7 章の事例では、中間支援組織としての機能を果たすものとして志摩市（再生協議会）、福岡市（博多湾 NEXT 会議）を挙げた。これらは横の連携を仲介する組織として紹介したが、実はそれら機能には上記のネットワークに関する役割も含まれると考えるべきである。

　地域の沿岸域における管理は地方自治体と地域住民・利用者の協働による自発的な沿岸域総合管理として行われる。そしてそれは里海と呼ばれることが多い。しかし、これまで見てきたように、それは地先に応じて形成される個別の里海（第一段階）と、その里海を科学的根拠に基づき、中間支援機能によってネットワークされた里海ネットワーク（第二段階）によって構成されることにより、効果的な管理が実現するのである。

第三段階

　第 7 章で見たように、沿岸域管理の基本的な対象範囲は地理的な一体性と社会文化的なつながりから都道府県の沿岸域である。前項の里海ならびに里海ネットワークは、地域の沿岸域に関わる人たちによる里海づくりの問題であり、里海ネットワークで都道府県沿岸域の全体をカバーすることはできないうえ、里海と里海ネットワークでは対応できない機能がある。例えば、沿岸海域の水質や海岸の環境保全、そのための土木事業や保全修復事業、あるいは民間による活動を規制するための法規制の設定といった活動は、都道府県が予算と権限を持って取り組まなければできないものである。これらを沿

岸域の最も基本的で重要な社会的・環境的基盤という意味で、「沿岸域イン
フラ」と呼ぶことにする。沿岸域インフラの提供が、第三段階で加わる仕組
みである。

　沿岸域インフラの領域は、環境、土木、水産など多岐にわたり、都道府県
の所管部局も複数に及ぶ。沿岸域管理に関わる縦割りが問題となるのはまさ
にこの分野であり、総合的な管理をしようとすると、複数の部局が関わる
「ややこしい問題」（ベビア 2013）となる。この縦割りを解決し、一貫した沿
岸域インフラの提供を行うためには、行政の縦割りの壁を越えて、関連する
部局が連携する必要がある。このような取り組みを「全政府挙げてのアプ
ローチ」（ベビア 2013）と呼ぶことにする。

　第 7 章の事例で紹介したように、長崎県の大村湾では、長崎県が 2003 年
より「大村湾環境保全・活性化行動計画」を策定し、大村湾の管理に取り組
んでいる。ここでは、副知事を本部長とし、関係部局で構成される大村湾環
境保全・活性化推進本部が管理主体となっている。この中で大村湾に関連す
る全事業が取り上げられ、関係のある事業間の調整が行われ、計画全体と関
係事業の KPI（Key Performance Indicators：重要業績評価指標）によって
PDCA による執行管理が行われる。これは県庁あげての取り組みであり、
推進本部で部署間・事業間の調整が行われることから、全政府挙げてのアプ
ローチをとっていると評価することができる。大村湾の事例については、第
12 章で詳細に紹介する。

　前項でも引き合いに出した香川県は、瀬戸内法に基づく香川県計画を策定
し、香川県沿岸の環境保全を行っている。これとは別に、2013 年に「かが
わ『里海』づくりビジョン」を作成し、「人と自然が共生する持続可能な豊
かな海」を基本理念として、「全県域、県民みんなで、山・川・里（まち）、
海をつなげること」を活動方針として様々な事業を展開している。このビ
ジョンでは沿岸域に関わる様々な事業が、香川県計画と相互補完的に配置さ
れており、この二つを合わせると総合管理となる。2018 年の香川県計画の
改正にあたって、この二つは統合され、香川県計画は総合管理の性格を強め
ている。重要なのは、ビジョンの活動方針で示された「つなげること」であ

る。ビジョンの六つのポイントとして示された「推進体制の構築」「理念の共有・取り組みへ反映」「意識の醸成」「人材育成」「ネットワーク化」「データに基づく順応的管理」はほぼそのまま社会ネットワークの内容であり、中間支援組織が行うべき事項である。このことから、香川県の取り組みを「支援型アプローチ」と呼びたい。詳細は第13章で紹介する。

　里海（第一段階）と里海ネットワーク（第二段階）による地域における沿岸域の管理に、以上のような都道府県による沿岸域インフラの提供（第三段階）を加えることにより、都道府県の沿岸域全体が管理されることになる。支援型アプローチによる取り組みが各段階での横の連携を図ると同時に、段階間の連携を進める役目を果たす。

第四段階

　第三段階までは都道府県の沿岸域内での管理であるのに対し、都道府県を超える広域の沿岸海域の管理に関しては、関係する都道府県が連携あるいは協働して必要な施策を講じることが必要になる。

　このような都道府県を超えた広域管理の事例として、大阪湾再生行動計画がある。2003年から全国海の再生プロジェクトとして巨大湾（東京湾、伊勢湾、大阪湾、広島湾）における再生の取り組みが始まり、大阪湾でも関係する国の5機関、6府県、4主要市、2関係団体によって大阪湾再生推進会議が結成された。事務局は、国交省近畿地方整備局である。同会議によって2004年に大阪湾再生行動計画（現在、第二期）が作成され、実行されているところである。このプロジェクトでは、構成組織が所管する大阪湾に関係する事業を網羅した行動計画が作成され、大阪湾全体の管理の目標が設定されるとともに、計画全体と各分野に設定されたKPIに基づきPDCA管理が行われている。関係府県の調整や統合は、この計画の中で行われることになっている。大阪湾の事例は、第14章で取り上げる。

　また、瀬戸内法と基本計画ならびにこれに基づく府県計画も広域的な府県の連携を進めるものである。瀬戸内法は、1973年に瀬戸内海の環境保全を実行するために制定されたものである。瀬戸内法は瀬戸内海全域を対象とし

た環境保全のための法制度上の枠組みを作り、瀬戸内法基本計画によって基本的な施策の方針を定めるというものである。瀬戸内海の府県は、この瀬戸内法と基本計画で定められた瀬戸内海全域に共通する方針に従って、各府県の状況に対応するための府県計画を作成することになっている。このように共通の方針で事前に調整されているため、隣接する府県の間で特別に内容を調整したり、連携を図ったりということは行われていない。瀬戸内法と基本計画、それに兵庫県計画と香川県計画については、第13章で紹介する。

　関係自治体の間で達成する目標の協定を結んでいる例として、米国チェサピーク湾の事例がある。チェサピーク湾の沿岸には六つの州と特別区がある。1980年代から湾の水質悪化や水産資源の減少が顕著になり、これを改善するために、州と特別区の行政と議会による協定が締結され、様々な対策が講じられている。この協定の中で、連携して協働で取り組むべき事項と改善の目標が明示されている。協定の事項以外は州政府の所管となるため、連携して取り組む施策と各州の独自の施策に分かれていることになる。協働の管理を実施するため、連邦政府の環境局が中心となり、行政区を超えた共同の管理組織としてチェサピーク湾管理委員会が設置されている。この詳細については、第15章で取り上げる。

　三つの事例から言えることは、このような複数の自治体が関わる沿岸域管理では、統一的な沿岸域インフラの提供が重要となる。つまり、共通の規制の実施、あるいは共通の保全事業の実行などは何らかの形で連携して行われているということである。しかし、里海や里海ネットワークはそれぞれの海域条件に応じたものとなるために、都道府県を超えて里海づくりを一律に行うというようなことは行われていない。

　このような沿岸域インフラ提供の統一を主な内容とした関係都道府県による連携を第四段階とする。つまり、国を仲介として関係都道府県によって沿岸域インフラ提供の統一化を図り、その他の分野については都道府県がそれぞれの状況に応じて対応するという形式である。

　これまで段階ごとに管理の仕組みを事例とともに説明してきた。沿岸域管理の仕組みは図8-1の左下の隅から右上の隅へと漸進的に発展していくので

はなく、空間が広がり、区域が変わるにつれ、異なる仕組みが重なっていくことが確認できたと思う。このことから導き出される多段階管理の考え方は以下のとおりである。第一段階は地域の里海づくりであり、第二段階はそれに里海ネットワークが重なり、第三段階はそれに沿岸域インフラの提供が加わる。その結果、都道府県の沿岸域は里海づくり、里海ネットワーク、沿岸域インフラの提供という三つの仕組みが重なって管理が行われる。第四段階は都道府県の沿岸域を超える海域について、関係する都道府県で沿岸域インフラの提供の統一化を図り、里海づくりと里海ネットワークは各都道府県の状況に応じて実施する。これが沿岸海域の多段階管理システムの基本的な考え方である。

3.　沿岸域における多段階管理システムの構図

　これまで多段階管理の中で複数の管理主体が登場し、それぞれが異なる役割を持つことを説明してきた。これらがどのように責任を分担し、管理に参加しているのかについて、第6章でガバナンスの階層として整理した。簡単におさらいすると、沿岸域管理には、国、都道府県、市町村、地域住民等がそれぞれの役割を持ち、責任分担している。このような政府（行政）と利用者（地域住民等）の間の管理に関わる意思決定レベルと役割分担を整理したのが図8-3（第6章の図6-2を再掲）である。図は、上段に制度の選択、中段に全体計画の策定、下段には現場ルールの策定という意思決定の三つのレベルが配置されている。さらに、図は対角線で二分され、左上の領域が政府、右下の領域が利用者（地域住民等）に割り当てられている。

　このガバナンス階層図の上に、三つの段階における管理主体の機能と役割を当てはめたのが図8-4である。なお、都道府県の沿岸域を管理の単位とするため、国は除いている。図の左上の領域には都道府県による沿岸域インフラの提供が入る。ここでは関係する行政の部局が連携して「全政府挙げてのアプローチ」が遂行できるかどうかが重要である。そして、右下の領域には地先水面や市町村沿岸での里海づくりと里海ネットワーク化が入る。里海づくりは「地域挙げてのアプローチ」によって地域の関係者を巻き込むことが

図8-3　沿岸域管理のガバナンス階層

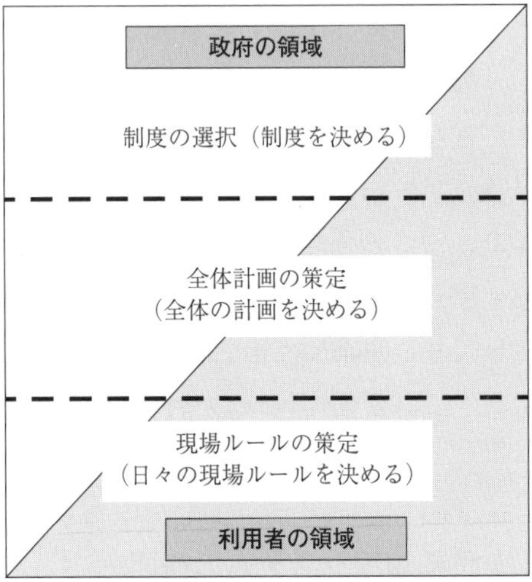

政府の領域

制度の選択（制度を決める）

全体計画の策定
（全体の計画を決める）

現場ルールの策定
（日々の現場ルールを決める）

利用者の領域

出所：著者作成

図8-4　都道府県の沿岸域における多段階管理の構造

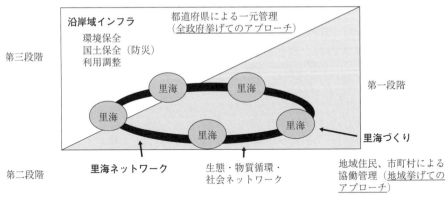

沿岸域インフラ　都道府県による一元管理
（全政府挙げてのアプローチ）

環境保全
国土保全（防災）
利用調整

第三段階

里海

里海

里海

第一段階

里海

里海

里海づくり

里海ネットワーク　生態・物質循環・
社会ネットワーク

第二段階

地域住民、市町村による
協働管理（地域挙げての
アプローチ）

都道府県、民間団体による支援
（支援型アプローチ）

出所：筆者作成

できるかどうか、さらに生態・物質循環・社会ネットワークを考慮した里海
ネットワークができるかどうかがポイントとなる。ネットワークの形成や地
域内の連携には「支援型アプローチ」が必要である。この図は、沿岸域管理

のガバナンスを構成する主体間の相互関係である水平的関係と同時に、階層の異なる主体間の垂直的関係も説明しており、沿岸域における多段階管理システムの全体像を示すものである。

　水平的連携は、「全政府挙げてのアプローチ」による行政の縦割りの壁を超えた沿岸域インフラの提供・整備と、「地域挙げてのアプローチ」による地域の関係者を巻き込んでの里海づくりと里海ネットワーク化が行われることによって達成できる。

　垂直的連携は、地域住民や市町村による里海づくりと里海ネットワーク、それに都道府県による沿岸域インフラの提供・整備という地域住民、市町村、都道府県の間の機能上の役割分担と連携が定められていること、さらにそれを促進する仕組みが設けられていることが重要である。そのために「支援型アプローチ」を実行する中間支援組織が形成される必要がある。

　都道府県を超える広域の沿岸域では、都道府県間の連携によって沿岸域インフラの提供・整備を共通化し、里海とそのネットワークは各都道府県の状況に任せればよい。そのイメージを図8-5に示した。

　実際の沿岸域管理の取り組みが以上のような多段階管理システムの構成要

図8-5　都道府県海域を超える広域の沿岸域における多段階管理の構造

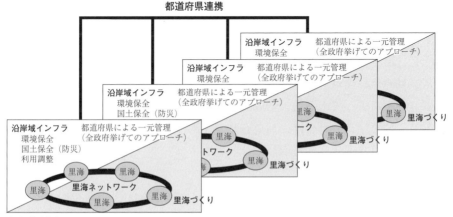

出所：筆者作成

表8-1　沿岸域を対象にした多段階管理システムの分析フレームワーク

管理活動	評価基準	管理主体
都道府県連携	都道府県が供給する沿岸域インフラの統一化が図られているか？ 都道府県の間の連携の促進・仲介が行われているか？	国 都道府県
沿岸域インフラ	排出規制、利用制限などの規制が導入されているか？ 海岸保全、海底改良などの事業が実施されているか？	都道府県
里海ネットワーク	異なる地先に形成された里海の連携が図られているか？ 地域における里海関係者の連携支援が行われているか？	都道府県 市町村 民間
里海づくり	地先の沿岸域環境を保全・創造するための活動が行われているか？ 沿岸域から経済価値、生活文化価値を生む活動が行われているか？	市町村 民間

出所：筆者作成

素を備えているかどうかをチェックするため、表8-1の分析フレームワークを作成した。この表は、下から多段階管理システムを構成する里海、里海ネットワーク、沿岸域インフラ、都道府県連携の管理内容と主体を並べたものである。沿岸域管理の事例分析を行う際に、この表に沿って管理活動の内容をチェックすれば、分析対象の取り組みが多段階管理システムの構成要素を備えているかどうかが明確になる。

4. まとめ

　この章では沿岸域の多段階管理システムを提案した。このシステムを簡単にまとめると、都道府県の沿岸域を単位として、里海づくり、里海ネットワーク、沿岸域インフラの提供という三つの段階別の仕組みを、地域挙げてのアプローチ、全政府挙げてのアプローチ、支援型アプローチという三つのアプローチによって水平的、垂直的に連携させるというものである。都道府県の沿岸域を超える場合は、都道府県の連携によって沿岸域インフラの提供をできるだけ共通化し、里海づくりと里海ネットワークはそれぞれの都道府県の状況に合わせて形成する。

　ただし、このシステムは、これ全体を実現する先行事例があって、その中から帰納的に導き出されたものではなく、沿岸域管理に関する理論的な枠組

みとシステムを部分的に実現している先行事例から演繹的に導き出されたアイディアに基づいて全体の管理システムを考案したものである。したがって、このシステム全体としての有効性を事例によって直接的に証明するのは難しい。

　しかし、部分的に先行する事例に、もう一度全体として考案されたシステムを当てはめてみることにより、先行事例とシステムのギャップを知ることができる。これを評価することによって、システムの改善を図ることが可能になる。これは現実のより深い理解にもつながる。第10章からの事例分析ではこれを行っていく。

　ただその前に、この多段階管理システムは様々な取り組みと仕組みを緩やかに統合するものであり、システムの中に水平的連携と垂直的連携の進め方を含んでいる。しかし、それは部分的なものであり、システム全体としての統合性を実現する仕組みが必要である。この点をネットワーク・ガバナンスという考え方で埋めようというのが、次の章のテーマである。

参考文献

国土庁（1988）「21世紀の国土のグランドデザイン―地域の自立の促進と美しい国土の創造」
　　https://www.mlit.go.jp/common/001135926.pdf　2021.9.28閲覧
小林一彦（2003）「サワラ瀬戸内海系群資源回復計画について」、日本水産学会誌、69(1)、
　　pp.109-114
小松輝久・佐々修司・門谷茂・吉村千洋・藤井学・夏池真史・西村修・坂巻隆史・柳哲雄
　　（2018）「開放性内湾を対象とした沿岸環境管理法の研究：南三陸志津川湾の例」（シンポジウ
　　ム 持続可能な沿岸海域管理法）、沿岸海洋研究、56(1)、pp.21-29
内閣官房総合海洋政策本部事務局（2011）「沿岸域の総合的管理の取組み事例集」
　　https://www8.cao.go.jp/ocean/policies/enganiki/pdf/jirei_all.pdf　2021.9.28閲覧
「21世紀の国土のグランドデザイン」推進連絡会議（2000）「沿岸域圏総合管理計画策定のための指針」
　　https://www.mlit.go.jp/kokudokeikaku/enganiki/shishin.html　2021.9.28閲覧
浜口晶巳（2012）「沿岸資源の持続的利用のための里海と海洋保護区」、農林水産技術研究ジャーナル、35(3)、pp.16-20
浜本幸生（1989）『漁業権って何だろう？』（シリーズ漁業法―第1巻）、水産社
日高健（2016）『里海と沿岸域管理―里海をマネジメントする』、農林統計協会
マーク・ベビア（野田牧人訳）（2013）『ガバナンスとは何か』、NTT出版

第9章　ネットワーク・ガバナンスで
多段階管理をまとめる

1. はじめに

　日本では、今のところ一元的な沿岸域管理のための法制度は作られていないのだが、地方自治体や地域住民による自発的な沿岸域総合管理あるいは里海づくりと呼ばれる取り組みが増えている。前章では、これらの活動と既存法制度や事業とを組み合わせて、沿岸域を多段階の仕組みで管理する方法を提案した。海外での沿岸域管理は個別の法制度を一元化する沿岸域管理制度を構築するというものが主流であるのに対し（例えば、Cullinan2006）、前章の提案は沿岸域管理のガバナンス構造に基づいて、各管理主体の取り組みを積み重ね、緩やかに束ねるものである。しかし、前章では各管理主体のどのような取り組みを積み重ねるかというところまでで、どうやって束ねるかについては触れなかった。そこで、この章ではその点について検討したい。

　第6章でガバナンスの形態を検討した時、沿岸域管理にはネットワーク型が適しているとした。この考えに従い、この章では束ねるための考え方としてネットワーク・ガバナンスという概念を採用した（Goldsmith et al. 2006）。これは、後で詳しく見るように様々な主体が関わって協働で問題解決を図ろうとするものであり、多段階管理の考え方に適合的である。以下では、前章の多段階管理システムにネットワーク・ガバナンスの考え方を適用して管理論として整理するとともに、これに基づく分析フレームワークを構築する。そして、この分析フレームワークを使って、二つの予備的事例分析を行い、多段階管理システムと分析フレームワークの有効性を明らかにする。

2. ネットワーク・ガバナンスの捉え方

2-1. ネットワーク・ガバナンス論

　多段階管理システムは、従来から沿岸域管理に求められてきた一元的な管理制度ではなく、ネットワークを軸に複数の仕組みを組み合わせる多元的なものである。このような制度の統治を研究するのがネットワーク・ガバナンス論である（ベビア 2013）。

　外川（2011）は、従来からのガバナンスが近年の社会情勢には当てはまらなくなり、それに代わるものとしてニュー・ガバナンスが登場しているとする。従来からのガバナンスとは、国家または自治体組織におけるヒエラルキー型の統治様態である。これに対し、ニュー・ガバナンスとは、ネットワークを基軸とした自己組織的な組織間ネットワークの管理を意味し、「ネットワークという形で統治に必要な諸資源を保有するステークホルダーを糾合し、それらのアクターの間の相互作用のプロセスによって問題解決を図る統治の様態」（外川 2011 より引用）と定義される。オールド・ガバナンスからニュー・ガバナンスへの変化の理由として、従来は権力と資源を独占する政府が問題解決を図ったのに対し、近年は政府が諸資源の一部しか保有せず、他は国民が分散して保有するようになり、政府あるいは国民が主体となって諸資源を保有する者の間にネットワークを構築し、構成員間で諸資源を利用し合う相互作用プロセスを経て問題解決を図るようになっていることが挙げられている。

　また、落合（2008）は、ネットワークのマネジメントを重視し、ガバナンスとはネットワーク・マネジメントをガバナンス概念の基礎とした「ネットワーク・マネジメントとしてのガバナンス」としたうえで、統治とネットワーク・マネジメントのアウトカムの二つの側面から捉えている。前者は、ネットワークのアクター間の協力的相互調整と政府組織によるネットワーク間の調整から成り立つ統治形態のことを指す。後者は、ネットワーク・マネジメントの範囲をアクター間、ネットワーク内、ネットワーク間とし、アクターレベルではアクター間の行動や利益を、ネットワーク間レベルではネットワーク間の利益を調整することである。また、ネットワークが複数含まれ

るレベルではネットワーク間の資源の割当てや調整、そしてネットワーク全体として公共利益の確保を図るようなマネジメントが必要になるとしている。

このようなネットワーク・マネジメントを行う上で、ネットワークに参加するメンバー間の共通利益の確保を示す目標の設定が重要である。この点について、外川（2011）はネットワークを構成する多様な諸アクターはもともと多様な諸目標を有するのが一般的であり、ネットワークにおける相互作用プロセスは一様で明確な諸目標によって先導されることはあり得ず、相互作業のプロセスの間で交渉され創造される「目標追及過程」であるとする。つまり、各アクターは相互作用のプロセスを通して各自の利益・選好・認識に適合する諸要素を見出し、諸資源の交換と結合によってネットワーク構成員に共通する目標へと創造していく。つまり、ネットワーク型ガバナンスとは、ネットワーク構成員のそれぞれの目標が相互調整（相互作用プロセス）によって大まかな合意に収斂していくプロセスなのである。

ネットワーク・ガバナンス論は行政サービスを中心とした社会活動を対象としたものであり（Rhodes1997）、ネットワーク・マネジメントの面で多段階管理システムへの示唆は多い。しかし、多段階管理システムの管理対象である沿岸域環境が有する持続可能性に代表される環境問題の特殊性には対応していない。そこで、環境問題を対象として多様な主体が関わる環境マネジメントのガバナンスを捉える研究である環境ガバナンス論を取り上げる。

2-2.　環境ガバナンス論

松下・大野（2007）は、複雑化・多様化・重層化した環境問題に対処するためには、戦略的な観点から新たなガバナンスの必要性が高まっているとし、環境ガバナンスの考え方を提起した。松下らは、環境ガバナンスを「上（政府）からの統治と下（市民社会）からの自治を統合し、持続可能な社会の構築に向け、関係する主体がその多様性と多元性を生かしながら積極的に関与し、問題解決を図るプロセス」（松下・大野 2007 より引用）としている。すなわち、環境ガバナンス論は、政府による統治を中心とする伝統的ガバナン

スではなく、各アクター間の相互関係や相互作業を重視した現代的ガバナンスに基づくものである。多様な主体が関わることから、相反する、多様な利害関係を調整し、協力的な行動をとらせる継続的なプロセスが必要であるとしていることから、協働型ガバナンスとも呼ばれている。ここでネットワークという表現は使われていないものの、多様な主体の協働のプロセスである協働型ガバナンスは、ネットワーク・ガバナンスと同じ意味合いになる。

　また、松下（2007）は持続可能な社会の形成に向けた環境ガバナンスの戦略的なアプローチを考慮するうえで検討すべき課題として、次の三つを挙げている。第一は、持続可能性の公準（規範）を環境ガバナンスのプロセスと制度にどのように組み込むかである。持続可能性の内容は、環境ガバナンスが対象とする空間スケールと地域によって異なるものであるから、それぞれのスケールと地域に固有な持続可能性の指標を発見することが必要になる。第二は、関係する主体がその多様性と多元性を生かしながら積極的に関与し、問題解決を図るための民主主義的なプロセスである。これに関して、環境民主主義的な手続き、地方分権化、協働原則、ポリシーミックスの四つの要素が挙げられている。さらに、戦略的架橋や橋渡し型社会関係資本形成という概念によって、ステークホルダー間の協働関係の構築が説明されている。第三は、環境問題の持つ空間的な重層性に対処するガバナンス論である。環境問題は、ローカル、ナショナル、リージョナル、グローバルという異なるレベルの重層的ガバナンスを持つため、空間スケールごとのガバナンスを環境の視点で縦につなげていくことが必要で、異なる空間スケールとの有機的つながりを持った管理体系、すなわち複数の空間スケールをつなぐ重層的な組織や制度が必要とされている。

2-3.　両論が示唆するもの

　以上の両論の異同を比較しながら整理したうえで、沿岸域管理に参考となる要点を整理する。

　両論に共通するところは、第一に従来のガバナンスと新しいガバナンスを区別し、対象となる組織形態について、従来型のガバナンスでは中央集権的

なヒエラルキー型、新しいガバナンスでは水平的な関係の多様な構成員によるネットワーク型としていることである。つまり、ネットワーク組織とそのマネジメントが重要視されている。諸資源を分散的に保有する状態は沿岸域に当てはまることから、沿岸域管理においてもニュー・ガバナンスが該当し、管理組織にはネットワーク組織を想定すべきことが示唆される。

　第二に、ネットワーク組織を対象としたマネジメントの重要な要因として、ネットワークに関わる多様なステークホルダーやアクターの協働ならびに協働のプロセスを重視している。特に、環境ガバナンス論では協働のための概念装置（例えば戦略的架橋や共有知識の理論など）がいくつも開発されている。これは、沿岸域管理の仕組みにはネットワーク組織の協働のプロセスが組み込まれている必要があるということである。

　第三に、いずれも主体として政府が登場するが、政府は民間と対等の立場に置かれている。ネットワーク・ガバナンス論では明確にアクター間の水平的統合と表現しており、環境ガバナンス論ではその定義の中で上（政府）と下（民間）と表現しているものの、両者は対等立場にあることが論じられている。沿岸域管理にも政府（行政）が登場するが、国・都道府県・市町村の階層が登場することから、上下関係ではなく階層間の対等な役割分担を構想する必要がある。

　次に両論の違いを踏まえ、二つの重要な視点を提起する。第一は目標設定である。ネットワーク・ガバナンス論ではネットワークの構成員が多様であるがゆえに、目標も多様で多元的にならざるを得ないとし、そのため、設定される目標は全員一致の確たるものではなく、大雑把な合意のような性格のものになり、相互作用のプロセスの中で選好が変容することが期待されている。これに対し、環境ガバナンス論では対象が環境保全に限定されるために、環境の持続可能性という公準をいかに具体化するかが問題となっている。沿岸域管理は環境管理の意味合いも大きいことから、設定される目標の中に沿岸域環境の持続可能性という公準を織り込むことが求められる。そのうえで、相互作用のプロセスの中で個別活動の具体的な目標として落し込んでいくことが必要になるのである。

　第二は重層性である。ネットワーク・ガバナンス論では複数のネットワークの関係は関心の対象となるものの、そこに重層性は必ずしも登場しない。しかし、環境ガバナンス論では空間スケールの違いによるネットワークの重層性はガバナンスを考えるうえで重要な要素である。沿岸域管理においても、地先、市町村沿岸、都道府県海域、都道府県を超えた海域という異なる空間スケールで管理を捉えることが必要であることから、重層的ガバナンスは考慮すべき重要な事項となる。

　以上をまとめると、沿岸域管理をニュー・ガバナンスでとらえた場合、管理組織は政府も含めて沿岸域に関係する様々な対等の主体によって構成されるネットワーク組織であり、仕組みとしてそれを運営する協働のプロセスが必要となる。それには階層の異なる政府間あるいは政府と民間との間の対等な関係が不可欠である。さらに、共通の目標としての沿岸域環境の持続可能性という公準とその具体的な落し込み、異なる空間スケールをつなぐ組織や制度が重要となる。これらが、多段階管理システムにネットワーク・ガバナンスを適用するための五つの基準となる。

3.　多段階管理システムとネットワーク・ガバナンス
3-1.　ネットワーク・ガバナンスの五つの基準への適合

　前章で提案した沿岸域の多段階管理システムは、里海づくり、里海ネットワーク、沿岸域インフラの提供、都道府県連携という空間スケールごとの四つの活動から構成され、それぞれの活動が「地域挙げてのアプローチ」「支援型アプローチ」「全政府挙げてのアプローチ」によって連結されるというものである。このシステムにおける政府（行政）と地域住民等との間の役割分担を管理に関わる意思決定のレベルに合わせて整理したガバナンスの階層構造（前章の図8-3）に、管理主体の活動と主体間の役割分担を当てはめたのが前章の図8-4である。この図によって、沿岸管理のガバナンスを構成する主体間の相互関係である水平的連携（横の関係）と、階層の異なる主体間の垂直的連携（縦の関係）を説明することができる。以上の多段階管理システムに対して、ネットワーク・ガバナンスの五つの基準が適合するかどうか、

検討しよう。

　ネットワーク・ガバナンスの第一の基準はネットワーク組織である。ネットワーク組織は、関係する多様なアクターによって構成されるフラットな組織である。これは、沿岸域管理では様々な関係者が参加する管理組織として形成される協議会が該当する。著者は、すでに里海の管理組織がネットワーク組織であるとし、その特徴と運営原則について指摘した（日高 2016 の第10章）。また、里海ネットワークは文字通り里海のネットワークである。さらに、都道府県の段階でもほとんどの取り組みで様々な関係者が構成員となる協議会が設置される。このように、多段階管理システムではネットワーク組織が重要な存在であることは間違いなく、それが管理主体の協議会として具現化される。ただし、協議会を対象としたネットワーク組織の運営原則が明らかにされていないという問題がある。

　第二は協働のプロセスである。ネットワークを構成する様々なメンバーの協働するプロセスがシステムの中に構築されている必要がある。多段階管理システムでは、これを行政の縦割りの壁を貫く「全政府挙げてのアプローチ」、地域の関係者が集結する「地域挙げてのアプローチ」として、事例を踏まえて捉えている。

　第三は政府との対等性である。政府にもいくつかの階層があることから、国・都道府県・市町村と地域住民等がどのように連携するかが問題となる。多段階管理システムでは、それを前章の図 8-3 の役割分担によって捉えており、明確な役割分担と補完性のもとに対等に連携することが想定されている。

　第四は持続可能性の公準をいかに目標に組み込むかである。沿岸域における持続可能性が何を意味するかは、対象海域のスケールと地域によって異なる。しかし、持続可能性公準の目標を何らかの形で統合された目標として多段階管理システムの構成要件に組み込んでいるかどうか、さらにはこれを判断基準とした順応的な PDCA プロセスを有しているかどうかは、システムの運用要件として重要になる。

　第五は重層性である。環境マネジメントと同じく、異なるスケールの沿岸

域を重層的にマネジメントする組織と仕組みが求められる。多段階管理システムではそれを前章の図8-4で捉えており、これは主体間の役割分担を示すとともに、管理の重層性を達成するための仕組みとなっている。

　以上のことから、多段階管理システムの構成要件あるいは運用要件はネットワーク・ガバナンスの五つの基準に対応していると言うことができる。次に問題になるのは、実際の取り組みはどうかということである。

3-2.　ネットワーク・ガバナンスの評価項目

　五つの基準に対して実際の取り組みがどの程度適合しているのかを評価するために、分析の手順として次の四つの評価項目を設定した。すなわち、ネットワーク組織と協働のプロセスに対応する「横の連携」（水平的連携）、政府との対等性と重層性に対応する「縦の連携」（垂直的連携）、持続可能性公準の目標化に対応する「全体の統合」、縦と横の連携を促進する協働のプロセスに対応する「支援」である。五つの基準と四つの評価項目の対応は表9-1に示している。

　これは事例分析のしやすさを考慮したものである。例えば、各取り組みの内容を横の連携の視点から分析することで、ネットワーク組織の存在と協働のプロセスの有無が評価しやすくなる。五つの基準を含めた四つの評価項目の内容は表9-2に記載されている。

　以下では、これらの評価項目による分析フレームワークを使った予備的な事例分析を行い、このフレームワークの有効性と課題を検討する。事例は、

表9-1　ネットワーク・ガバナンスの五つの基準と評価項目の対応

	ネットワーク組織	協働のプロセス	政府との対等性	異なるスケールをつなぐ重層性	持続可能性公準の目的化
横の連携	○	○			
縦の連携	○	○	○		
全体の統合				○	○
支援		○			

出所：著者作成

表9-2　ネットワーク・ガバナンスとして評価するための評価項目

分析項目	ネットワーク・ガバナンスの基準との対応
横の連携	・地域における横の連携を構成するネットワーク組織はあるか？ ・政府における横の連携をなすネットワーク組織はあるか？
縦の連携	・里海、里海ネットワーク、沿岸域インフラというネットワーク組織になっているか？ ・国、都道府県、市町村、地域住民の縦のネットワーク組織になっているか？ ・政府との対等性はあるか？
全体の統合	・異なるスケールをつなぐ重層性をなしているか？ ・全体を統合する成果指標として持続可能性公準が組み入れられているか？
支援	・横の連携の促進する協働のプロセスはあるか？ ・縦の連携を促進する協働のプロセスはあるか？

出所：著者作成

沿岸域管理の先行的な取り組みであり、分析フレームワークによる検討に耐えうるだけの情報があるものの中から、多段階の空間の広がりに対応させるために、第四段階の事例としている大阪湾とチェサピーク湾を選定した。なお、大阪湾は第14章、チェサピーク湾は第15章で詳細を紹介する。

　分析の手順は次のとおりである。まず対象海域においてどのような活動が行われ、どのようなステークホルダーが関わっているかを整理したうえで、ステークホルダーが関心を持つ分野を文献等から調べた。次いで、多段階管理システムの構成を前章で整理した表8-1に基づいて評価した。最後に、各活動がネットワーク・ガバナンスの5つの条件を満たしているかどうかについて、表9-2を用いて評価した。

4.　予備的事例分析
4-1.　大阪湾の取り組み

　大阪湾における管理活動の多段階管理システムの評価は表9-3に示したとおりである。大阪湾では、国交省近畿地方整備局を事務局として、大阪府など6府県、大阪市などの4政令都市、関係2機関が参加した大阪湾再生推進会議が結成されており、この会議によって関係機関が所管する大阪湾関連の事業が大阪湾再生行動計画として体系的にまとめられている（2004年制定。

表9-3　大阪湾管理の多段階管理システムとしての評価

管理機能	管理の内容	管理主体
都道府県連携	・瀬戸内海環境保全特別措置法・基本計画による共通方針 ・大阪湾再生行動計画（第二期）	国（国交省） 大阪府、兵庫県
沿岸域インフラ	・大阪湾再生行動計画（第二期） ・瀬戸内法による府県計画 ・大阪港港湾計画 ・大阪湾沿岸海岸基本計画	大阪府、兵庫県
ネットワーク （里海、行政）	・大阪湾環境保全協議会による連携 ・大阪湾環境再生研究・国際人育成コンソーシアムによる企業連携 ・大阪湾見守りネットによる市民活動の連携	府県 市町村 企業、市民
里海	・コンブ等による水環境改善実験 ・御前浜水環境再生実証事業 ・尼崎西宮芦屋港海域環境再生モデル事業 ・その他アピールポイントで行われる里海づくり	府県 市町村 企業、市民

出所：著者作成

現在第二期）。また、瀬戸内法とこれに基づく基本計画が瀬戸内海全域に共通する環境保全の基本方針として定められ、これに従って兵庫県、大阪府、和歌山県、徳島県の府県計画が定められている。再生行動計画と瀬戸内法・基本計画は、大阪湾における国や府県を中心とする関連組織の連携による管理活動の基本的枠組みとなっている。そのもとで、様々な沿岸域インフラを提供する府県の計画が配置されている。また、大阪湾に面する1府2県17市3町で構成された大阪湾環境保全推進協議会によって行政間の連携が図られたり、大阪湾見守りネットのような民間組織による里海づくりの支援や連携活動が行われたり、といったように里海づくりのネットワーク化が図られている。さらに、再生行動計画のアピールポイント事業によって多数の市民参加型の活動が行われている。このように、大阪湾の沿岸域管理は多段階管理システムの要件を備えているとみられる。

　ネットワーク・ガバナンスとしての評価は表9-4に示したとおりである。横の連携は、行政間であるいは里海づくり間で積極的に進められているが、地域の関係者が参加して行う地域挙げてのアプローチは見られない。縦の連

表9-4　大阪湾管理のネットワーク・ガバナンスとしての評価

区分	基準
横の連携	・大阪湾再生推進会議のワーキング、ワーキングPTで組織を超えた検討を実施 ・民間の支援組織が、民間による活動をネットワーク ・地域挙げてのアプローチによる地域の関係者総がかりの取組みは欠如
縦の連携	・大阪湾再生推進会議による再生プロジェクトによって、国（国交省）、府県、主要市、民間の統合は達成
全体の統合	・大阪湾再生行動計画が大阪湾の理想像、三つの目標と指標を提起 ・大阪湾再生行動計画が目標と主な施策ごとに成果指標を決め、PDCAを実施 ・瀬戸内法府県計画が施策ごとに成果指標を設定
支援	・大阪湾環境再生研究・国際人育成コンソーシアム、大阪湾見守りネットによる民間活動の支援

出所：著者作成

　携は、再生行動計画によって国、府県、市町、民間の間の連携が構築され、重層性も考慮されているように思われる。全体の統合については、再生行動計画によって大阪湾の理想像と基本施策が示され、各施策に設定された評価指標による事業評価が5年ごとに行われており、PDCAサイクルも整備されている。支援は、企業や研究機関による海洋開発研究を支援するコンソーシアムや市民活動による里海づくりを支援する大阪湾見守りネットによる支援体制が整っている。

　以上のように、両評価基準ともに大まかにはクリアするのだが、次のような問題を抱えている。第一は、里海と里海ネットワークである。里海づくりの活動は多いものの市民参加の体験活動が中心で、里海の生物多様性を高めるようなものは少ない。さらに里海ネットワークとはいっても活動の連携だけであり、生態・社会・物質循環をカバーしたネットワークが形成されているわけではない。第二は、大阪湾の目標と評価指標ならびに持続可能性公準との関係である。再生行動計画では大阪湾の全体目標と目標要素が設定され、目標要素ごとに評価指標が設けられている。しかし、評価指標と目標要素、さらに全体目標の関係性が弱く、持続可能性公準ともつながっていない。再生行動計画は、生物環境面だけでなく、人と海との関わりや空間ネットワーク及び人的ネットワークの充実・強化をうたっており、この点の改善

が望まれる。

　以上については、第14章でさらに詳しくみることにする。

4-2. チェサピーク湾

　チェサピーク湾は北アメリカ東部にあり、6州1特別区を沿海に持つ巨大な内湾である。当湾では、水質悪化や水産資源の減少に対応するために、関係州でチェサピーク湾の保全に関する協定を結び、共通の保護保全対策や振興施策を実施しており、都道府県（州・特別区）連携による広域な沿岸域の管理事例と見ることができる。チェサピーク湾における管理の評価結果は表9-5と表9-6に示したとおりである。

　多段階管理システムのうち、都道府県（州・特別区）連携については、これらの間で締結されたチェサピーク湾流域協定が基本の枠組みを提供している。この協定は、同湾の環境に関する10分野31項目について具体的な目標設定を行うもので、この協定を実現するための管理委員会が結成され、パートナーシップと順応的管理を特徴とする管理が実行されている。従って、協定で定められた事項に従って全州で共通に行う事業と、各州が独自に行う事

表9-5　チェサピーク湾管理の多段階管理システムとしての評価

管理機能	管理の内容	管理主体
都道府県連携 （州間連携）	・関係6州・1特別区によるチェサピーク湾流域協定	連邦政府 州政府 チェサピーク湾管理委員会
沿岸域 インフラ	・チェサピーク湾流域協定に基づく管理 ・州独自のプログラムによる管理	州政府 カウンティ 自治体
ネットワーク （里海、行政）	(不明)	
里海	・流域連携支援組織によって支援された活動 ・チェサピーク・大西洋沿岸トラスト基金に支援された活動 ・チェサピーク湾基金による支援活動	市民、NPO、企業

出所：著者作成

表9-6　チェサピーク湾管理のネットワーク・ガバナンスとしての評価

区分	基準
横の統合	・州間の統合は、チェサピーク湾流域協定によって達成 ・行政による縦割りはチェサピーク湾管理委員会の重複就任によって解決 ・地域コミュニティによる漁業、農業との連携（地域支援型漁業など） ・地域間の連携については不明
縦の統合	・チェサピーク湾管理委員会の中で、連邦政府、州政府、自治体、利用者が組織化 ・チェピーク・大西洋沿岸トラスト基金により州政府・カウンティ・自治体が連携
全体の統合	・関係州によるチェサピーク湾流域協定で、目標と指標を具体的に設定 ・管理組織としてチェサピーク湾管理委員会と州ごとの管理委員会
支援	・コミュニケーションワークグループ、諮問委員会（市民、地方政府、科学技術） ・流域連携支援組織による民間活動の支援 ・二つの基金による民間活動の支援

出所：著者作成

業とに分かれて、環境保全や資源回復を目的とした沿岸域インフラ提供のための様々な事業が行われている。市民による環境の保全や創造、あるいは環境に配慮した農業や漁業に関して、技術的な指導や金融支援を行う中間支援組織が存在しており、市民活動が活発に行われている。ただし、ネットワークについては不明である。

　ネットワーク・ガバナンスについては、横の連携、縦の連携ともにチェサピーク湾流域協定と管理委員会によって達成されている。特に、チェサピーク湾流域協定による州間の連携、管理委員会による所属団体の壁を超えた柔軟な組織編制は、チェサピーク湾管理の特徴を成すものである。全体の統合については、協定で定められた項目の管理ではPDCA管理が細かく行われており、順応的管理として評価できるものである。しかし、全体の目標が持続可能性公準と結びついておらず、単に項目ごとの達成目標で終わっており、個別目標が達成されても全体目標につながるかどうか、さらに持続的なものになるかどうかは不明である。支援については、市民活動を技術と金融面から支援する組織体制は整っている。

　以上の内容については、第15章で詳しく紹介する。

5.　結論と考察

　沿岸域管理に関わる多様な個別制度や里海づくりのような先行する取り組みを前提に、第8章で多様な仕組みを組み合わせる方法として多段階管理システムを提案した。本章では、それを緩やかに束ねる方法としてネットワーク・ガバナンスの考え方の適用について検討した。

　ネットワーク・ガバナンスの先行研究によると、行政サービスをはじめいろいろな分野で従来型のオールド・ガバナンスからネットワークに基づくニュー・ガバナンス（ネットワーク・ガバナンス）に移行している。それは、従来型のように政府が一元的に統治するよりも、資源を分散保有する主体がネットワークを構成して対応する方が効率的であるからである。これと環境ガバナンスに関する先行研究の成果とを合わせて、ネットワーク・ガバナンスが有効に機能するための基準条件として、①ネットワーク組織、②協働のプロセス、③政府との対等な関係、④持続可能性公準の目標化、⑤重層性を貫く組織や仕組み、の五つを抽出した。これらのうち、①〜③は多段階管理システムが構築されるための構成要件として、④〜⑤はシステムの運用要件として対応している。これらのことから、多段階管理システムはネットワーク・ガバナンスの要件を備えた仕組みであるということができる。

　実際の取り組みがこれらの基準にどこまで対応しているのかを確認するため、多段階管理システムを評価する基準とネットワーク・ガバナンスを評価する基準の二つを使った評価表を作成し、多段階管理のうち4段階である大阪湾とチェサピーク湾を対象に予備的事例分析を行った。その結果、二つの評価表を用いて管理の取り組みを評価することによって、各事例の優れている点と問題点を見出すことが可能であることがわかった。大阪湾とチェサピーク湾では都道府県（州・特別区）の間の連携と分担が全く異なった方法で進められており、広域の沿岸域管理を考える際の連携の方法について大きな示唆があった。また、問題点は共通しており、里海づくりと里海ネットワークが生態・社会・物質循環のネットワークをカバーしているかどうか、全体の統合で必要な持続可能性公準の組み込みがあるかどうか、という二つの点である。これは評価基準がこれらを評価できるような内容になっていな

いという問題と、取り組み自体が基準に適う内容になっていないという問題がある（あるいはその両方）。これらについては、評価が可能なように評価基準を改善すること、さらに深い事例分析を行って取り組みの内容を見極めることが必要である。

　システム全体としてみると、多段階管理システムは個別事例の分析を通して帰納的に抽出した要素をネットワーク・ガバナンスの理論で補強した規範モデルである。それゆえ、規範と現実を比較することで、実際の取り組みの評価とそれに基づく改善を行うことが可能になる。今後、このシステムの有効性を高めるには、実際の取り組みに対するより幅広く深い分析を行って管理の詳細を明らかにするとともに、社会的実装とアクション・リサーチによって実証実験を繰り返してシステムを改善することが求められる。つまり、研究と社会との連携による超学際的な研究が必要となる。

引用・参考文献

Cullinan, C. (2006). "Integrated coastal management law; Establishing and strengthening national legal frameworks for integrated coastal management." Rome. Food and Agriculture Organization of the United Nations

Goldsmith S., Eggers W. D.，（城山 英明, 高木 聡一郎, 奥村 裕一訳）（2006）『ネットワークによるガバナンス―公共セクターの新しいかたち』、学陽書房

Rhodes, R. A. W. (1997). "Understanding Governance: Policy Networks, Governance, Reflexivity and Accountability". Open University Press.

落合洋人（2008）「ネットワーク・マネジメントを基礎としたガバナンス概念の構築に向けて―ロッド・ローズのガバナンス論の批判的考察から」、同志社政策科学研究、10 巻 1 号、pp.167-180

外川伸一（2011）「ネットワーク型ガバナンスとネットワーク形態の NPM：病院 PFI をケース・スタディとして」、社会科学研究、第 31 号、pp.47-88

日高健（2016）『里海と沿岸域管理―里海をマネジメントする』、農林統計協会

ベビア M.（野田牧人訳）（2013）『ガバナンスとは何か』、NTT 出版

松下和夫・大野智彦（2007）「環境ガバナンス論の新展開」、松下和夫編著『環境ガバナンス論』、京都大学出版会、pp.3-31

松下和夫（2007）「環境ガバナンス論の到達点と課題」、松下和夫編著『環境ガバナンス論』、京都大学出版会、pp.275-289

娄小波（2018）「沿岸域における「コモンズ」の劣化と再生―宮城県漁協戸倉出張所による漁場利用適正化の取組を事例として―」、平成 30 年度日本沿岸域学会研究討論会プログラム

第Ⅲ部　事例分析

第10章　多様な関係者をどうやって巻き込むか
―明石市の事例―

1. はじめに

　里海マネジメント、特に里海づくりにおいては地域の多様な利害関係者を巻き込んで環境保全や資源管理のルールを作り、それを実践することが重要である。前著（日高 2016）では複数の事例で管理主体を中心にそれを見てきた。そして、地域の関係者が幅広く参加して里海づくりを行うことを「地域挙げてのアプローチ」と称した。しかし、直接の関係者はともかく、間接的な関係者や一般市民がどのようにして里海づくりに関わるのかについて、特に漁業権漁業が関わっている場合にどうするのかについての検討は十分ではなかった。

　共同漁業権漁場の管理は、漁村共同体による地先海面の資源や環境の管理であり、里海の原型と見なされるものである。しかし、沿岸の利用形態や漁村の変化といった社会環境の変化によって従来の漁業権管理だけでは適切に地先の管理ができなくなっている。これに対し、この章で取り上げる明石市沿岸の事例は、共同漁業権漁場においてその対象種であるマダコ（*Octopus sinensis*）を対象に漁業者と遊漁者ならびに多様な関係者によって実践されたタコ釣りのルール化の取り組みである。これはまさに里海の原型である共同漁業権漁場の管理が現在の状況に対応して変化している事例である。

　そこでこの章では、明石市沿岸の取り組みを対象事例として、多様な関係者が参加して沿岸域利用のルール作りを行うための要件を解明するため、ルールの形成要因を抽出し、要因間の因果関係ならびに利害関係者間の関係を明らかにする。

2.　分析の手順

　まず、明石市沿岸におけるタコ釣りのルール化に関する経過について、漁業と遊漁や海洋性レクリエーションとの利用調整を解決するための兵庫県瀬戸内海区漁業調整委員会（以下、調整委員会）の下部機関である兵庫県海面利用協議会[1]（以下、海面利用協議会）に出席（2015〜2018 年に延べ 6 回開催、筆者は委員として出席）するとともに、関係資料を収集した。また、2019 年 3 月に兵庫県水産課の担当者、明石市農水産課の担当者、明石浦漁協の組合長、日本釣振興会近畿地区支部長・事務局長に対し、面接による聞き取り調査を行った。2020 年 8 月には兵庫県水産課の担当者の聞き取りをした。

　以上の資料を使って、まずルール化のプロセスを整理分析した。次いで、2019 年 3 月に兵庫県水産課の担当者 2 名、筆者の研究室に所属する大学院生 1 名ならびに筆者の 4 名で KJ 法により明石市沿岸におけるタコ釣りの問題とルール化に関する要因を抽出した[2]。KJ 法の A 型図解については、先の 4 名で要因間の因果関係（どの要因がどの要因に影響を与えるか）を判定し、その結果を因果関係表としてまとめたうえで、それに基づいて因果関係図（因果ループ図）を作成した。また、ルール化に関わった利害関係者（組織）のリストアップを行い、利害関係者間の関係（どの利害関係者がどの利害関係者と関係を持っているか）を判定し、利害関係者の関係図を作成した。最後に、因果関係図と利害関係者の関係図を使ってタコ釣りのルール形成を行うための要件について検討した。

　この研究では、利害関係者がルール形成に関わる様々な要因をどのように認識して行動するのかを明らかにしたいため、質的研究法が有効であると考え、KJ 法による要因の抽出と因果関係図ならびに利害関係者の関係図を採用した。特に、因果関係図はシステム思考に基づくメンタルモデルとして作成されるもので（Jones et al. 2011）、海洋プラスティック問題（Phelan et al. 2020）や大村湾の管理（Uehara et al. 2018）といった環境管理への適用例も報告されている。メンタルモデルとは人が外部のことをどう認識しているかを捉えるもので、ここでいう因果関係は関係者による原因と結果に対する認識を示す。そして、多様な要因間の因果関係を全体として重ね合わせること

で、問題の全体構造を定性的に捉え、解決のポイントを探るものである。

3.　タコ釣りルール化の過程
（1）ルール化のきっかけ

　明石市の沿岸で漁獲されるマダコは古くから存在する地域特産品であり、「明石ダコ」として知られている。明石ダコは様々な料理の素材となるほか、沿岸浅所に生息して容易に釣ることができることから、遊漁の対象としても親しまれている。このため、明石市沿岸では多くの遊漁者が訪れ、プレジャーボートや遊漁船を利用して明石ダコを釣獲している。マダコは、明石市沿岸においては第 1 種共同漁業権の対象魚種である。漁業権者は 7 漁協であり、うち明石市の 5 漁協が明石市漁業組合連合会（以下、明石市漁連）を形成している。漁業権漁場内では同漁協の組合員による排他的な営業権のほか、資源保護と漁場秩序維持のための体長制限、漁期制限、保護区域といった様々なルールが定められている。しかし、1980 年代頃から遊漁者の数が増え、釣獲量が増えるにつれ、資源減少の危惧と海上衝突の危険性が増していた。マダコ資源と漁場の安全を守ろうとする漁業者は、遊漁者を排除あるいは釣獲を制限しようとしたのだが、有効な手立てを講じることができずにいた。

　一方、兵庫県における漁業と遊漁との調整に関して、有効な解決手段の適用を阻害する要因として兵庫県漁業調整規則第 45 条第 2 項の問題があった。同条は遊漁者が行うことのできる水産生物の採捕手段を規定するものであり、第 2 項で動力船による採捕が禁止されていた。海上での動力船による遊漁が一般的になっている現在、この条文は完全に死に体化していたのだが、この規定を削除した場合の遊漁の増加を恐れる漁業関係者の反対によって、規則改正ができない状態が続いていた。兵庫県で遊漁問題の解決を図ろうとすると、必ずこの問題に突き当たった。兵庫県はこの件について水産庁に規則改正に関する事前相談を行っており、遊漁管理の具体的な対策が求められていた。

　この状況が 2014 年に規則改正と遊漁管理の導入に動くようになった。こ

れは、この年に明石市沿岸のマダコの資源量が豊富で遊漁船が増加したことによって海上でのトラブルが頻発し漁業者に問題解決の要求が高まったこと、水産庁との事前協議で兵庫県が検討してきた遊漁管理の方策が認められたことによる。このように、明石市沿岸におけるタコ釣りルール化は、兵庫県水産課のリードのもとに始まったのである。

　タコ釣りルール化に着手するにあたって、調整委員会で承認された兵庫県の方針は下記のとおりである（2014年度第2回兵庫県海面利用協議会資料）。

　①漁業と遊漁の協調を進めるためのマナーの啓発に加え、必要なルールを定める。

　②具体的な問題点を整理し、制限することとしないことを明確に示すことで、実効性のある漁業と遊漁の調整を図る。

　③調整に際しては、関係者の合意を旨とするだけでなく、外部の意見も広く求めるとともに積極的な広報に努め、社会的認知度を高めることを目指す。

　④調整に協力できない者には、規則に加え、漁業法第67条で規定された漁業調整委員会指示の活用などにより、罰則の適用も辞さない毅然とした態度で臨む。

　また、ルールの内容については、家島坊勢で遊漁権の有無と協力金の是非をめぐって争われた裁判結果（日高2016の第7章参照のこと）に鑑み、漁業者主導で地域ルールとして形成することも了解された。

　これと並行して、兵庫県水産課は2015年2月に大阪市で開催されたフィッシングショーに参加し、漁業者による資源管理の取り組みに関する展示を行った。その際に、遊漁に関するルールや現在海面で発生しているトラブルなどについても紹介したうえ、一般市民を対象にしたアンケートを実施した。アンケートの結果は図10-1に示したとおりで、漁業者による自主的な取り組みに対する規制や漁場でのトラブル防止対策に対して好意的な意見が寄せられた。兵庫県水産課によると、このような一般市民による資源管理への理解と協力の反応はタコ釣りのルール化に対する社会的な理解が得られるとの期待を生み、ルール化に取り組むきっかけとなったとのことである。

図 10-1　フィッシングショーでの来訪者アンケート結果

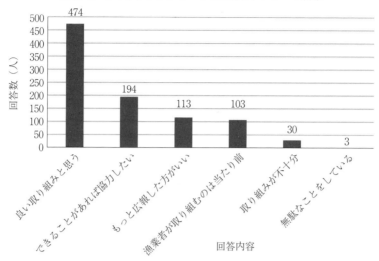

出所：兵庫県水産課資料より引用

注：兵庫県水産課が 2015 年 2 月に大阪市で開催されたフィッシングショーにおいて来訪者にアンケート
　　用紙を配布して記入してもらう方式で行った。全回答者数 598 名。

(2) ルール化のプロセス

　タコ釣りのルール化は、規則改正に関する水産庁との事前協議が整った
2014 年より始まった。まず、2014 年 10 月の調整委員会で兵庫県水産課から
規則改正と遊漁対策に関する協議が発議され、本格的な対策が検討されるこ
ととなった。そして、2014 年 11 月には調整委員会の下部機関として海面利
用協議会が設置され、関係者間の意見調整とルール内容等の承認の場として
機能することになった。海面利用協議会は、漁業代表 3 名（林崎漁協、浜坂
漁協、兵庫県漁業協同組合連合会）、遊漁船代表 1 名（阪神釣船業協同組合）、遊
漁者代表 2 名（兵庫県釣連盟、日本釣振興会）、海洋レジャー代表 1 名（日本マ
リーナビーチ協会）、学識 1 名（大学教授）、公益 2 名（第 5 管区海上保安本部、
コープこうべ、後に兵庫県栄養士会）の計 10 名で構成されている。この協議会
は、ルールが定着する 2018 年まで延べ 6 回開催された。

　具体的なルールの原案については、兵庫県水産課の提案に基づき、明石市
漁連で検討が行われた。そして、原案に基づいて漁業代表、遊漁団体代表、

兵庫県水産課、明石市農水産課の間で協議（延べ7回）が繰り返され、2016年5月には合意に達した。ルール案は、5月に明石市漁連の組合長会議、翌6月には海面利用協議会、調整委員会での承認を得た後、明石市漁連会長と公益財団法人日本釣振興会会長の間で締結された「明石市地先におけるタコ釣り等に係る漁場利用規程」（2016年6月14日）として確定した。なお、兵庫県水産課は、当初沿岸漁場整備開発法による漁場利用協定（同法第24〜第26条）とすることを検討したが、この協定では当事者が締結者に限定されるため、規程の内容が締結者以外の幅広い当事者に及ぶように、同法を準用した利用規程とした。

　このルールは2016年7月の海の記念日に施行され、海上で関係機関による一斉指導が行われた。また、ルールの周知を図るために、行政によるマスコミへの広報やイベントでの呼びかけ、遊漁団体によるルールを紹介したチラシの配布、漁業者による海上での指導活動などが行われた。その後、関係団体との協議を重ねながら、ルールの周知と改善が継続的に図られている。

(3) 新ルールの内容

　新ルールの対象範囲となったのは、図10-2に示した明石市沿岸に設定された第1種共同漁業権の漁場内である。タコ釣りルール化の対象であるマダコは第1種共同漁業権の対象種として指定されており、漁業者（漁業権者である漁協の組合員）はこの範囲内において排他的にマダコ漁業を営むことができる。従来のルールであれば、遊漁者は漁業権者が受忍する範囲でしか対象種を採捕することができない。つまり、漁業権者が拒否すれば採捕できないことになっており、漁業権者は拒否の姿勢を示していた。

　これに対して、新ルールでは、遊漁者がマダコを採捕できる期間は海の日と11月1日から5月31日までの期間とする期間制限、体重100グラム以下のマダコは採捕できないとするサイズ制限、釣獲量を1人当たり10匹までとする漁獲量制限が定められた（2019年4月現在）。さらに、対象漁場内に設定された稚魚育成場では、漁業者も含め水産動植物の採捕が禁止された。

　なお、動力船による遊漁を禁止していた兵庫県漁業調整規則第45条第2

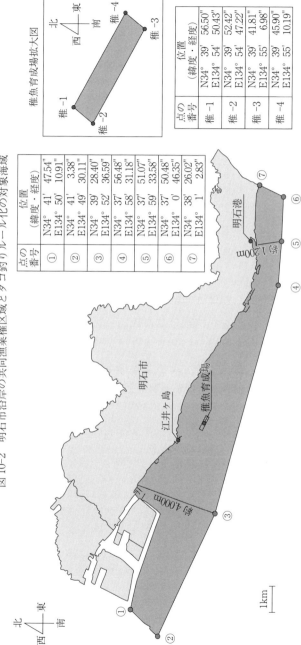

稚魚育成場拡大図

点の番号	位置（緯度・経度）	
稚-1	N34° 39'	56.50"
	E134° 54'	50.43"
稚-2	N34° 39'	52.42"
	E134° 54'	47.22"
稚-3	N34° 39'	41.81"
	E134° 55'	6.98"
稚-4	N34° 39'	45.90"
	E134° 55'	10.19"

点の番号	位置（緯度・経度）	
①	N34° 41'	47.54"
	E134° 50'	10.91"
②	N34° 41'	3.38"
	E134° 49'	30.11"
③	N34° 39'	28.40"
	E134° 52'	36.59"
④	N34° 37'	56.48"
	E134° 58'	31.18"
⑤	N34° 37'	51.07"
	E134° 59'	33.58"
⑥	N34° 37'	50.48"
	E134° 0'	46.35"
⑦	N34° 38'	26.02"
	E134° 1'	2.83"

図10-2　明石市沿岸の共同漁業権区域とタコ釣りルール化の対象海域

出所：明石市漁業組合連合会　配布チラシより引用
注：緯度経度の表示は、世界測地系による。単位は、秒単位
　　なお、表示の緯度経度は、利用する機器により誤差があります

項は、タコ釣りのルール化と並行して進められた調整規則の改正（2016年）によって、動力船による遊漁を認めるように修正された。

(4) ルール化の主な関係者の対応

兵庫県水産課のほかに新ルールの形成に直接関わったのは、明石市漁連、日本釣振興会近畿地区支部、明石市農水産課である。各々の対応は以下のとおりである。

明石浦漁協（明石市漁連）

当漁協では早くからマダコ資源の減少と海上衝突事故の発生を問題視し、2000年代中ごろからは明石市漁連により遊漁者（遊漁船）への漁業権告知のビラ配りを行っていた。漁業権を根拠とするマダコの遊漁制限や排除について、海上保安部に協力を依頼していたが、漁業権による規制の周知不足等を理由に対応を断られていた。

タコ釣りの新ルールづくりは兵庫県水産課から提案された。まず明石市漁連の組合長会議で方針と内容が決定された後、各漁協で組合員への説明と説得が行われた。組合員からは完全排除ではなく限定的な利用を認めることに対して反発があったが、今より悪くなることはない、悪くなったら元に戻すという意見が出て新ルールへの合意が進み、2016年6月の明石市漁連の総代会で承認された。

新ルール決定後は、各漁協の代表よりなる明石市漁場管理委員会が各漁協2〜3人の監視員と監視船を出し、定期的な遊漁者へのビラ配布と海の記念日の一斉監視を行っている。新ルールができてからは海上保安部の協力が得られるようになり、指導巡回を実施してもらっている。漁協では、新ルールが浸透し始め、遊漁船数が減少したと評価している。

日本釣振興会近畿地区支部（遊漁団体）

当団体は、これまで保全活動として海底清掃の実施、クロダイの放流などを行っていた。兵庫県水産課とは、フィッシングショーを通して協力関係を築いており、漁協とは年に1〜2回の話合いの場を設けている。水産庁の釣人専門官ともコミュニケーションをとっている。地理的には兵庫県支部が近

いが、兵庫では大手釣り具メーカーが中心であることから、交渉は大阪府支部が主体になっている。

2015 年に兵庫県水産課、明石市農水産課、明石市漁連より新ルールづくりを提案され、関係者の間で協議が行われた。当団体でも大量にタコを漁獲する遊漁者が問題視されていた。漁業権内での遊漁を認めるという提案に当初は驚いたが、ルール作りに協力し、利用規程の承認に至った。会員からはルール化に反対の声がある一方、資源を守るために厳しい規制が必要だという声も強く、漁協には規程の強化を申し入れている。会員には漁場のポイントを GPS に入れるように要請している。また、新ルールの普及のために、説明チラシを大型釣具チェーンの本部を通して大阪から姫路の釣具小売店約 100 店舗に配布した。さらに、マリーナに係留していないプレジャーボートへの啓蒙のため、釣具店に普及指導を依頼している。ほとんどの釣具店は協力的である。本支部では、タコの重量制限や尾数制限がどう守られるかが課題で、監視が必要と考えている。

明石市農水産課

明石市では、明石ダコは重要な地域資源であるという認識から、資源保護と漁獲量増加のための漁業振興策を講じてきた。一方、タコ釣り遊漁船の増加に対して、漁船との事故発生も危惧されていた。しかし、漁協が漁業権者であることからどこまで市が管理に関わっていいのかという疑問があり、行動できずにいた。

2015 年に兵庫県水産課からルール作りの提案があり、遊漁者にも協力的な人がいるということから新ルールの形成に協力することとした。その際、ルール作りの視点は漁業者主導であることを重視した。組合長会議で合意した新ルールに関しては、メディアへの広報依頼とともに、釣具店に対してビラ配布への協力依頼も行った。このような周知活動は兵庫県水産課の主導で行われ、市が協力するという形がとられた。

また、タコ資源の増加のために、市の予算を使って産卵用タコツボの投入を行っている。さらに 2018 年度からはふるさと納税（寄付金の用途としてタコツボ事業を設定）を利用して投入量を増やす取り組みを始めた。2019 年度

には漁協事業分とあわせて年間 6,800 個のタコツボを投入した。このほか、2010 年度から 3 年間、子持ちのタコを買い取って再放流する事業（漁業者が漁獲した子持ちダコを放流し、放流分の漁獲金額を市が補償するもの）を行った。この再放流は、市事業の終了後も漁協独自で実施されている。

(5) 新ルールの周知活動と効果

　タコ釣りの新ルールは、①リーフレットの配布、②ホームページへの掲載、③海上での指導の三つの方法によって関係者への周知が図られた。リーフレットは、漁協、兵庫県水産課、明石市農水産課、日本釣振興会がそれぞれの関係先へ配布している。特に、兵庫・大阪地区の釣具店には日本釣振興会が 2016 年に 1,500 部、2017・2018 年には各 2,000 部を配布した。また、マリーナやボートパークに数百部が配布されたほか、フィッシングショーでは対面で 200 部が配られた。ホームページについては、兵庫県庁のホームページに開設されていた「遊漁のルールとマナー」でタコ釣りルールの紹介が行われた。海上指導では、禁漁期間中を中心に漁協の自警船による指導、兵庫県の漁業取締船による指導・取締り、海上保安部による指導・取締りが

図 10-3　明石市沿岸におけるマダコ漁獲量の推移

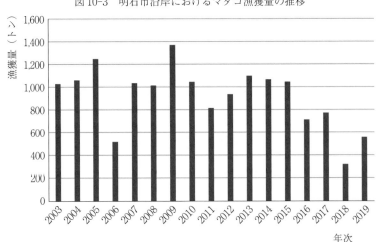

出所：明石市資料より作成。

行われた。また、五つの漁協の輪番で漁協自警船による指導が行われたが、海の記念日には全漁協による一斉指導も実施されている。2019 年には、兵庫県漁業取締船と海上保安部によって 12 名が検挙（禁止期間中の採捕、漁業権侵害）された。

　以上の啓蒙活動の結果、兵庫県水産課や漁協関係者は禁止期間中の採捕が大幅に減少し、海上での混雑と海上事故の恐れも減少したと評価している。資源量や漁獲量は、ルール以外の要因による影響が大きいために新ルールによる効果は不明であるが、図 10-3 のように 2018 年をボトムとして回復傾向にあるとされている。なお、2020 年春シーズンは前年の 2 倍の漁獲量との新聞報道がされている（日本経済新聞 2020 年 6 月 27 日）。

4.　ルール化に関わる要因の抽出と因果関係の検討

　KJ 法を使用してまとめたタコ釣りのルール化に影響を与える要因と要因間の因果関係は、表 10-1 に示したとおりである。それに基づいて作成した因果関係図（因果ループ図）を図 10-4 に示した。この因果関係図において、三つ以上の要因が矢印によって順に結ばれたループが形成されるとき、フィードバックが存在するとみなされる。負の矢印が偶数（0 を含む）であるとき、そのループは自己強化型のフィードバックで成長や増幅を生み、奇数の時はバランス型のフィードバックで欠陥を修正して目標達成に向かう（ストロー 2018、pp.261-265）

　漁業者ならびに漁協がタコ釣りに関して最も関心を持っていたのが、乱獲によるマダコ資源量の減少と遊漁船との海上衝突事故の発生である。図 10-4 の中で、これらの要因から矢印を辿ると、大まかに三つのループ群を観察することができる。

　一つ目はマダコ資源管理に関するループである。これは、マダコ資源量→資源利用ルールの厳しさ→マダコ漁獲量→マダコ資源量というサブループ、マダコ資源量→漁船数／遊漁者数→マダコ漁獲量→マダコ資源量というサブループ、マダコ資源量→資源利用ルールの厳しさ→漁船数／遊漁者数→マダコ漁獲量→マダコ資源量のサブループという三つのサブループで形成され

表10-1　明石市沖のタコ釣りルール化に関する要因と要因間の因果関係

影響を与える要因（原因）＼影響を受ける要因（結果）	マスコミの関心	流通業者の関心	一般市民の関心	マダコ漁獲量	マダコ資源量	生育場造成量	資源利用ルールの厳しさ	遊漁者数	漁船数	海保の協力	海上衝突事故数	漁場ルールの厳しさ
マスコミの関心		+	+									
流通業者の関心			+									
一般市民の関心							+					
マダコ漁獲量		－			－							
マダコ資源量				+			－	+	+			
生育場造成量					+							
資源利用ルールの厳しさ				－		+		+	－			
遊漁者数											+	
漁船数											+	
海保の協力							+					+
海上衝突事故数										+		+
漁場ルールの厳しさ								－	－	+		

出所：著者作成

注：表側の影響を与える要因（原因）が表頭の影響を受ける要因（結果）に対してプラスの影響がある場合を＋、マイナスの場合を－とした。

図 10-4　タコ釣りルール形成要因の因果関係図（因果ループ図）

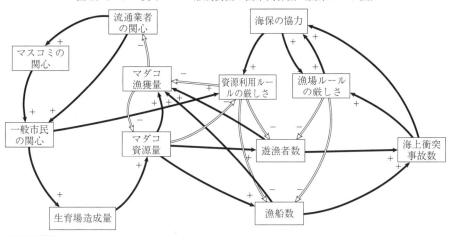

出所：筆者作成

注：矢印は因果関係の向きを示しており、矢の元が原因、先が結果を意味する。＋と実線は正の関係、－と点線は負の関係を
　　示す。ルール化については厳しくなる方を＋とした。因果関係図の作成には、VensimPLE を使用した。

る。これらは、マダコ資源量を起点として遊漁者数と漁船数の増減、マダコ
漁獲量の増減、資源利用のルール化の厳しさが関わってマダコ資源量の増減
を決めるというバランス型のフィードバックを構成する。

　二つ目はマダコ資源量への社会的関心のループである。これは、マダコ資
源量→マダコ漁獲量→流通業者の関心→マスコミの関心→一般市民の関心→
生育場造成量→マダコ資源量というループで、バランス型のフィードバック
を形成する。一般市民の関心は明石市の事業による生育場造成量の増加につ
ながるだけでなく、資源利用ルールの厳しさにもつながる。資源利用のルー
ル化は、漁業関係者や遊漁関係者の取り組みだけではなく、一般市民の関心
も関わっているということである。一つ目と二つ目のループは独立している
のだが、一般市民の関心を介して二つのループがつながっていると見ること
ができる。

　三つめは海上衝突事故に関するループである。これには海上衝突事故数→
漁場ルールの厳しさ→遊漁者数／漁船数→海上衝突事故数というサブループ
と、海上衝突事故数→海保の協力→漁場ルールの厳しさ→遊漁者数／漁船数

→海上衝突事故数というサブループ、それに海上衝突事故数→海保の協力→
資源利用ルールの厳しさ→遊漁者数／漁船数→海上衝突事故数というサブ
ループがある。いずれもバランス型のフィードバックである。海上衝突事故
の発生が増加すると、事故を防止するために海上保安部の協力が増加し、漁
場利用ルールの厳しさが増すことによって遊漁者数や漁船数が減少し、事故
の減少につながる。また、海上保安部の協力は資源利用ルールを厳しくする
方向に作用することから、一つ目のマダコ資源管理のループと連結する。つ
まり、海上事故防止のループは海上保安部の協力を介してマダコ資源管理の
ループとつながる。

　以上のようにマダコ資源量と海上衝突事故数を起点とした三つのループ群
による要因間の因果関係によって、タコ釣りのルール化に関わる要因の全体
構造が構成されていることがわかる。

　マダコ資源量を増やすためには、資源利用ルールを厳しくし、マダコ漁獲
量を減らさないといけないが、これには遊漁者数や漁船数も影響する。これ
は通常の資源管理の考え方である。一方、資源利用ルールは、マダコ漁獲量
から流通業者やマスコミの関心を経て一般市民の関心が影響する。つまり、
社会的関心の高い明石ダコの資源や漁獲量を守るためのルールに一般市民も
関心を持ち、ルール化の後押しをするということである。さらに一般市民の
関心は明石市による生育場造成を支持する。このようにマダコ資源量には一
般市民の関心が関与する。

　海上衝突事故を減らすためには漁場ルールを厳しくし、遊漁者数と漁船数
を減らさないといけない。そのために不可欠な海上保安部の協力は事故数の
増加だけではなく漁場ルールを厳しくすることによって得られる。さらにこ
れによってマダコ資源利用ルールが厳しくなると、マダコ資源量の増加につ
ながる。

　このように三つのループ群は、それぞれがフィードバックを形成している
だけでなく、一般市民の関心と海上保安部の協力によって連結されている。
それぞれが二つのループの橋渡し役となっており、これらがうまく機能する
ことで、最終的に三つのループが連結されることになる。このことから、海

上保安部の協力と一般市民の関心は「構造のツボ（Leverage Point）」（少ない変化でシステム全体が変わりうるポイントのこと。ストロー2018、p.229）とみなすことができる。

5.　関係者のつながり

　前項の要因間の関係を踏まえ、主な関係者ならびにインタビューの中で把握した関係者を対象に、これらのつながりを整理する。関係者のつながり方は、ルール化との関わりの深さによって、次の四つに分類することができる。ルール化の中心にいるのは海面の利用に直接関わる漁業者と遊漁者であり、これを一次関係者とする。次いで、それらをメンバーとする団体・グループである漁協や釣団体、あるいは一次関係者に直接関わる兵庫県水産課や明石市農水産課が二次関係者としてルール化に関わる。さらに、一次関係者には直接関わらずに二次関係者とつながり、さらには一般市民との関わりを持つ流通業者や飲食業者、市民団体が三次関係者として登場する。三次関係者は四次関係者である一般市民と関わりを持つ。ただし、四次関係者である一般市民は三次関係者を通してルール化に関わるが、遊漁者として一次関係者になる可能性を有している。兵庫県水産課や明石市農水産課、海上保安部、それに釣具店は一次関係者に関わると同時に、一般市民とも関わることになる。

　以上のような多様な関係者のつながりは、図10-5に示したように円形の層状構造で整理することができる。円の中心部に資源や漁場利用に直接関わる漁業者と遊漁者が一次関係者として配置される。新ルールの形成は、これらとその外側に配置される二次関係者の間の協議と合意形成によって進められた。しかし、ルールの普及に関しては三次関係者が重要な役割を持っており、主要な二次関係者だけでなく、生協や市民団体のような三次関係者が集まって情報を共有する海面利用協議会は重要な役割を持つことが確認できる（座間ほか2013）。海上保安部はこのメンバーとして海上衝突防止だけでなく資源利用ルールの監視や周知方法についても十分に理解が得られたことから、協力が得られるようになったと考えられる。その結果、2019年の漁業

図 10-5　明石市沿岸におけるタコ釣りルール化の関係者のつながり概念図

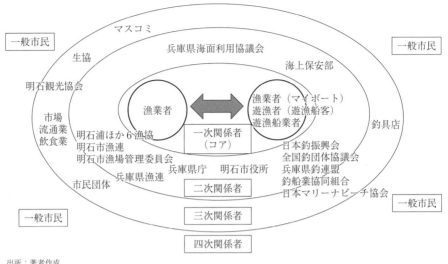

出所：著者作成

権侵害による検挙が行われ、ルールの実効化を生んでいる。これは前項の海上衝突事故とマダコ資源管理の二つのループがつながったことを意味する。

　一次・二次関係者のいわゆる当事者だけでルール作りをする事例は従前から多く見られ、水産庁が示したガイドラインでも遊漁者や遊漁船業者の組織化によって漁場利用調整を図るとされている（水産庁長官 2002）。しかし、明石市沿岸の事例の特徴は関係者が外側に拡がっていることである。つまり、二次関係者の多くは外側の三次関係者とのつながりがあり、これを通して四次関係者とのつながりが形成されている。例えば、漁協等は流通関係者や市民団体とのつながりがあり、それらによって消費者である一般市民に新ルールが紹介されている。遊漁に関する団体でも釣具店を通して顧客への周知が図られている。行政は二次関係者と合わせて三次関係者の性格も持ち、様々な活動を通して一般市民への PR が行われている。このような一般市民への働きかけは、フィッシングショーで示された資源利用のルール化への理解とふるさと納税によるマダコ生育場造成への寄付の増加につながっていると評価される。マダコ資源量への関心のループは、一般市民の関心の高まりに

よってマダコ資源管理に関するフィードバック・ループを強化する機能を果たしているとみることができる。

　以上のような関係者のつながりの形成を見ると、タコ釣りのルール化は当事者によって形成されただけではなく、要因間の因果関係に基づく様々な関係者による了解や協力によって強化され、実践されたものであるということができる。その点で、関係者とのつながりを広げて社会的合意形成を展開していった兵庫県水産課の役割を評価することができる。

6.　結論と考察

　この章では、里海マネジメントの最も基本的な要素である里海づくりにおいて、いかにして地域の様々な関係者を巻き込むかについて、検討してきた。

　明石市沿岸のマダコ資源と漁獲量は社会的な関心が高く、マダコ資源を保全し有効に利用するためのルールを形成することは社会的な要求でもあった。タコ釣りルール化の取り組みに関わる要因間の因果関係を見ると、マダコ資源量と海上衝突事故数という要因を起点として、マダコ資源の管理、マダコ資源量への社会的関心、海上衝突事故という三つのループ群があり、バランス型のフィードバックが形成されていた。これらのループをつなぐのは海上保安部の協力と一般市民の関心であり、これらは「構造のツボ」とみなされる。マダコ資源量と海上衝突事故数が目標の水準となるようにするには、三つのフィードバック・ループがそれぞれうまく回るように各要因をコントロールするとともに、三つのループが連動して動くように、これらをつなげる海上保安部の協力と一般市民の関心を高めることが重要であると推察される。

　ルール化の関係者を見ると、海面利用に直接関わる一次関係者とこれを構成員とする漁協や遊漁団体のような二次関係者の協議によってルールの内容が決められ、流通団体や市民団体のような三次関係者を通して一般市民に周知されている。一般市民の関心はルール化を後押しするとみられる。海面利用協議会は二次・三次関係者の主なものを集めた協議機関であり、海上保安

部はここを通して漁場ルールや資源利用ルールへの理解を深め、指導を厳しくしている。以上のことから、タコ釣りルールの内容を決めるのは一次・二次関係者であるが、そのルールを実行し、成果の挙がるものにするには、三次・四次関係者の協力が必要であるということができる。

　このように、多様な人たちが関わって沿岸域利用のルール形成を行う場合、ルール化に関係する要因間の因果関係による全体構造を明らかにし、フィードバック・ループを回すためにコントロールすべき要因と「構造のツボ」となる要因を検出することが重要である。

　課題は、まず本章では質的研究法を採用したため、問題の構造と重要な要因の抽出はできたものの、その要因をどのレベルにコントロールすればよいのかについては検討できなかったことである。これは今後の量的研究法による検討を待ちたい。次に、今回の事例が沿岸域利用のうち、特定の水産資源の利用を対象としたものであり、対象や利用が複雑になった場合に、今回得られた知見をどのように拡大するのかということである。考えられる対応としては、里海のモデルとされる備前市日生で見られるように、単純な対象と利用から始めて、次第に複雑にしていくことである。日生の取り組みの発展について、日高（2016）はアマモ増殖から漁場管理、沿岸域管理へという三段階で捉えている。最後に、一般市民による関心が資源利用ルールと生育場造成で重要性を持つことが示されたが、一般市民をどの範囲で把握すべきなのか（例えば地理的範囲なのか、あるいは関心の有無なのか）という点について、さらなる検討が必要である。

注

1) 海面利用協議会は、水産庁長官通達（6水振第1583号平成6年7月11日付け）に基づき、各都道府県が漁業と遊漁・海洋性レクリエーションとの調整のために必要に応じて設置するものである。行政によって遊漁等に関する制限が行われる場合、同協議会の意見を聞くことが求められる。
2) KJ法は川喜多（1967）によるもので、ブレーンストーミングによるキーワードの抽出とグループ化、A型図解という手順で分析を行うものである。

参考文献

Jones N. A., Ross H., Lynam T., Perez P. and Leitch A. (2011). "Mental models: an interdisciplinary synthesis of theory and methods". Ecology and Society 16(1): 46. http://www.ecologyandsociety.org/vol16/iss1/art46/

Phelan A., Ross H., Setianto N. A., Fielding K. and Pradipta L. (2020). "Ocean plastic crisis—mental models of plastic pollution from remote Indonesian coastal communities". PLoS ONE 15(7):e0236149. https://doi.org/10.1371/journal.

Uehara T. and Hidaka T. (2018). "Study of the contribution of sustainability indicators to the development of sustainable coastal zones - a systems approach". PeerJ Preprints | https://doi.org/10.7287/peerj.preprints.27240v1 | CC BY 4.0 Open Access |, publ: 27 Sep 2018

VensimPLE (Free Downloads) : https://vensim.com/free-download/.

川喜田二郎（1967）『発想法―創造性開発のために―』、中公新書

座間いずみ、沼田真也（2013）「地域内の複数事業者における同一海域利用に関する軋轢の回避―東京都過密島の漁業、遊漁、ダイビング事業を事例として―」、観光科学研究、6、pp.45-51

水産庁長官（2002）「海面における遊漁と漁業との調整について」、14 水管第 2968、平成 14 年 12 月 12 日付け
https://www.maff.go.jp/j/kokuji_tuti/tuti/t0000488.html　2021.9.28 閲覧

ストロー D. P.（小田理一郎監訳、中小路佳代子訳）（2018）『社会変革のためのシステム思考実践ガイド』、英治出版

センゲ P. M.（枝廣淳子・小田理一郎・中小路佳代子訳）（2012）『学習する組織―システム思考で未来を創造する』（第 1 版第 4 刷）、英治出版

日本経済新聞「明石ダコ高値一服」、2020 年 6 月 27 日付け

日高健（2016）『里海と沿岸域管理―里海をマネジメントする―』、農林統計協会

第11章　地域のデザインを広げる
―南三陸町の事例―

1. はじめに

　里海づくりは、それぞれの地先における自然や社会の状況に合わせて行われる。そのようにして形成された複数の里海がネットワーク化されることによって、より広い沿岸域が管理されるようになる。市町村の沿岸域はそのような里海づくりと里海ネットワークで管理されるというのが多段階管理システムの考え方である。その場合、ネットワーク化された里海を中心とした沿岸域は、その地域社会のあり方とも深く関わってくる。

　この章で取り上げる南三陸町は宮城県の東端の太平洋に面しており、町の中央部に志津川湾を抱えている。そのため、南三陸町と志津川湾とは切っても切れない関係にある。当然ながら、東日本大震災では極めて大きな被害を受けた。しかし、震災の被害からの復旧、復興をへて発展に至る道筋と町のあり方について町中で真剣に考えられ、そして実行に移されつつある。

　志津川湾を中心とした南三陸町の沿岸には三つの漁業地区があり、それぞれが管理団体となって漁業や養殖の管理を行っている。それは、南三陸町の沿岸に三つの里海が形成されているようなものである。南三陸町の沿岸域全体をうまく管理するためには、それぞれの里海がうまく管理されるだけでなく、三つの里海がうまく連携する必要がある。さらに、漁業だけでなく志津川湾を活用する漁業以外の様々な活動あるいは海域との相互関係がある陸域の活動との連携が必要になる。つまり、志津川湾の沿岸域管理は町全体のあり方と関わってくるのである。

　本章では、複数の漁業地区における漁業者による養殖の復旧・復興への取り組みが志津川湾全体の管理となり、森里海のつながりを考慮した南三陸町のまちづくりにまで拡大していく過程を追っていく。

2．地域の概要

(1) 地域の諸元

　志津川湾は、湾口幅 6.6km、面積 46.8km^2、湾内最大水深 54m の開放性内湾である。同湾はリアス式海岸における典型的な湾の形状であるとされる。湾奥には八幡川など複数の河川による陸水の流入があり、湾口からは外海水が流入し、両者によって湾内の水質環境が形成される。また、湾奥から湾口に向けて砂泥底が広がる一方、湾岸に沿って岩礁地帯も存在している。そのため、砂泥底ではアマモ場、岩礁地帯ではガラモ場やアラメ場といった多様な種類の藻場が発達している。さらに、寒水系と暖水系の海藻・海草が混在しているという特徴もある。このような藻場環境に基づき、後に紹介するラムサール条約湿地（藻場）の登録が行われる。

　南三陸町は、図 11-1 のようにこの志津川湾を取り囲むように形成されている。同町は 2005 年に湾奥と湾南岸にあった旧志津川町（志津川地区と戸倉地区）と湾北岸の湾口から湾外にかけてあった旧歌津町が合併してできた町であり、合併時の人口は 1 万 8,645 人、震災直前の 2010 年には 1 万 7,431 人

図 11-1　南三陸町と志津川湾の位置

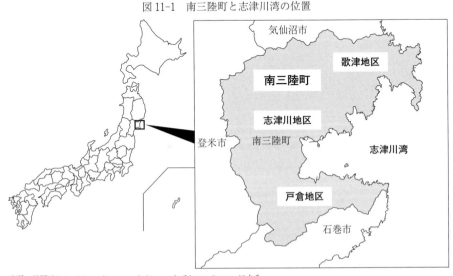

出所：地図は https://map-it.azurewebsites.net/ja/License#usage による。

であった。ピークの 1955 年には 2 万 5,398 人に達したが、その後は人口減少が続いている。

(2) 東日本大震災の被害

　志津川湾は東向きに太平洋に向かって開口しており、南三陸町の人口集中地区や行政の中心部は湾奥の海沿いにある。このため、これまで何度となく津波の被害を受けており、防潮堤ほか防災設備が整備されてきた。しかし、2011 年の大震災ではそれらを超える津波が発生し、多数の人命が失われるとともに、陸上の様々な施設が甚大な被害を受けた。同町における死者数は 695 名、家屋被害数 3,301 戸であった（いずれも 2011 年 8 月 31 日時点、南三陸町第 2 次総合計画、9 ページによる）。水産関係では海上の養殖施設、陸上の関連施設、多くの漁船が失われた。養殖施設は全て壊滅し、漁船は 2,194 隻のうち 132 隻しか残らなかったとされている（南三陸町農林水産課による）。それだけでなく、陸上からの瓦礫が海底に堆積するとともに、藻場や海底地形を始めとする海洋環境が破壊された。このため、漁業に関する復旧・復興は漁業養殖の施設だけではなく、漁場環境の回復も同時並行で行われた。

3.　漁業養殖業の復旧、復興、発展
(1) 漁業養殖生産の推移

　まず、南三陸町における漁業の概要と推移を把握する。表 11-1 に漁業経営体数等の推移を示した。いずれの項目も 1993 年以降継続的に減少した後、震災後の 2013 年に大きく減少し、2018 年にはある程度回復しているものの、震災前の 2008 年水準には達していない。ただし、最盛期の海上作業従事者だけは 2013 年に 2008 年を上回った後、2018 年になって 2008 年を下回る水準に減少している。

　南三陸町における主要魚介類の生産金額は表 11-2 のとおりである。ワカメを除くほとんどの魚種の生産金額が震災のあった 2011 年にゼロとなり、翌 2012 年から回復している。そして、全体金額では 4 年後の 2015 年に 2010 年を上回る水準になった。しかし、その回復度合いは魚種によって異

表 11-1　南三陸町における漁業経営体数等の推移

	漁業経営体数	船外機付船隻数	動力船	最盛期の海上作業従事者数（人）
1993	796	1,000	480	2,415
1998	691	919	425	1,856
2003	652	908	403	1,713
2008	628	916	391	1,365
2013	472	707	174	1,475
2018	505	791	265	1,203

出所：南三陸町統計書より作成

表 11-2　南三陸町における主要魚介類の生産金額の推移

（単位：百万円）

	ワカメ計	カキ（むき身）	ギンザケ	ホタテ	ウニ（殻付き）	アワビ	合計
2010	757,737	628,710	1,149,073	446,483	68,018	293,203	3,504,162
2011	497,999	0	0	0	0	28,493	588,723
2012	1,387,913	93,337	450,403	201,485	13,153	154,662	2,352,656
2013	649,935	127,765	870,465	304,538	156,632	279,414	2,468,806
2014	513,992	237,816	1,537,713	321,945	24,293	180,483	3,078,479
2015	1,557,385	210,521	1,268,075	390,617	34,934	204,487	4,187,575
2016	1,631,413	254,009	1,534,025	445,100	45,007	105,706	4,129,744
2017	1,861,313	373,807	1,658,053	464,147	50,464	93,622	4,800,699
2018	678,611	315,338	1,962,175	310,534	13,319	90,253	3,491,337

出所：南三陸町統計書より作成
注：上記の表は代表的な魚介類の生産金額を示しており、その計は表中の合計とは合わない。左側 4 魚種は養殖、右側 2 魚種は漁業によるものである。

なっている。最も回復の早かったのはワカメ養殖であり、震災の翌年には 2010 年の倍近い生産となっている。次いでギンザケ養殖も震災から 3 年後には 2010 年を上回り、その後も増加傾向にある。ホタテ養殖は 5 年後には 2010 年並みに回復している。カキ養殖は徐々に生産額を増やしているものの、2010 年の半分程度に留まっている。以上から、ワカメやギンザケの増

加は顕著であり、養殖生産構造に変化があったことがうかがえる。また、磯
漁業の漁獲物であるウニとアワビは 2 年後に大きな生産をあげたが、その後
は減少傾向にあり、震災による磯根漁場環境の変化が危惧されている。

(2)　志津川湾の地区別対応

　上記のように、志津川湾では震災前からカキ、ワカメ、ホタテ、ギンザ
ケ、ホヤの養殖が盛んに行われている。また、アワビ、ウニの磯漁業も活発
である。養殖は区画漁業権、磯漁業は共同漁業権に基づいて営まれるもので
あり、志津川湾における漁業権者は宮城県漁業協同組合（以下、宮城県漁協）
である。ただし、南三陸町には宮城県漁協の志津川支所、戸倉出張所、歌津
支所があり、支所・出張所（以下、合わせて支所）ごとに漁業権管理委員会と
運営委員会（支所の理事会）が設置され、漁業権の管理が行われている。

　共同漁業権と区画漁業権の配置は図 11-2 のとおりである。三つの支所に
よる管理区域は各地区の地先に設定された共同漁業権区域を基本としてお
り、その上に区画漁業権が配置されている。概ね、北側の湾口から湾外にか
けては歌津支所（図 11-2 の右図の漁場番号 108、213、214）、湾奥北側は志津川

図 11-2　南三陸町における漁業権の配置（左図：区画漁業権、右図：共同漁業権）

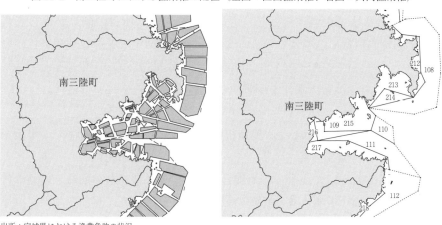

出所：宮城県における漁業免許の状況
　　　https://www.pref.miyagi.jp/uploaded/attachment/711282.pdf　2021.0818 参照
　　　https://www.pref.miyagi.jp/uploaded/attachment/711283.pdf　2021.0818 参照

支所（同109、215）、湾奥南側は戸倉出張所（同111、217）が行使と管理を行う漁業権区域となっている。つまり、志津川湾と言っても、三つの漁場に明確に分かれて、それぞれの漁業地区の漁業者組織によって行使と管理が行われるということである。これらが三つの里海に相当する。

　志津川湾で行われる養殖業に関して、震災前には過密養殖や投餌による海底環境の悪化、区域外の不適切使用などの問題があった。これらを改善するために宮城県漁協によって持続的養殖生産確保法に基づく漁場利用計画が策定され、問題解決に取り組んでいた矢先に、大震災が発生した。漁業養殖関係が壊滅とはいっても、三つの漁業地区によって程度が異なっていたことと、それぞれの地区の漁業者の考え方が異なっていたことから、復旧・復興も漁業地区によって異なる対応がとられた。

①戸倉地区

　最も被害が大きかった戸倉地区では、地域全体として水産庁の「がんばる養殖復興支援事業」を利用し、漁業者の共同体による復興計画が策定された。その中で、それまで問題となっていた養殖施設の密度や各戸の養殖台数、筏配置の見直しなどの漁場管理が厳しく行われるともに、漁場を管理維持するためのポイント制（経営体ごとの養殖規模をポイントで制限するもの）が導入された。これらが功を奏し、養殖施設数を震災前の3分の1に削減したにもかかわらず総生産は増加し、労働時間の短縮と所得の向上が得られた（五島2018）。戸倉出張所はこのようなカキ養殖に関する養殖管理適正化の取り組みに基づいて、ASC（Aquaculture Stewardship Council）認証を受け（川辺2019）、農林水産祭天皇杯を受賞するに至っている。

②志津川地区

　志津川地区では、「がんばる養殖復興支援事業」による共同体での対策を行う漁業者と、激甚災害法に基づく養殖施設災害復旧事業による対策を行う漁業者に分かれた。支所独自の対策として、養殖施設台数の削減と航路の確保による海水流の改善、養殖種類の転換などが行われた。養殖魚種は、カキ養殖からワカメ、ギンザケ、ホタテ養殖への転換が行われたようである。

　志津川支所と戸倉出張所は震災前からみやぎ生協との取引があり、連携し

た活動も行ってきた。復旧・復興に関してもみやぎ生協からの支援が得られており、みやぎ生協の産直ブランドである「めぐみ野」に志津川湾産の生カキ、ワカメ、ギンザケが取り上げられている。「めぐみ野」ブランド商品の販売は個人の生産物ごとに入札されるため、養殖業者の管理向上のインセンティブになっている。

③歌津地区

　歌津地区は激甚災害法に基づく養殖施設災害復旧事業を使って復旧を行っており、カキやホタテからワカメへの養殖種類の転換と漁場行使の改善が進められた。宮城県産ワカメの約 30％を占めるほど、従来からワカメ養殖の比重が大きい地区であるが、さらにホタテ・カキからワカメ養殖へのシフトが進むとともに、一経営体の養殖規模の拡大が行われた。歌津地区の漁業権管理は集落ごとの養殖組合によって自主的・自律的に行われているのが特徴である。震災からの復旧・復興も歌津支所を挙げてというよりも養殖組合ごとに対応が取られたようである。例えば、泊集落では震災後に状況に合わせた漁場の再配分が行われたが、他では行われていない（佐々木 2017）。

　以上のように志津川湾における養殖業は支所によって異なる復旧・復興を遂げており、戸倉地区では ASC 取得に代表されるような最も発展的な対策が取られた。志津川、歌津ともに復旧・復興は達成したものの、戸倉のような震災前からの劇的な変化はない。このように地区によって大きく対応が異なるのは、基本的には支所ごとの漁業者組織によって自主的・独立的に漁業管理が行われるからである。しかし、それも震災後には少しずつ連携が図られるようになっている。

4.　志津川湾の総合的管理
（1）環境調査と復興発展

　志津川湾における震災後の特徴として、様々な漁業以外の地元の人たちや外部の研究者が関与することが多くなった点が挙げられる。特に顕著なのは、環境省による戦略的研究開発領域課題プロジェクト（以下、環境省プロ

ジェクト）による「持続可能な沿岸海域実現を目指した沿岸域管理手法の開発」（研究代表者：九州大学名誉教授・柳哲雄）で行われた一連の志津川湾における調査研究である。この中で志津川湾における沿岸環境の物質循環、陸からの栄養塩供給や陸からの鉄と粒状有機物の供給に関する研究、数値モデルによる最適養殖量の解析などが行われた（柳 2019）。また、地元の漁業者や関係団体、行政などをメンバーに外部の研究者が参加して「志津川湾の将来を考える協議会」が開催され、環境省プロジェクトによる志津川湾における栄養塩循環の研究結果や養殖管理のシミュレーション結果が定期的に報告され、漁業者と研究者の間で議論が行われている（小松ほか 2018）。その結果、漁業者が自主的に行ってきた養殖密度の低減や施設の再配置といった養殖管理が科学的知見の裏付けを得られるとともに、科学的な調査研究の重要性が認識されるようになった。

　しかし、志津川湾の自然環境に関する調査が行われたのは震災後が初めてではなく、従前から藻場調査、魚類分布調査、海洋環境調査などが行われており、漁業と科学の結びつきの原型が作られていた。特に、先行して継続的な調査が行われたのが藻場の分布調査である。1980 年代には東京海洋大学の田中教授らによる三陸沿岸の海藻調査が行われ、2000 年代に入ると環境省による海洋基礎調査が実施された。さらに 2003 年に志津川湾が環境省のモニタリングサイト 1000 の対象地に選定され、2005 年からアラメのモニタリングが行われており、志津川湾における藻場に関する科学的知見の蓄積が進んでいた。これらは震災の前後の衛星画像を使った藻場マッピング調査や津波による藻場の破壊とその後の復元状況の調査につながっている。さらに、2019 年からは全域藻場マッピング調査が行われているところである。後で述べるラムサール条約の登録はこれらの結果に基づくところが大きい。また、震災直後に東京大学海洋アライアンスで実施された水中ロボによる海底地形調査の結果（東京大学海洋アライアンス、高川ほか 2014）は、漁業関係者に大きな希望の光を与えたとされている。

　つまり、震災後に復旧・復興策を模索する漁業者は震災前からの科学者とのつながりに基づき、いろいろな局面で科学的知見に触れる機会が生じ、そ

の重要性を感じ取るようになったと考えられる。さらに、震災後は調査結果に基づく湾全体の共同事業（後で触れるラムサール条約対応など）がいくつか動き始め、支所間の連携が求められる場面が増えている。このような科学的知見の取り込みと支所間の連携から、今後の発展の礎が形成されたと言うことができる。

　以上のような様々な科学調査が行われるにあたって、南三陸町の自然環境活用センターと一般社団法人サステナビリティセンター（以下、サステナビリティセンター）が重要な役割を持っている。それは、両者ともに研究者としての経歴を持つ職員がおり、調査研究の企画者となったり、あるいは外部研究者の窓口やつなぎ役となったりしているからである。また、自らも調査研究活動に従事している。このような現場に密着した科学者は、レジデント型研究者として外部の専門家と現地をつなぐ仲介者として重要な役割を持つとされている（鹿熊 2018、神田ほか 2018）。

(2)　環境調査結果と里海ネットワーク

　志津川湾においては、早くから藻場に関する調査が行われていたが、物質循環に関して本格的な調査が行われたのは、上記の環境省プロジェクトである。そもそも外海性の開放湾であるため、外海からの海水流入と湾奥にある河川からの陸水の流入が志津川湾における栄養塩循環の基本を形成している。その模式図は図 11-3 に示されたとおりである。外海水は湾口の歌津地区の漁場から流入し、湾奥北部の志津川地区の漁場を経て、湾奥南部の戸倉地区の漁場から外海に流出する。そこにギンザケやカキなどの養殖による残餌や排泄物による負荷と河川からの陸水が加わり、栄養塩プールが形成される。このため、養殖の魚種や養殖漁場の配置、それに養殖方法は栄養塩プールの増減に大きな影響を与える。環境省プロジェクトでは、このような養殖管理によって栄養塩循環が変化し、適切に管理すれば生産性が向上し、持続的になることが示された（小松ほか 2018）。2018 年の漁業権切替においては、これらの結果が反映された漁場計画になったとのことである。また、外海と志津川湾との海水交換を考えると、それぞれの地区における養殖漁場管理が

図 11-3　志津川湾におけるカキを中心とした栄養塩循環の模式図

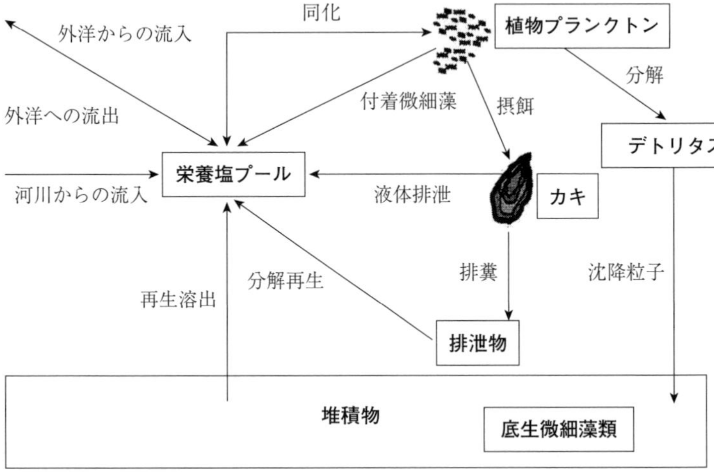

出所：柳（2019）、p.23 より引用

他地区の生産に影響を与えることが明白であり、地区間の連携が必要なことも示された。つまり、意図的ではないにしろ、里海ネットワークが形成されたとみてよいだろう。

(3)　漁業養殖以外の志津川湾の活用

　志津川湾では漁業養殖以外に観光や自然体験のような利用も行われている。志津川湾には多くの観光資源があり、コロナ禍の直前には年間約 90 万人の観光入込客が来訪していた。観光資源の中には、遊漁、体験漁業、湾内遊覧のような漁業関係やスキューバダイビング、シーカヤックといった非漁業の海洋関係のものも多い。戸倉地区の椿島周辺はダイビングスポットとして著名である。また、海洋・環境教育を内容とした教育旅行の需要も増加している。このような志津川湾の観光利用は 20 名のスタッフを抱える南三陸町観光協会によって進められており、多くの漁業者が個人として参加している。また、南三陸町には、調査研究や環境学習を行う自然環境活用センター、沿岸の自然や文化の紹介を行うビジターセンター（国、県の機関）、自

然保護や活用の取り組みを支援するNPOのように、志津川湾に関わる漁業以外の組織が複数存在している。

　遊漁やスキューバダイビングのような志津川湾の活用は震災前にも行われていたのだが、震災後しばらくは全く途絶えていた。しかし、養殖の復旧・復興活動に参加した地域住民や地域外からの来訪者に対して乗船遊覧や食事提供をしたことがきっかけとなり、2013年から湾内観光や漁業体験などに取り組む活動が登場するようになる。このような活動は観光協会と連携して行われ、他の海洋観光や海洋教育とも合わせて湾内の観光が拡大している。その結果、志津川湾における漁業以外の利用が震災前に比べて大いに拡大し、開かれた志津川湾になりつつある。

　その中に、森林の保全活動を行っている人たちの連携もある。サステナビリティセンターが事務局を務める「地域資源プラットフォーム」の中で進められている取り組みで、森と海とのつながりが必要との認識から森と海の連携を進めるいくつかのプロジェクトが提案されている。森林の保全活動はFSC（Forest Stewardship Council）認証を獲得しており、FSCの基準に合った森林の保全活動に基づくFSC認証材の生産やこれを使って町役場庁舎等の建築を行うFSCプロジェクト全体認証などが行われている（佐藤2019）。地域資源プラットフォームでは森のFSCと海のASCの連携を図ることによって新たな付加価値を生むような取り組みが検討されている。このような森・海・里・街の連携は、再生可能エネルギーの地域内循環を狙った南三陸町バイオマス産業都市構想（2014年認定）で示されたものである。地域資源プラットフォームの取り組みはその実現を図ろうとするもので、次に紹介するラムサール条約湿地のワイズユースの推進体制の中でさらなる実行が図られていくことになる。

5. 南三陸町の総合計画と志津川湾の管理

　志津川湾における漁業養殖を核として連携した様々な組織や活動が、地域全体としての連携による総合的な地域資源管理とどう繋がるのかについて、南三陸町の総合計画とまち・ひと・しごと総合戦略（以下、総合戦略）から

みていこう。

　南三陸町による行政施策の方向性を示すのは総合計画である。同町の総合計画は、旧町合併直後の 2007 年に策定されたもので、将来像は「自然・ひと・なりわいが紡ぐ安らぎと賑わいのあるまち」であった。その中で、漁業養殖業は同町の主要産業であり、志津川湾は重要な環境であると位置づけられていた。しかし、それらはいくつかある重要な要素の一つであり、また他との連携などは考えられてはいなかったようである。

　震災直後に、総合計画に代わって 2011 年に策定された南三陸町震災復興計画は震災による被害の創造的復興を目指すもので、その名のとおり震災復興に専念するものであった。

　これに続いて 2016 年に策定された第二次総合計画は、復興から発展を目指すものと明確に位置付けられたものである。この計画の将来像は「森　里　海　ひと　いのちめぐるまち　南三陸」であり、それぞれの要素の重要性をうたうとともに、それらの連携を重視することが示されている。さらに、総合計画の下位計画である総合戦略では、横断的な目標の施策 4-2「南三陸ブランドを輝かせる」の中で、地域資源プラットフォームプロジェクトと自然環境活用センターの機能が挙げられている。これらが、次に見るように志津川湾における総合的管理が進められるうえで重要な役割を持つ。

　地域資源プラットフォームの基本構想は官民の有志 18 名によって作成されたもので、そのビジョンは「人の手で地域資源の適切な管理を行うことで生き物が活き活きと育つ環境を作り出し、それから自然の恵みが持続的に帰ってくる地域社会を実現すること」（南三陸町地域資源プラットフォーム設立準備委員会より引用）である。さらに具体的な施策として、ASC 認証カキブランド化計画、FSC 材を含む森林の多様な付加価値化、いのちめぐるまち推進協議会、人材育成事業が挙げられている。基本構想では、これらの活動を通して森、里、海をうまくつなぐことによって地域資源から持続的に付加価値を生むようにすることを目指すとしている。この構想は官民有志から提案されたものであるが、その個別事業は総合戦略に採択されて具体化が図られているところである。

　海に関わる地域資源の管理を行う上で重要な役割を持っているのが自然環境活用センターである。これは南三陸町の組織であり、震災で施設が崩壊した後、しばらくの間積極的な活動はできなかった（川瀬 2011、阿部ほか2017）。しかし、その機能は総合戦略に明記され続け、2020 年には施設、組織共に本格的に復活し、本来の活動を再開している。現在、研究者 2 名、事務職 2 名が常駐する体制で、南三陸町戸倉公民館の二階に研究室・実験室・講義室が整備され、ラムサール条約湿地に伴う志津川湾内の藻場に関する環境調査や小中高生による自然学習を中心に活動している。

　ラムサール条約湿地への登録は、2018 年に志津川湾における藻場を主な対象として行われたものである。ラムサール条約への対応は総合計画や総合戦略に取り上げられていないものの、志津川湾における藻場の調査研究や保全活動、ワイズユース、交流活動が進められており、これらを推進する地域資源プラットフォームや自然環境活用センターは総合戦略の個別施策として位置づけられている。さらに、これらの取り組みを効果的に推進するために、町によって保全利用計画が作成されることになっている。2021 年度には、ラムサール条約湿地の登録に基づくワイズユースを進めるための推進母体として、関係団体を網羅した南三陸町森里海いのちめぐる協議会（仮称）が設置され、保全利用計画の検討が行われているところである。

　このようにラムサール条約に端を発した様々な活動の展開は、藻場の保全管理だけではなく、ASC と FSC の連携による高付加価値化やバイオマス産業構想でうたわれているまちづくりに関わるような内容にまで広がっている。その結果、一連の活動は陸域を含むだけでなく、陸域と海域まで考慮した沿岸域の総合的管理と呼ぶことができる内容になっている。

　以上から、これまで述べてきたいくつかの組織による取り組みがラムサール条約湿地の藻場登録に結び付き、登録後は逆にラムサール条約の枠組みによって様々な活動が取りまとめられ、連携づけられているということができる。つまり、震災後の復旧から復興を経て、ラムサール条約による取り組みを介して、志津川湾を土台とした沿岸域の総合的管理に発展しつつあるということである。

6. 多段階管理システムとネットワーク・ガバナンスの評価

　まず、志津川湾に関わる様々な取り組みを多段階管理システムとして評価する。志津川湾内には三つの漁業地区があり、それぞれの地先の共同漁業権漁場と区画漁業権に基づく漁場管理として里海が形成されている。それらは意図的ではないにせよ、外海と湾内の間の海水循環に沿った位置に配置されている。湾内外の物質循環と栄養塩の循環、それに養殖に基づく栄養塩サイクルは環境省プロジェクト等で明らかになっており、今後、このような科学的知見に基づいて里海間の連携が進むことが期待される。また、志津川湾では漁業以外の多様な活動が行われており、特に海洋観光や環境教育に関しては需要の伸びが期待されている。この分野に関しては様々な団体が関与しており、漁業者組織とそれらが適切に連携すると、志津川湾の多面的な価値が引き出されることにつながる。さらに、FSC と ASC の連携を軸として森と海、それに里をつなげることが検討されている。このような連携に関して、ラムサール条約への対応が様々な機会を提供しようとしており、横の連携は強化されつつある。

　このような連携は、南三陸町バイオマス産業都市構想に端を発した地域資源プラットフォームの活動から始まって、ラムサール条約登録による活動の拡大を生み、ワイズユースの推進が南三陸町における沿岸域の総合的な管理への発展とつながっている。これによって行政と民間との連携が促進されるとともに、町の総合計画等による地域資源活用の全体的な統合の動きにつながっている。ただし、総合計画でのラムサール条約の位置づけが明確でないことと、同条約の保全利用計画が策定中であることから、志津川湾全体の姿や管理目標を提示するところまでは至っていない。これは今後の課題ではあるが、ラムサール条約を活用した知床世界遺産での事例のような発展が期待される（牧野 2017）。

　志津川湾の取り組みが沿岸域総合管理への発展を具体的に描くことができる状態に至ったポイントして、次の二つの点を指摘したい。第一は科学者の存在と地域との関わり方である。震災直後の水中ロボによる調査から始まって生物学や物理学の専門家による科学的知見の提供が復旧・復興から発展へ

と進んでいくうえで重要な役割を持っている。それを可能にしたのはレジデント型研究者であり、彼らが地域との関わりの中からアイデアを生み、外部の科学者からの科学的知見を地域に導入している。地域の人たちとレジデント型研究者、それに外部の科学者の三者の関わりが復旧・復興から発展へとつないでいる。

　第二は震災前からの長期的な将来ビジョンの存在である。地域資源プラットフォームやラムサール条約登録といった、南三陸町の発展を支えるプロジェクトは、震災後の復旧・復興の中で初めて生まれたわけではなく、震災前から構想されていたことが復旧・復興のプロセスを経てバイマス産業都市構想として具体化され、さらに次第に実現していったということである。戸倉地区の養殖についても同じで、震災前に改善が図られようとしていたことが震災後に実現している。市町村で里海をベースにした沿岸域管理を行う場合、このような長期的で全体的なビジョンが必要だということである。

参考文献

阿部拓三・太齋彰浩（2017）「リアスの生き物よろず相談所—震災前後の南三陸における取組み—」、日本政策学会誌、67、pp.67-71

鹿熊信一郎（2018）「里海とはなにか」、鹿熊信一郎、柳哲雄、佐藤哲編著『里海学のすすめ　人と海との新たな関わり』（序章）、勉誠出版、pp.1-25

川瀬摂（2011）「宮城県南三陸町自然環境活用センターの被災状況と現状」、海洋と生物、33（5）、pp.410-415

川辺みどり（2019）「地域マネジメント・ツールとしての資源管理認証制度の可能性—南三陸町戸倉地区カキ養殖業を対象とした ASC 認証を事例に—」、国際漁業研究、17、83-97

神田優・清水万由子（2018）「ダイバーと漁業者が協働して里海を創る」、鹿熊信一郎、柳哲雄、佐藤哲編著『里海学のすすめ　人と海との新たな関わり』（第 10 章）、勉誠出版、pp.272-304

五島清広（2018）「持続可能で高品質なマガキの養殖生産　マガキの適正養殖を目指して！！〜過密漁場からの脱却」
file:///C:/Users/owner/Downloads/1-4_2018.pdf　2021 年 2 月 23 日閲覧

小松輝久・佐々修司・門谷茂・吉村千洋・藤井学・夏池真史・西村修・坂巻隆史・柳哲雄（2018）「開放性内湾を対象とした沿岸環境管理法の研究：南三陸志津川湾の例」、沿岸海洋研究、56（1）、pp.21-29

佐々木稔基（2017）「ワカメ養殖業の展開と今後の展望」、北日本漁業、45、pp.136-156

佐藤太一（2019）「森林認証を活用した南三陸町林業の動き」、森林技術、No.930、pp.8-11

高川真一・巻俊宏・浦環（2014）「海中ロボットによる被災地沿岸海域の瓦礫堆積状況の海底調査」、日本ロボット学会誌、Vol.32、No.2、pp.98-103

東京大学海洋アライアンス「東北地方太平洋沖地震への取り組み」
　　https://www.oa.u-tokyo.ac.jp/shinsai2011/uminosaisei.html　2021.2.27 閲覧

南三陸町地域資源プラットフォーム設立準備委員会「南三陸町地域資源プラットフォーム基本計画提言書（案）」
　　http://www.town.minamisanriku.miyagi.jp/index.cfm/8,15696,c,html/15696/20171211-204455.pdf　2021.2.28 閲覧

牧野光琢（2017）『我が国の海洋保護区と持続可能な漁業』、水産振興、591

柳哲雄編著（2019）『里海管理論―きれいで豊かで賑わいのある持続的な海―』、農林統計協会

第12章　地域の自治体や住民等を巻き込む
―長崎県大村湾―

1.　はじめに

　現在、日本の各地で大小様々な数多くの先行的取り組みが里海づくりとして行われている。その多くは地先での目に見える範囲か、広くても市町村の沿岸域を範囲とするものである。第7章で見たように、沿岸域管理を行う範囲としては都道府県の沿岸が適当とされているのだが、都道府県が管理主体となってその沿岸を管理しようとする取り組みは少ない。その中で、長崎県による大村湾の管理は数少ない事例の一つである。

　長崎県は悪化した大村湾の水質環境と減少した水産資源を復活させるために、県庁内の大村湾に関係ある部署と施策を全部集めて大村湾環境保全・活性化行動計画（以下、大村湾計画）を策定し、復興策に取り組んでいるところである。その計画の策定と実行に当たっては、行政の縦割りの壁を乗り越えて全庁挙げて取り組んでいることから、「全政府挙げてのアプローチ」として前著（日高2016の第9章。Hidaka 2017）で詳しく紹介し、第8章でも第三段階の事例として取り上げた。

　一方、大村湾の沿岸には5市4町の自治体があり、それぞれに大村湾との関わりを持ち、いろいろな事業を実施している。また、民間ではナマコやガザミを対象にした漁業が盛んであり、NPOや住民団体による環境保全活動や環境教育等も行われている。さらに、ハウステンボスのような観光産業による海の活用もある。このように様々な人達が大村湾と関わりを持っており、大村湾の管理を考える場合には地域の自治体や民間の人たちがどのように管理に参加するかが重要になる。この章では、第8章で説明した多段階管理システムと第9章で取り上げたネットワーク・ガバナンスの枠組みを使って、この点を検討する。

　分析に当たっては、まず大村湾に関わる団体（自治体、企業、住民団体、NPO など。以下、まとめて利害関係者）による活動内容と関心事項について、長崎県が運営する大村湾環境ネットワークのデータベースを使って抽出し、利害関係者と大村湾の関わり方を整理した。次いで、前著で分析を行った大村湾計画と関連施策の内容と合わせて、大村湾における沿岸域管理の構造を分析した。

2.　大村湾の概要

　大村湾は九州西部にあり、図 12-1 のように佐世保湾を介して針尾瀬戸と早岐瀬戸の狭い海峡のみで外海である東シナ海と通じている。面積 321km^2、湾内の平均水深は 15〜20m、最大水深は 54m であり、非常に閉鎖性の強い内湾である（環境省・閉鎖性海域ネット）。また、西岸のリアス式海岸をはじめとして海岸景観が優れており、昔から「琴の湖」と呼ばれている。

　行政区域は大村湾の全域が長崎県の範囲であり、沿岸市町は５市４町（諫早市、大村市、西海市、佐世保市、長崎市、時津町、長与町、川棚町、東彼杵町）

図 12-1　大村湾の位置

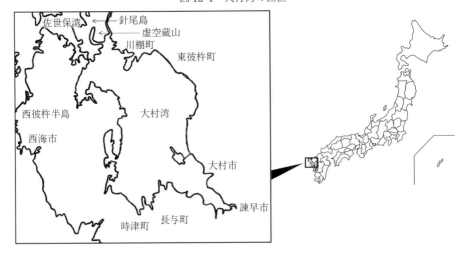

である。その総人口は 105 万人で（平成 22 年度国勢調査による）、沿海の居住人口は約 20 万人とされている。

　大村湾の沿岸には大規模な工業地帯はないものの、多数の自治体があって流域人口が多く、また農業も盛んであるため、29 の二級河川によって陸上から多くの栄養塩負荷がある。先に述べたように、大村湾は 1970 年代を中心に環境の悪化が激しく、水質環境と水産資源の回復を図るために、長崎県は 2003 年に最初の大村湾計画を策定し、本格的・包括的な対策を始めた。この計画は 5 年ごとに見直しと改定が行われ、2019 年に第 4 期の大村湾計画が策定されたところである。

3.　様々な利害関係者と大村湾の関わり方

　大村湾の沿岸に 5 市 4 町があり、沿海人口も多いため、多様な利害関係者がある。そこで、まずどのような利害関係者がどのような関心を持ち、どのような活動内容で大村湾に関わっているかを整理した。その際、多様な行政セクションが関わっていることから、まず自治体による大村湾への関わり方をみた後、民間企業、NPO、住民組織など広い範囲で関係者を拾い上げるという二段階での分析を行った。

　自治体による関心事項は、表 12-1 に示した生態環境価値・経済価値・生活文化価値の 3 領域（日高 2002）に生態系サービス（環境省自然環境局 2016）

表 12-1　沿岸域の三つの価値と生態系サービス（表 1-1 の再掲）

価値	項目	内容	備考
生態環境価値	調整	気候などの制御・調節	生態系サービス
	保全	多様性を維持し、不慮の出来事から環境を保全すること	生態系サービス
	基盤	栄養循環や光合成による酸素の供給	生態系サービス
経済価値	供給	食品や水といったものの生産・提供	生態系サービス
	経済	生産物の価格形成・付加価値の向上	日高（2002）
生活文化価値	生活	生活基盤の確保	日高（2002）
	文化	レクリエーションなど精神的・文化的利益	生態系サービス

注：生態系サービスの項目と内容は、環境省自然環境局（2016）を参考にした。

を当てはめた7つの項目とした。自治体がどの事項に関心を持っているかどうかは、各自治体の総合計画の中から大村湾に関連して表12-1の項目に該当する記述があるかどうかで判断した。自治体以外の団体については、長崎県地域環境課の運営する大村湾環境ネットワーク（ホームページ）に記載された計画や活動を拾い上げ、同じく表12-1の項目に該当する記述を追った。なお、長崎県と大村市の担当部署と大村湾漁協等には聞き取りを行った。

　次いで、大村湾計画に記載された大村湾関連の施策と自治体が独自で、あるいは連携して行っている事業や活動、それに民間の団体が行っている大村湾の環境保全や創造に関わる活動を対象として、第8章で示した多段階管理システムとしての評価基準と、第9章で示したネットワーク・ガバナンスとして評価基準を使って、大村湾全体としての管理の様相を分析した。実際の取り組みがこれらの基準をクリアすれば、それは多段階管理システムを構成し、ネットワーク・ガバナンスによる調整の要件を備えていると評価することができる。

(1) 自治体と大村湾との関わり方

　長崎県と沿岸自治体による大村湾や沿岸域への関わり方を各自治体の総合計画での記述から探ったものを表12-2に示した。長崎県は環境、水産をはじめ多様な部局が大村湾に関わっており、それらの事業が大村湾計画として総括されていることから、全ての項目が該当するとみなした。沿海5市5町は、大村湾との位置関係の違いから、大村湾だけに面している自治体A群（大村市、時津町、長与町、東彼杵町、川棚町）、大村湾だけでなく別の海域（外海側）にも面している自治体B群（長崎市、佐世保市、諫早市、西海市）及び大村湾には直接面していない自治体C群（波佐見町）の3群に分けられ群によって記述に違いが見られた。

　A群では生態環境価値（保全、基盤）は全ての自治体で該当があるものの、経済価値や生活文化価値では偏りが見られた。B群では生態環境価値と経済価値には該当する記述があるが、生活文化価値には触れていない自治体が

表12-2　自治体単位での沿岸域に関わる計画・活動の整理結果

区分	自治体	環境価値			経済価値		生活文化価値	
		調整	保全	基盤	生産	経済	生活	文化
―	長崎県	○	○	○	○	○	○	○
大村湾のみ （A群）	大村市		○	○	○			○	○
	時津町		○	○				○
	長与町		○	○				○
	東彼杵町		○	○	○	○		○
	川棚町		○	○	○			
大村湾と別海域 （B群）	長崎市		△	△	△	△		
	佐世保市		△	△	△			
	諫早市		△		△	△	△	△
	西海市	△	△	○	△	△		△
大村湾との接面 なし（C群）	波佐見町							

出所：筆者作成

注：○は明確に大村湾に関する記述があるもの
　　△は当該事項に関する記述はあるが、大村湾に限定されないもの

あった。ただし、沿岸域に関する記述があっても大村湾への言及がないことから、大村湾への関心が大きいとは思われなかった。C群では大村湾、沿岸域ともに該当する記述はなかった。

　総じて生態環境価値への関心は高いものの、経済価値や生活文化価値については自治体によって関心の偏りが見られた。また、大村湾への面し方によっても関心の大きさが異なっており、大村湾のみに面している自治体で関心が高いということができる。

(2) 利害関係者による大村湾における計画・活動

　様々な利害関係者による大村湾に関わる計画・活動の一覧を表12-3に示した。表は、多段階管理システムのフレームワークに合わせて沿岸域インフラ、里海ネットワーク（行政、官民、民間）、里海づくりの順に並べられている。なお、大村湾は長崎県海域で完結するため、都道府県連携は分析項目に

表12-3　大村湾におけるステークホルダーの計画・活動の一覧

区分	計画・活動の名称	計画・活動の策定主体	生態環境価値			経済価値		生活文化価値	
			調整	保全	基盤	供給	経済	生活	文化
沿岸域インフラ	大村湾環境保全・活性化行動計画	長崎県（関係各課）	○	○	○			○	○
沿岸域インフラ	大村湾沿岸海岸保全基本計画～波静かな零の海～	長崎県	○	○	○			○	○
沿岸域インフラ	次世代につなげる海づくり・大村湾（地域再生計画）	大村市						○	○
沿岸域インフラ	時津町民総活躍プロジェクト（地域再生計画）	時津町		○				○	○
官民ネットワーク	大村湾環境ネットワーク	長崎県（環境政策課）主催の情報ネットワーク。41団体・31個人	○						○
行政ネットワーク	自治体広域連携による大村湾活性化プロジェクト（地域再生計画）	長崎県、佐世保市、諫早市、大村市、西海市、長与町、東彼杵町、川棚町		○					○
行政ネットワーク	大村湾を活かしたまちづくり自治体ネットワーク	長崎県、佐世保市、諫早市、大村市、西海市、時津町、長与町、東彼杵町、川棚町、波佐見町		○			○	○	
官民ネットワーク	大村湾ZEKKEIライド	大村湾ZEKKEIライド実行委員会（2市4町）、新聞社						○	○
官民ネットワーク	海フェスタ大村湾（海と日本PROJECT）	海フェスタ大村湾連絡協議会（長崎県、NPO、3市5町）	○		○				○
官民ネットワーク	大村湾をきれいにする会	長崎県、5市5町、大村湾漁協組合長会、民間賛助会員	○	○					
官民ネットワーク	地域連携による環境学習のあり方検討事業（スナメリともにくらべる大村湾づくり）	長崎県、水産部、野鳥の会、漁業士会、小学校、教育委員会、NPO		○				○	
官民ネットワーク	密漁取締連携推進事業	長崎県水産部漁業協調室、各漁場監視連絡協議会				○	○		
民間ネットワーク	大村湾漁グループ（水産多面的機能発揮グループ）	水産多面的機能の9協議会（多良見町漁協、大村湾東部漁協、大村市漁協、大村市東部漁協）				○	○		
民間	大村市松原活動（水産多面的機能発揮対策事業）	漁業者、大村市漁協、地域住民（53名）	○	○		○		○	

区分	活動	主体						
民間	大村市新城活動（水産多面的機能発揮対策事業）	漁業者、大村市漁協				○	○	○
民間	大村湾東部東浦活動（水産多面的機能発揮対策事業）	漁業者、大村市東部漁協				○	○	○
民間	津水湾環境保全（水産多面的機能発揮対策事業）	漁業者、多良見町漁協、地域住民（47名）				○	○	○
民間	長与浦再生活動（水産多面的機能発揮対策事業）	漁業者、大村湾漁協、長崎大学、地域住民（35名）				○	○	○
民間	琴海地区活動（水産多面的機能発揮対策事業）	漁業者、大村湾漁協長浦支所				○	○	○
民間	針尾瀬戸造成（水産多面的機能発揮対策事業）	針尾瀬場造成協議会				○	○	○
民間	佐世保市南部地域活動（水産多面的機能発揮対策事業）（西海市）	佐世保市南部地域活動組織				○	○	○
民間	伊木力漁場保全活動（水産多面的機能発揮対策事業）	伊木力漁場保全の会（漁業者、多良見町漁協）				○	○	○
民間	浜の活力再生プラン（西海市）	西海市地域水産再生委員会			○		○	○
民間	黒ナマコの製造販売	大村湾漁業協同組合			○		○	○
民間	水辺の教育	西大村遊學館					○	○
民間	生物相調査	九十九島水族館 海きらら		○		○	○	
民間	ホタル・魚介類の生息環境保全	NPO法人コミュニティ時津		○		○	○	
民間	海藻類の有効活用による新規産業創出	NPO法人 長崎海洋環境研究会			○		○	○
民間	散策コースでの表示板設置	川棚自然を守る会					○	○
民間	ホタルの里再生	蛍愛の里					○	○
民間	清掃活動	生活協同組合ララコープ	○				○	
民間	諫早湾の海岸清掃	諫早清掃愛護クラブ	○				○	
民間	大村市民大清掃、四季を通じて時津町溜池群の観察	個人	○				○	

注：計画・活動の策定主体は、計画と活動が混在しているため、それらを策定した主体を掲載した。しかし、多くの活動は策定主体と実施主体が同一である。

入れていない。沿岸域インフラについては、大村湾計画と長崎県沿岸海岸保全基本計画（以下、「海岸計画」）では全ての項目に該当する内容があった。大村市と時津町の地域再生計画は経済価値あるいは生活文化価値に関するもので、生態環境価値には触れていなかった。また、官民合わせて九つのネットワークが異なる関心を持って構築されていた。民間の活動では、水産多面的機能発揮対策事業（以下、「水産多面的事業」）に基づき生態環境と経済を関心項目とする九つの取り組みがあった。NPO や住民組織による取り組みは 9 件で、生態環境と生活文化に関心を持っていた。

　総括すると、大村湾計画と海岸計画以外は特定の価値を狙ったものであり、またそれらの多くが特定の目的ごとにネットワークされているという特徴が見いだされる。利害関係者の特徴は、大村湾に関わる全ての項目に関わる長崎県、地形その他の条件によって異なる関心を持つ沿岸自治体、特定の目的ごとに形成される自治体間あるいは自治体を中心に民間も含めたネットワーク、それほど活発ではない NPO・住民活動というようにまとめることができる。

4.　大村湾における管理の仕組み

　以上の利害関係者の計画・活動の整理結果に基づき、多段階管理システムを構成する沿岸域インフラ、里海ネットワーク、里海づくりの内容について評価を行う。

　沿岸域インフラの提供については、主として長崎県によって担われており、大村湾計画と海岸計画としてまとめられている。一般的に、沿岸域総合管理では行政内の様々な異なる領域を担当する部局間の壁が「厄介な問題（Wicked Problem）」（Bevir 2012）として問題になるのだが、大村湾計画の場合、日高（2016、第 9 章）が示したように、副知事を本部長、関係部長を委員とする推進会議、関係課長をメンバーとする幹事会で部局間の連携が図られており、「全政府挙げてのアプローチ」として評価される。また、沿岸自治体の様々な関連部署については、前項の利害関係者の分析でわかったたように、特定の目的ごとに自治体ネットワークが形成され、協働で行政サービ

スが提供されている。以上のように、長崎県ならびに沿岸自治体によって必要な項目の沿岸インフラが単独あるいは自治体ネットワークによって提供されるようになっている。

　里海づくりについては、表 12-3 に示したように、漁業者が中心となって行われる水産多面的事業による活動（9 件）が特徴的である。そこで、この事業による取り組みの詳細を、同事業の情報サイトを使って、表 12-4 にまとめた。この事業は、各地域で漁業者・漁協を中心に地域住民や自治体の参加する活動組織が、主として干潟や藻場の保全を目的とした活動を行うものである。中でも 5 市 4 町の全漁協を構成員とする大村湾地域漁業環境保全会

表 12-4　大村湾における水産多面的機能発揮支援事業による取り組み内容

地域	組織名	会員数	活動内容
大村市	大村市新城活動組織	47 名	海底耕うん、アオサなどの漂着物の除去、ナマコ類の採苗と放流、有害生物除去
大村市	大村市松原活動組織	53 名	海底耕うん、ヒトデ類、流れ藻、ゴミの除去、ナマコ類の採苗と放流
大村市	大村湾東部東浦活動組織	35 名	海底耕うん、ウニ・ヒトデ類の除去、アサリ稚貝の放流、流れ藻・流木の除去
長与町	長与浦再生活動組織	33 名	客土、海底耕うん、アサリの生息調査、ナマコの天然採苗と放流、アカガイの移植、アオサ・堆積物の除去
長崎市	琴海地区活動組織	13 名	母藻や種苗の投入、ウニ類の除去、保護区の設定
佐世保市	針尾藻場造成協議会	25 名	ウニ類の除去、ウニハードルによる保護区の設定、母藻の設置
佐世保市	佐世保市南部地域活動組織	268 名	海底耕うん、浮遊・堆積物の除去、カサゴの種苗放流
諫早市	伊木力漁場保全の会	19 名	ウニ類の除去、母藻の設定、保護区の設定、アマモの移植播種
諫早市、大村市、西海市、佐世保市、長崎市、川棚町、東彼杵町、長与町、時津町	大村湾地域漁業環境保全会	1,465 名	湾中央部の海底耕うん、小中学校対象の環境学習

出所：水産多面的機能発揮対策情報サイト．ひとうみ .Jp．長崎県より作成 https://hitoumi.jp/torikumi/nagasaki/

は、大村湾中央部での海底耕うん事業を毎年10日間で延べ400〜500隻の漁
船による一斉活動として実施している。これらの活動は長崎県を事務局とす
る大村湾グループとして連携が図られていることから、各協議会の活動を里
海づくり、大村湾グループの活動を里海ネットワークとして評価することが
できる。ただし、各協議会に地域の関係者は加わるもののメンバーが限定的
であり、地域の多様な人達を巻き込んだ「地域挙げてのアプローチ」には
至っていない。

　また、NPO・市民グループによる活動ではNPO法人コミュニティ時津や
NPO法人長崎海洋環境研究会のように積極的な活動を行っている事例はあ
るものの、海岸線の長さや沿海住民数（約20万人）からすると、漁業者以外
による里海づくりの取り組みの数は9件と少ない。NPO・市民グループさ
らには個人や個別企業が参加するネットワークやイベントについても単発的
で活動間の連携は弱く、協働の取り組みは活発とは言えない。

　以上から、大村湾の管理は、長崎県庁という階層的な組織と大村湾計画に
よって一元的に行われているわけではなく、大村湾計画を中心としながら、
沿岸自治体や民間の様々な取り組みと、特定の目的ごとのネットワークの組
み合わせによって複合的に行われていることが確認される。これを多段階管
理システムの構成に沿って評価すると、政府による沿岸域インフラの提供の
領域については多くの活動がある。図8-4に対応させてみると、上段にいく
ほど高密度で構成されており、全政府挙げてのアプローチも取り組まれてい
るということである。しかし、右下側の民間の領域では漁業関係と一部の
NPO・住民活動に限られており、地域挙げてのアプローチや支援アプロー
チも不足している。

5.　大村湾のネットワーク・ガバナンス

　次に、ネットワーク・ガバナンスの要件を備えているかどうかを、四つの
分析手順に沿って五つの基準への対応を評価する。

　横の連携については、ネットワーク組織、協働のプロセスを検討する。行
政における横の連携は、長崎県庁における部門間の連携、ならびに沿岸自治

体間の特定の目的によるネットワークによって密に図られているとみられる。例えば、経済活性化を目的とした大村湾を活かしたまちづくり自治体ネットワークは大村市を事務局に5市5町をメンバーとして連携して観光活動に取り組んでいる。また民間では、環境保全と生産の向上を目指した水産多面的事業の取り組みが大村湾グループとしてネットワーク化されている。これらでは、行政を事務局として協働のプロセスについても構築されている。しかし、民間活動のネットワークは水産多面的事業の大村湾グループだけであり、NPO・住民組織による民間の取り組みのネットワークは見られず、民間活動の横の連携については弱いと言わざるをえない。また、地域内での協働である地域挙げてのアプローチも活発ではない。

　縦の連携については、ネットワーク組織、協働のプロセス、政府との対等性を検討する。ネットワーク組織では、官民のメンバーで構成されるネットワークが存在し、協働のプロセスも構築されている。例えば、環境保全を目的とした「大村湾をきれいにする会」には長崎県、5市5町、関係漁協、民間が会員となり、一斉清掃を行っている。それらの活動は単発的なイベントに限定されたものではあるものの、全体として官民の縦の連携が推進されていることは見て取れる。しかし、民間の活動が活発でない分、縦の連携が十分に実現できているとは言い難い。その結果、政府と民間との対等性が弱くなっており、大村湾の管理は政府主導の状態と言わざるを得ない。

　全体の統合については、重層化と持続可能性公準の目的化を検討する。重層性については、沿岸自治体それぞれの地先での取り組みとそれを目的ごとにつなげた自治体ネットワーク、そして全体をカバーする大村湾計画というように、異なるスケールの管理が積み重ねられている。これは水産多面的事業の個別分野でも構成されており、民間による取り組みは少ないものの、重層性については対応していると評価される。一方、持続可能性公準の目的化については、大村湾計画の達成目標となる大村湾の姿と数値目標が設定されている。これらの実現の度合を示す指標は、水質目標（COD、全窒素、全リン）と事業ごとの17項目の指標群であり、これらによって昭和40年代以前の自然環境の質と水質の達成が目指されている。しかし、水質目標と17指

標群との因果関係が不明であり、水質目標が大村湾全体の理想の状態を代表するのかという問題もある。さらに、大村湾計画の指標と沿岸自治体や民間による取り組みの成果とがつながっていないため、大村湾全体の取り組みを評価することが難しい状態にある。つまり、持続可能性公準は個別には考慮されているものの、大村湾全体を代表する内容にはなっていないということである。

全体を統合する指標の不在は、順応的管理への対応で問題を生む。大村湾管理の中心となる大村湾計画については、指標に基づくPDCA（P：計画、D：実行、C：評価、A：修正）のプロセスが長崎県庁の仕組みとして確立している。しかし、大村湾の様々な取り組みを包括する指標が用意されていないため、各年度の評価は事業ごとの達成状況だけであり、全体の状況がわからないうえ、各年度の修正は事業内容の修正に終わっている。また、計画全体の評価と本格的な修正は5年ごとであり、時間を要するといった問題がある。つまり、大村湾の管理は順応的管理のためのPDCAプロセスは備えているものの、機能としては十分ではないということである。

支援については、ネットワーク組織の形成と協働のプロセスの構築に対して、支援を行う組織や仕組みがあるかどうかである。大村湾計画上では自治体や民間などの地域の関係者とのコミュニケーションがうたわれており、この役割は長崎県が運営する大村湾環境ネットワークによって担われることになっている。しかし、現時点ではこれを実現するための仕組みが形成されておらず、個別活動を支援する機能についても整備されていない。例外として、大村湾グループは傘下の水産多面的事業の協議会活動を支援し、連携を促進する機能を持っており、大村湾では唯一の支援組織と言ってよい。しかし、これ以外の民間による里海づくりや里海ネットワークを支援する支援アプローチが欠けている。

以上のネットワーク・ガバナンスとしての評価をまとめると、多数の自治体が関わる行政の取り組みについては横の連携が図られ、長崎県を中心に目的ごとにネットワークも構築されているのに対し、民間の取り組みは活発でなくネットワーク化や支援活動も弱い。多様な取り組みの中で中心的な存在

である長崎県の大村湾計画は、大村湾全体の理想像や個別の管理指標を提供し、PDCAの仕組みも備えてはいる。しかし、多様な取り組みやネットワークの連携を図る包括的な指標と仕組みに欠けている。そのために、順応的管理にも対応できない状況にある。

6. まとめ

　第8章と第9章で提案したネットワーク・ガバナンスによる多段階管理システムとその分析フレームワークを大村湾の沿岸域管理に適用したところ、次のような評価が得られた。

　対象とした大村湾では、長崎県による大村湾計画による総合的な管理が行われているとされる。しかし、多様な利害関係者の計画・行動を整理した結果、実際には大村湾計画で直接的にカバーされていない多くの利害関係者による計画・活動が存在することが確認された。大村湾全体の沿岸域管理を考えるには、大村湾計画を核にしながらも、これらの多様な計画・活動をうまく連携させたネットワーク型のガバナンスを適用すべきであると思われる。

　多段階管理システムの沿岸域インフラに関しては、長崎県と沿岸自治体およびそのネットワークによって提供されていると評価される。一方、民間や沿岸自治体による里海づくりは、漁業関係者によるものを除いて活発ではなく、また里海ネットワークの形成とこれを支援する仕組みも少なかった。さらに、地域挙げてのアプローチのような取り組みも見られなかった。ネットワーク・ガバナンスの基準については、自治体関係ではネットワーク組織と協働のプロセスが構築されていたが、民間では不足しており、政府との対等性も欠けていた。また重層性には対応していたが、持続可能性公準の目的化は不十分であった。

　以上のような評価から考えられる大村湾における沿岸域管理の改善点は次のとおりである。第一に、大村湾の沿岸域管理には民間と沿岸自治体による里海づくりを活発化させ、里海ネットワークを形成することが必要であり、それを支援する仕組みが求められる。この点で、漁業関係者による水産多面的事業の枠組み、すなわち各地域での取り組みと行政による支援、さらに行

政による取り組みのネットワーク化という一連のアプローチは有効である。今後は、これらを漁業以外の活動にも適用するシステムとして具体化することが必要と考えられる。第二に、大村湾に関わる多様な主体による活動を調整するためには、多様なステークホルダーによって共有される理念やビジョンの設定と、持続可能性公準を具体的に表すとともに沿岸域の多様な側面を包括するような総合的な指標の開発が必要である。これには、管理の理念やビジョンが対象海域の理想の状態を示す総合的な指標とどうつながるのかという問題がある。これを解決するには多様な要因の因果関係を解きほぐし、包括的な指標としてまとめることが必要である（Uehara et al. 2018）。第三に、変化する沿岸域環境に対して順応的に対応するには、PDCA プロセスから出される評価に対して迅速かつ適切に管理内容を修正できることが必要である。沿岸域における順応的管理の必要性は早くから唱えられており（Cicin_Sain et al. 1998）、日本でも求められている（古川他、2005）。その実現のためには、包括的目標の設定、具体的な大村湾計画・事業実施方針、目標達成基準による管理という三つのレベルの対応が必要である（国交省 2007）。言い換えると、包括的目標のもとに PDCA を回すプロセスを作ることが必要ということである。さらに、評価に対してどのような修正を行うのかも問題となる。例えば、チェサピーク湾管理委員会はその特徴の一つである順応的管理として状況の変化に伴う組織構造の改編を行っている（神山 2010）。このように、順応的管理には PDCA のプロセスを備えているだけでなく、評価に対する適切な修正の仕方が必要となる。

　以上の改善点のうち、第二と第三は本システム自体の問題でもある。つまり、多段階管理システム自体にこれらに対応する機能が内蔵されていないということである。この点でシステムの改善が求められる。また、ネットワーク・ガバナンスによる調整は、新しいガバナンスの形態として浸透しつつあり（ゴールドスミスほか 2006、中野 2011）、今後この考え方とプロセスを沿岸域管理に導入するための実証研究の積み重ねが必要である。さらに、多段階管理システムの構成要素についても実証を重ね、規範的分析と実証的分析を突き合わせることにより、より現実的で有効なシステムを開発することが求

めWLる。

参考文献

Bevir, M. (2012): *Governance: a Very Short Introduction*. United Kingdom, Oxford University Press.

Cicin-Sain, B. and Knecht, R. W. (1998): *Integrated Coastal and Ocean Management: Concepts and Practices.*, Washington DC, Island Press.

Hidaka, T. (2017): Case study of the regional ICM system introduced voluntarily by the prefectural government in Omura Bay, Japan. P. Guillotreau et. al. *Global Change in Marine Systems; Integrating Natural, Social and Governing Responses*. Paris. Routledge, pp.135-147

Uehara, T. and Hidaka, T. (2018): Study of the Contribution of Sustainability Indicators to the Development of Sustainable Coastal Zones - A Systems Approach. *Peer J Preprints*
https://doi.org/10.7287/peerj.preprints.27240v1

海洋政策研究財団 (2011)「平成 22 年度沿岸域の総合的管理モデルに関する調査研究報告書」
http://fields.canpan.info/report/detail/13413

神山智美 (2010)「米国チェサピーク湾プログラム (CBP) の組織改編について　パートナーシップ (公私協働) で順応的管理を推進する組織管理」、水資源・環境研究、Vol.23、pp.37-44

環境省自然環境局 (2016)「生物多様性及び生態系サービスの総合評価」
http://www.env.go.jp/nature/biodic/jbo2/pamph03.pdf

国土交通省港湾局監修・海の自然再生ワーキンググループ (2007)『順応的管理による海辺の自然再生』、pp.22-31
http://www.mlit.go.jp/kowan/handbook/03-1hen2shou.pdf

ゴールドスミス S.、エッガース W. D. (城山英明・奥村裕一・高木総一郎監訳) (2006)『ネットワークによるガバナンス―公共セクターの新しい形』、学陽書房

水産多面的機能発揮対策情報サイト. ひとうみ .Jp.　長崎県
https://hitoumi.jp/torikumi/nagasaki/　2021.10.7 閲覧

中野勉 (2011)『ソーシャル・ネットワークと組織のダイナミクス―共感のマネジメント―』、有斐閣、pp.256-261

日高健 (2002)『都市と漁業―沿岸域利用と交流―』、成山堂書店、pp.58-61

日高健 (2014)「沿岸域総合管理と管理方法に関する研究―二段階管理とネットワーク・ガバナンスの有効性―」、日本海洋政策学会誌、4、pp.61-72

日高健・吉田雅彦 (2015)「里海管理組織の構造と機能に関する研究：アンケート調査による予備的検討」、沿岸域学会誌、28(3)、pp.107-118

日高健 (2016)『里海と沿岸域管理―里海をマネジメントする―』、農林統計協会

日高健 (2018)「ネットワーク・ガバナンスによる沿岸域多段階管理の試案」、沿岸域学会誌、31(3)、pp.29-40

日高健・川辺みどり (2018)「チェサピーク湾における沿岸域管理の仕組み」、沿岸域学会誌、30(4)、pp.52-56

日高健（2019）「沿岸海域の多段階管理システム」、柳哲雄編著『里海管理論：きれいで豊かで賑わいのある持続的な海』、農林統計協会、pp.240-254

古川恵太・小島治幸・加藤史訓（2005）「海洋環境施策における順応的管理の考え方」、海洋開発論文集、21、pp.67-72

第13章　瀬戸内海における府県管理
―兵庫県、香川県―

1. はじめに

　前章では、長崎県による大村湾の管理を取り上げた。大村湾は閉鎖性が強く、他の都道府県との関わりもないことから、長崎県と大村湾沿岸の自治体および関係者によって利用と管理が行われるものであった。それに対し、この章で取り上げる兵庫県と香川県の沿岸域は瀬戸内海の一部であり、左右だけでなく沖合も他の府県が管理する沿岸域と接している。瀬戸内海自体が巨大な閉鎖性水域であるため、各府県の沿岸域管理は瀬戸内海全体の管理との関わりを考えながら行われることになる。この章では、兵庫県と香川県を事例として、これらの県における沿岸域管理が瀬戸内海全体の管理とどのように調整しながら行われているのかを考える。

　瀬戸内海は沿海部に多くの人口と経済活動が集中しており、高度経済成長期を中心に水質汚染が進んだ。しかし、瀬戸内海の環境を改善するために瀬戸内海環境保全特別措置法（1973 年に臨時措置法として制定、1978 年に特別措置法。以下、瀬戸内法）が制定され、この法のもとで瀬戸内海全域に共通した環境改善策が取られた結果、水質環境は全体としては大幅に改善している。最近の改正ではきれいな瀬戸内海から豊かな瀬戸内海が目指されるようになり、カバーする領域も水質環境から沿岸域環境や水産資源などに広がり、沿岸域総合管理に近い性格を帯びるようになった。同時に、地域の状況に応じたきめ細かな管理が求められるようになっている。兵庫県と香川県を取り上げたのは、両県の管理が瀬戸内法に基づく府県計画による管理に共通の特徴を備えながら、独自の管理内容を持っているからである。

　以上のように、瀬戸内海という府県を超えた広域の沿岸域とそれぞれの府県の沿岸域、さらにそれぞれの府県内での地先水面という空間的な重層性に

基づく管理は、多段階管理システムで示した第四段階の姿である。この章では、瀬戸内法による管理の仕組みを整理したうえで、兵庫県と香川県における管理がこれとどのように調整しながらあるいは整合を取りながら独自の管理内容を作り出しているのかを見ていくことにする。

2. 瀬戸内法による管理の枠組み

(1) 瀬戸内法の目的と改正の経過

　瀬戸内海の沿岸域には多くの都市があり、多数の臨海工業地帯も形成されている。水産資源の豊かさから「豊饒の海」と言われ、多くの島で形成された多島海の景観の素晴らしさは世界的にも評価されている。しかし、高度経済成長期を中心に、臨海工業地帯からの工場排水や都市からの生活排水などによって水質の汚染が進み、海岸の埋め立て等によって海岸環境の改変が進んだ。このような環境汚染を抑止し、環境保全を進めるために、1973年に瀬戸内法が臨時措置法として制定され、1978年には特別措置法として恒久化されたのである。

　瀬戸内法の目的は、下記に示した同法第一条に記述されているように、瀬戸内海の環境の保全に関する基本理念を定め、有効な施策を実施するための計画の策定と各種事業の促進のための特別の措置を定め、瀬戸内海の環境の保全を図ることである。同法によって、管理の内容を具体化する瀬戸内海環境保全基本計画（以下、基本計画）と総量規制や自然海岸保全、埋立規制などの規制方法が定められている。

　（目的）

　第一条　この法律は、瀬戸内海の環境の保全に関する基本理念を定め、及び瀬戸内海の環境の保全上有効な施策の実施を推進するための瀬戸内海の環境の保全に関する計画の策定等に関し必要な事項を定めるとともに、特定施設の設置の規制、富栄養化による被害の発生の防止、自然海浜の保全、環境保全のための事業の促進等に関し特別の措置を講ずることにより、瀬戸内海の環境の保全を図ることを目的とする。

瀬戸内法は瀬戸内海全体に適用する環境保全に関する基本的な枠組みを提

供するのに対し、基本計画は同法の枠組みに沿って環境保全のための施策を
総合的かつ計画的に実施するための具体的な内容を定めるものである。さら
に、瀬戸内法による瀬戸内海全域に及ぶ全般的な方針と基本計画による具体
的な方針に基づき、各府県がそれぞれの状況に応じた具体的な実施計画を作
るという建て付けになっている。この管理の仕組みについては、後の項であ
らためて詳しく検討する。

　同法の大きな改正は 2015 年、2021 年に行われている。また、基本計画は
1978 年に最初に制定された後、これまで 1994 年、2000 年、2015 年に改正
されている。特に、2015 年の同法と基本計画の改正は、これまでの瀬戸内
法による環境保全の考え方を大きく変えるものであり、これについては次の
項で詳しく見ることにする。

(2)　瀬戸内法と同基本計画の 2015 年改正

　瀬戸内法は、そもそも 1970 年代の瀬戸内海の悪化した水質環境を改善す
ることを目的として制定されたものである。言い換えると、制定以来の瀬戸
内法による管理は、「きれいな海」を復元することを目的とするものであっ
た。これを実現するために、全窒素や全リンのような栄養塩の総量規制や海
岸の埋立規制といった様々な規制が実行された。その結果、2000 年代に入
ると、多くの水域で水質は改善し、「きれいな海」が復元されていったので
ある。一方で、水質の改善には場所によって偏りがあり、さらに瀬戸内海で
盛んなノリ養殖に必要な栄養塩が不足する事態も発生した。栄養不足でノリ
の色が薄くなってしまう、いわゆる「ノリの色落ち」問題である。また、海
岸浅所の埋立や水質の悪化による干潟や藻場の消滅も問題にされるように
なった。そこで注目されるようになったのが「豊かな海」の実現である。

　以上のような状況に対応して、今後の瀬戸内海の水環境の在り方懇談会に
よる「今後の瀬戸内海の水環境の在り方の論点整理」(2011 年) と中央環境
審議会による「目指すべき将来像と環境保全・再生の在り方について (答
申)」(2012 年) を経て、2015 年に瀬戸内法と基本計画が大幅に改正された。
その経過については、松田 (2015) に詳しく紹介されている。

　この改正の重要な点は、まず基本理念として多面的価値・機能が最大限に発揮された里海を意味する「豊かな海」とすることが定められたことである。つまり、目的が従来の「きれいな海」から「豊かな海」に変わった。次いで、これまでの施策の柱が①水質の保全、②自然景観の保全の二つであったのに対し、改正後は①沿岸域の環境の保全、再生及び創出、②水質の保全及び管理、③自然景観・文化的景観の保全、④水産資源の持続的な利用の確保の四つとなり、活動領域が大幅に拡大した。これによって沿岸域総合管理と言ってもよい内容になっている。さらに、施策は瀬戸内海の湾、灘、その他の海域ごとの実情に応じて行うこととされ、それを実行するため地域の関係者で構成される湾灘協議会の設置が求められた。これは瀬戸内法・基本計画→府県計画というトップダウンの計画の進め方に対して、湾灘協議会→府県計画というボトムアップの対応が加わることを意味する。また、水質の保全に管理が加わったことは、栄養塩の削減だけでなく、場合によっては必要な栄養塩の供給も行う栄養塩の管理に移行するということである。その制度の導入については、2021年の瀬戸内法改正で規定された。

(3) 瀬戸内法を中心とした沿岸域管理の仕組み

　瀬戸内法による水質管理の仕組みについては、その分野の専門家の説明（例えば、荏原2007）を参照していただくとして、ここでは人や組織といった管理主体がどのように関わるかという点について整理する。

　瀬戸内法に基づく管理の仕組みは、三段階で構成される。つまり、瀬戸内法によって瀬戸内海全域に共通する基本的な管理の枠組みが決められ、その方針が基本計画によって具体的に記される。そして、基本的な枠組みと全体の方針に従って、各府県の状況に応じた府県計画が策定される。府県計画は、当該府県の区域において瀬戸内海の環境保全に関して実施すべき施策の計画である。府県知事は、府県計画を定める時は環境大臣に協議することになっている。このように、基本的には国と府県という階層的な関係の中で、トップダウンで管理の内容が決められる。ただし、2015年の改正では、湾灘協議会の参加や府県の状況に応じた柔軟な対応が認められ、ボトムアップ

も加わったことは先ほど指摘した。

　以上の階層的な管理の中では、隣接する府県間の調整を行う仕組みは見られない。共通の方針の下で作成される府県計画であれば特に調整は不要という見方もできようが、実際には隣接する府県や自治体間で調整を行ったり、協働した活動を行ったりという必要も出てくる。瀬戸内海でそのような役目を果たしているのが、瀬戸内海環境保全知事・市長会議（以下、知事市長会議）である。知事市長会議は、図 13-1 に示したように、13 府県、7 政令市、19 中核市で構成されるものであり、関係自治体間で協働して環境保全のための施策を検討したり、国等への政策提言を行ったりという活動を行うもの

図 13-1　瀬戸内海環境保全知事・市長会議と関連組織（2019 年 8 月 1 日時点）

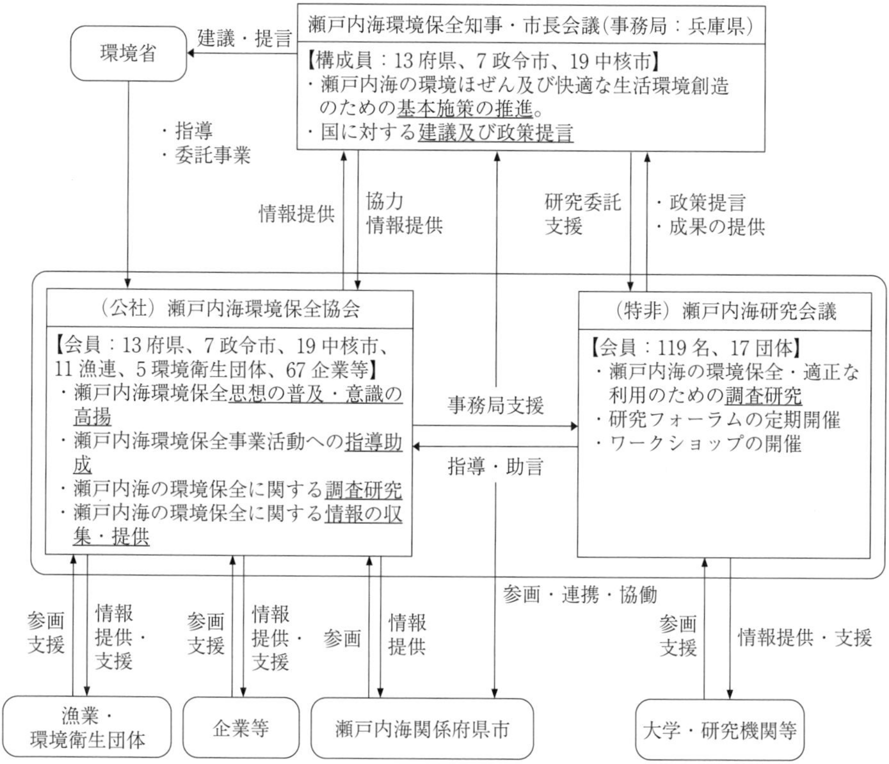

出所：瀬戸内海研究会議資料より引用

で、1971年に設置された。それに理論的・合理的な根拠を提供するシンクタンクとなっているのが、特定非営利活動法人瀬戸内海研究会議（以下、研究会議）である。松田ほか（2009）によると、この組織は第1回世界閉鎖性海域環境保全会議（1990年）を機に1992年に設立された沿岸域に関する分野を超えた研究者をメンバーとする組織で、2013年に特定非営利活動法人となった。この会議は独自で研究プロジェクトや研究フォーラムを行うほか、知事市長会議などからの要請に基づいて提言等に関する理論的な検討を行っている。松田（2008）によると、例えば、知事市長会議は2004年に「瀬戸内海の生物多様性を回復し水産資源等の豊かな海として再生するための法整備について」の特別要望を採択し、研究会議に再生方策の検討を要請した。研究会議は2005年にその検討結果を報告し、知事市長会議はそれに基づいて「瀬戸内海の環境の保全と再生に関する特別要望」を作成し、環境大臣に提出している。

　また、研究会議とは異なる性格の関係組織として、公益社団法人瀬戸内海環境保全協会（以下、保全協会）がある。これは1976年に設立（2013年に公益社団法人）されたもので、瀬戸内海沿岸の13府県、7政令都市、19中核市、11漁連、5環境衛生団体、67企業が参加して構成され、瀬戸内海の環境保全思想の普及や意識の高揚、環境保全事業活動への指導助成といった活動を行っている。参加メンバーのうち、環境衛生団体は各地域で環境保全活動を行っている自治組織であり、市民組織の窓口となるものである（佐藤2016）。

　このように、研究会議が研究面で知事市長会議を支えているのに対し、保全協会は主として普及啓発活動で支えており、三者の連携が瀬戸内法と基本計画によるトップダウンの管理に横糸を入れて、瀬戸内海の環境に関係する様々な主体をつなげる役割を果たしている。

3. 兵庫県における沿岸域管理

(1) 兵庫県における沿岸域の課題

　瀬戸内法と基本計画による瀬戸内海全体に共通の基本方針に基づきなが

ら、県の状況に対応して管理を実行している事例として、まず兵庫県を取り上げる。

　兵庫県は瀬戸内海と日本海の両方に面している。沿岸域管理の対象となるのは瀬戸内海側である。兵庫県は瀬戸内海の東寄りに位置するが、その中でも西側は播磨灘、東側は大阪湾という性格の異なる海に面している。

　播磨灘は広い範囲が瀬戸内海国立公園に指定されており、室津七曲りに代表される自然海岸によって良好な海岸環境と景観を有している。一方で、いくつかの臨海工業地帯がスポット的に形成されており、自然海岸と工業港や埋立地も混在している。ここの海域には、加古川と揖保川という二つの一級河川が流入している。また、播磨灘は兵庫県、岡山県、香川県、徳島県の四県に囲まれており、沿岸域管理を考える際にはこれらの県との連携を考慮することが必要となる。

　大阪湾は、東側の海岸線には臨海工業地帯が連続して形成され、さらに神戸港、尼崎西宮芦屋港、大阪港という巨大港湾があり、ほとんどが人工海岸である。しかし、西端にある神戸市の垂水海岸には良好な景観があり、大阪府南部には人工海浜や海洋スポーツ施設がレクリエーション環境を提供している。大阪湾には多くの河川が流入するが、大きいものは武庫川、淀川、大和川である。

　兵庫県が面する沿岸域の課題については、「瀬戸内海の環境の保全に関する兵庫県計画」（2016年策定。以下、兵庫県計画）に基本計画で示された四つの柱に沿って次のように整理されている。第一の沿岸域の環境については、水質浄化や魚介類の産卵育成場等に重要な役割を果たしている藻場・干潟・浅場等が減少している。第二の水質については、陸域からの負荷量（COD、窒素、りん）は大幅に削減されているが、海域によって状況が異なり、大阪湾ではCODは環境基準達成率70％で濃度は低下傾向、窒素とりんは環境基準達成率100％で濃度は低下傾向にあり、基準値を大きく下回っている。播磨灘では、CODは環境基準達成率80％で、濃度は緩やかな低下傾向、窒素とりんは環境基準達成率100％で、濃度は低下傾向にあり、基準値を大きく下回っている。第三の自然景観等については、漂流・漂着・海底ごみが良好

表13-1　兵庫県計画における四つの柱と主な施策

項目	主な施策
沿岸域の環境の保全・再生及び創出	航路・河川の浚渫土砂の活用による浅場造成
	漁場整備開発事業による増殖場の造成
	浚渫・敷砂、海底耕耘等の実施
	海岸保全施設等の新設、補修、更新時の環境配慮
水質の保全及び管理	下水処理場における栄養塩管理運転の推進
	赤潮・貧酸素水塊・COD対策の調査・研究
	水質汚濁防止法に基づく事故防止措置の徹底
自然景観及び文化景観の保全	海岸漂着物等の回収・処理、発生抑制対策の促進
	『せとうち・海の道』をはじめ、瀬戸内海の景観等の資源を活かした観光ルートの形成、魅力の情報発信等のツーリズムの推進
水産資源の持続的な利用の確保	海底耕耘やかいぼり等の取組の継続・拡大
	栽培漁業基本計画に基づく種苗の生産、生産した種苗の生息適地への放流、資源管理の取組、担い手の育成による継続的な利用
	有害動植物の駆除等
基盤的な施策	栄養塩類の適切な管理に関する調査・研究の推進
	多様な主体が参画する湾灘協会の設置
	藻場・干潟等の保全等への住民や学生の参加の促進

出所：兵庫県農政環境部環境管理局水大気課（2016）より引用

な景観を損ねている。第四の水産資源は、漁獲量が1996年以降急激に減少、ノリ養殖は色落ちの頻発等により1998年をピークに減少している。表13-1に示したように、兵庫県計画ではこれらの課題に対応するように各施策の内容が決められ、それを実行するための実施計画と評価指標が定められている。

　これらの課題のうち、兵庫県で重視されているのが第二と第四の関係である。特に播磨灘において窒素とリンは環境基準を達成し、基準値を大きく下回っており、それがノリ養殖を中心とした漁業生産の減少を引き起こしているのではないかという問題である。これは兵庫県に限ったことではないのだが、兵庫県のノリ養殖生産量は全国トップクラスであり、特にこの問題に注

目が集まっている。2015 年の瀬戸内法や基本計画の改正でもこの点が重視され、四つの柱の中に水質の保全に管理が加えられ、さらに兵庫県では栄養塩管理を目的とした水質管理の計画が策定されるのである。

(2) 瀬戸内法兵庫県計画と関連制度

　瀬戸内法に基づく兵庫県における沿岸域管理の諸制度を整理しよう。起点は瀬戸内海全域を対象とした瀬戸内法とこれに基づく基本計画である。これらによって定められた枠組みと基本方針に沿って、兵庫県計画が策定されることになっている。従って、2015 年の瀬戸内法と基本計画の改正によって、兵庫県計画の内容と次に述べるような直接関連する計画や制度も改正されている。

　兵庫県は、この計画を実行するために 2020 年に「瀬戸内海の環境の保全に関する兵庫県計画に基づく『豊かで美しい瀬戸内海』再生に向けた実施計画」（以下、実施計画）を策定した。これは兵庫県計画に掲げる施策を着実かつ効果的に進めるために、該当する事業の目標値を定め、年々それに対する実績値を把握し、両者を比較するようにしたものである。これまで兵庫県計画は指標の定めがなく、計画と施策があっても進捗管理が難しかったが、これによって PDCA を回すことが可能になった。

　また、瀬戸内法の新しい柱であり、前述した第二と第四の柱の整合を図る方法である水質管理を行うため、兵庫県は 2019 年に「豊かで美しい瀬戸内海の再生をさらに推進するための方策（水質の保全及び管理）について」（以下、水質保全管理方策）を策定し、水質目標値（下限値）の設定と目標達成の方途を定めた。これは、豊かな海を復元するためには一定基準の栄養塩が必要だという考えに基づくもので、ここにたどり着くために多くの研究によって科学的根拠が提供され、関係各署との調整が行われている。水質目標値（下限値）の設定に対しては、「水産用水基準〔（公社）日本水産資源保護協会：水産基準第 8 版（2018 年版）〕」が参考にされているが、先に紹介した瀬戸内海研究会議による研究成果もこれに大いに貢献している（松田ほか2009）。兵庫県はここで定めた水質目標値を達成するために、上の実施計画

の指標として明記し、次に述べる湾灘協議会等で定期的に点検することにしている。

このように瀬戸内法に基づく兵庫県の沿岸域管理は、瀬戸内法と基本計画、兵庫県計画、実施計画、水質保全管理方策というように細分化され、具体化された実施内容によって構成されている。水質管理ではこれに環境省による第7次総量削減計画に基づく窒素やリンの総量削減が加わる。さらに、施策の柱の領域が広がったことによって、海岸基本計画、港湾計画、漁業に関する規制や協定も関連の法制度や計画として関わってくる。このように、兵庫県計画を核とした沿岸域管理は、多数の関連する制度の組み合わせによって構成されていることがわかる。このような多数の制度と計画の組み合わせは沿岸域管理に関わる制度の束であり、2015年の瀬戸内法と基本計画の改正によって、兵庫県計画と関連する制度の束が作り直されたとみることができる。

(3) 兵庫県における沿岸域管理の仕組み

以上のような制度の束がどのような人と組織によって運用されるのかを見ていく。

兵庫県計画の改正にあたっては、兵庫県（農政水産部水大気課）が原案を作成し、専門家によって構成される兵庫県環境審議会が諮問機関として意見を述べ、湾灘協議会が利害関係者として意見を述べるというプロセスが踏まれている。播磨灘と大阪湾の管理に関わるPDCA（計画・実行・評価・修正）のP（計画）に相当するところである。

湾灘協議会は、兵庫県では国の関係機関（国土交通省、環境省、水産庁、海上保安庁）、沿岸関係市町、漁業関係者、事業者、兵庫県によって構成される「播磨灘等環境保全協議会」がその役割を担っている。この協議会は、実施計画の進捗をチェックするという役目も持っている。つまり、PDCAのC（評価）にあたる部分である。

このような関係者の調整組織とは別に、兵庫県庁内の沿岸域に関連する事業を所管する部署の調整を行うために、兵庫県環境適合型社会形成推進会議

（瀬戸内海環境保全部会）が設置されている。その組織で、兵庫県計画に記載される事業の調整や実施計画の実行と成果の把握が行われることになっている。ここは事業間の調整と共に PDCA の D（実行）を担う。

　一方、一般市民の活動であり、兵庫県計画とは直接関わらないものの、播磨灘や大阪湾で行われている里海づくりの活動が複数存在する。例えば、「ひょうごの水辺魅力再発見！支援事業」による五つの活動、「ひょうごの生物多様性保全プロジェクト」による海関連の 11 の活動とそれ以外の 5 活動、里海創生支援モデル事業として行われた 2 活動（赤穂市、相生市）などである。これらは行政による支援は受けているものの、基本的にはボランティア活動として行われているものである。このほかにも、明石市沿岸のタコ釣りのルール化（日高ほか 2021、第 10 章参照）や家島坊勢の遊漁ルール化（日高 2016）や保護区の設定（日高 2015）といった、漁業者が中心となった里海づくりの活動も多数存在する。しかし、「ひょうごの水辺魅力再発見！支援事業」においては、兵庫県は継続的な活動の支援や活動団体等のネットワーク化を行っているものの、他の活動についてはそのような支援は少なく、里海づくりのネットワーク化は進んでいない。

（4）兵庫県における取り組みの多段階管理システムとしての評価

　これまでの兵庫県の事例分析から次のようなことがわかった。まず、瀬戸内法と基本計画による瀬戸内海全域に共通で基本的な枠組みと基本方針によって、多段階管理のうちの都道府県連携が達成され、兵庫県計画によって兵庫県の沿岸域独自の状況に対応することになっている。また、兵庫県内でこれらに関わる人や組織も、専門家、利害関係者、庁内の関係部署が垣根を超えて計画の作成や実行、評価に関わる仕組みができている。このことから、沿岸域インフラの提供については組織の壁を超えて実行する体制が整えられている。一方、民間による里海づくりは多数の自発的・積極的な取り組みが行われている。しかし、取り組みの支援体制やネットワークは構築されていない。2015 年の瀬戸内法改正によって、湾灘協議会によるボトムアップで取り組みを進める枠組みが用意されたものの、里海づくりと里海ネット

ワークによるボトムアップはまだ進められていないということである。

　ネットワーク・ガバナンスに関しては、制度の束と評したように複数の縦と横のネットワークが形成されており、沿岸域インフラの提供に関してはネットワーク化されている。しかし、里海ネットワークが形成されておらず、地域での横の連携が不足していると指摘できる。また、全体の統合のためのPDCAサイクルは、2015年の瀬戸内法改正による関連制度の改正でそのプロセスが整備されたところである。ただし、持続可能性公準を盛り込んだ全体の目標は設定されていない。支援については、先にも述べたように里海づくりや里海ネットワーク化を支援する体制ができていない。

4.　香川県における沿岸域管理
(1)　香川県における沿岸域の課題

　香川県の沿岸域管理の取り組みは、瀬戸内法による瀬戸内海共通の対策に沿うとともに、独自の対応も行っている事例である。香川県は、瀬戸内法とは独立して、2013年に県独自で「かがわ『里海』づくりビジョン」(以下、ビジョン)を策定した。そして、2015年の瀬戸内法と基本計画の改正によって「瀬戸内海の環境の保全に関する香川県計画」(以下、香川県計画)が改正される際に、ビジョンの内容を新しい香川県計画に取り込み、独自性の高い計画を作成している。

　香川県の沿岸は、播磨灘、ひうち灘という二つの灘を含めて全て瀬戸内海に面している。海岸線総延長は約722kmで、長崎県に次いで日本で4番目に長い海岸線を持っている。また、県域は瀬戸内海に沿って東西に長く、南北に最も長いところでも約30kmしかなく、瀬戸内海との関わりが深い。さらに大小100余りの離島を抱えるという特徴もある。

　瀬戸内海における環境の変化は、1960〜1970年代の高度経済成長期に起こった。その期間に工業開発と人口増加によって陸域からの排水流入が増え、海面の埋立も増加し、浅海域の消滅や改変が生じた。その結果、水質の悪化と赤潮の発生によって水産生物への多大な被害が発生している。このあたりは兵庫県と同じである。

現在の沿岸環境について、香川県は次のような問題があると指摘している（香川県 2013）。すなわち、①改善が見られない有機汚濁（COD の環境基準達成率 40％）、②栄養塩の循環バランスの崩れ（養殖ノリの色落ちの発生）、③増加傾向にあるが、依然として少ない藻場、④対応が急がれる海ごみ問題、⑤人と海の関わりの希薄化、の五つである。最後の人と海の関わりの希薄化は基本計画や他の府県計画では指摘されていない独自の問題認識であり、これがビジョンにつながっている。

(2) かがわ「里海」ビジョンの策定

香川県は、これらの問題に対処するため、2012 年に里海づくりを本県の瀬戸内海における環境政策の柱に据えることを決め、さらに 2013 年の重点施策に加えた。その方針に基づき、2013 年 4 月に里海や沿岸域管理に関係する可能性のある団体組織を網羅する「かがわ『里海』づくり協議会」（以下、協議会）を設立した。協議会は、設立後直ちにワーキンググループを中心にビジョンの作成を行い、2013 年 9 月にはビジョンを完成させている。このビジョンは香川県による瀬戸内海に関する環境政策の柱として採択され、これ以降は、このビジョンに基づいてさまざまな事業や活動が実施された。このような取り組みの趣旨と経過については、松田（2014）で詳しく紹介されており、前著（日高 2016）でも取り上げた。

ビジョンの基本理念は、「人と自然が共生する持続可能な豊かな海」を作ることであり、それを目指すべき香川の「里海」の姿としている。そして、活動の柱として「交流と賑わいのある海」「美しい海」「生物が多様な海」の三つを挙げた。さらに、活動の基本方針として「全県域で、県民みんなで、山・川・里（まち）・海をつなげること」を挙げている。つまり、様々な関係者や活動を連携させ、ネットワークすることが活動方針の核である。

この基本理念と活動方針に基づいて、取組みを推進するための六つのポイントが設定されている。具体的には、①推進体制の構築、②理念の共有・取り組みへの繁栄、③意識の醸成、④人材育成、⑤ネットワーク化、⑥データに基づく順応的管理、である。これらのポイントに沿っていろいろな事業が

張り付けられている。

　瀬戸内法改正後の新香川県計画に引き継がれるのは、この基本理念と三つの活動の柱と活動方針、それに六つのポイントである。これについては後で説明する。

　ビジョンに基づく事業の特徴は、海岸保全施設の建設事業のように県が直接実施するハード事業ではなく、関係する団体組織や県民を巻き込んで行うイベントやプログラムのようなソフト事業が中心となっていることだ。これには、そのようなソフト事業を支援する事業も含まれる。これは、活動方針に示されたように、県民みんなで海を利用し保全する活動を行うこと、さらに山・川・里・海で従来は個別に行われていた事業をつなげることを実現するためのものである。例えば、海ごみ削減事業は、海ごみに関わる県庁内の他課だけではなく、流域市町と沿海市町が連携して対策を行うようになっている。また、地域での里海づくりを支援したり、関係者と連携するのを支援したりといった活動も含まれる。

　県が直轄事業としてあるいは監視者（支援者ではなく）として行うべき施策については、香川県計画の中に関係する県庁の部局が行うべき事項として取りまとめられている。その推進については、県庁内の検討会で部局を超えて取り組まれている。つまり、県庁内での部局の壁を越えて「全政府挙げてのアプローチ」として取り組まれたと評価できる。

(3) 新香川県計画の策定とビジョン

　香川県は、2016年の香川県計画改正にあたって、先に述べたようにビジョンの基本理念と活動方針や六つのポイントを新しい香川県計画の内容として取り込み、従来から県が行ってきた事業に加え、ビジョンに基づく取り組みを香川県計画の事業とした。図13-2は目指すべき香川の「里海」の姿として香川県計画に示された理念と目標とである。これはビジョンのものがそのまま引き継がれ、香川県独自の里海づくりを目指すこととされている。

　また、香川県計画の施策体系は、表13-2に示したように、香川県独自の基本理念の下に「美しい海」「生物が多様な海」「交流と賑わいのある海」と

図 13-2　香川県計画の理念と目標

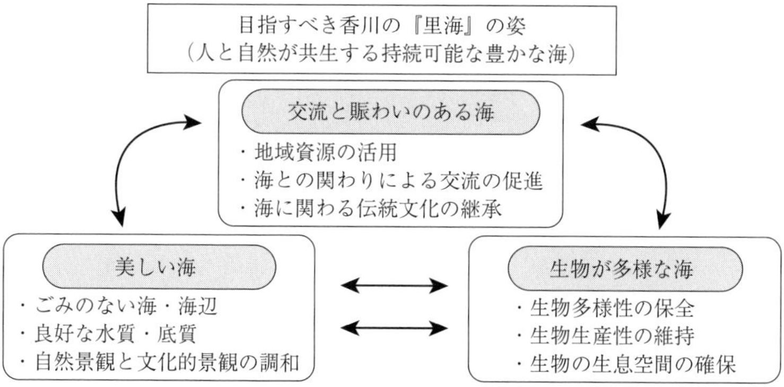

目指すべき香川の『里海』の姿
（人と自然が共生する持続可能な豊かな海）

交流と賑わいのある海
・地域資源の活用
・海との関わりによる交流の促進
・海に関わる伝統文化の継承

美しい海
・ごみのない海・海辺
・良好な水質・底質
・自然景観と文化的景観の調和

生物が多様な海
・生物多様性の保全
・生物生産性の維持
・生物の生息空間の確保

出所：香川県「瀬戸内海の環境の保全に関する香川県計画」p.4 より引用
https://www.pref.kagawa.lg.jp/kankyokanri/mizudojou/taisaku/setonaikai.html

表 13-2　香川県計画における三つの柱と主な施策

基本理念	〈大項目〉	〈小項目〉
かがわ「里海」づくり		里海づくりの推進
	美しい海	水質の保全及び管理
		自然景観及び文化的景観の保全
		廃棄物の処理施設の整備及び処分地の確保
		健全な水環境・物質循環機能の維持・回復
	生物が多様な海	沿岸域の環境の保全、再生及び創出
		水産資源の持続的な利用の確保
		島しょ部の環境の保全
	交流と賑わいのある海	自然景観及び文化的景観の保全
		基盤的な施策

出所：香川県「瀬戸内海の環境の保全に関する香川県計画」p.7 より作成

いうビジョンによる三つの柱を設定（大項目）し、それらに基本計画の四つ
の基本方針を振り分け（小項目）、その下に基本的な施策を張り付けるとい
う形で構成されている。さらに、それらに共通する項目として「里海づくり
の推進」と「基盤的な施策」が配置されている。
　この「里海づくりの推進」がビジョンの内容を引き継ぐものであり、次の

ような六つの項目を内容とする。すなわち、①かがわ「里海」づくり協議会を中心とした推進、②理念の共有、意識の醸成（プロモーション）、③人材の育成、④多様な主体のネットワーク化、⑤データに基づく順応的管理、⑥テーマごとの取り組み、の六つである。これらのうち、特筆すべきものとして次のようなものがある。

①の協議会は、先述したように香川県で里海や沿岸域管理に関わる可能性のある全ての団体組織が網羅されたものであり、21の団体組織がメンバーになっている。協議会の決議に法的効力はないものの、香川県の里海づくりに関する関係者の合意を表すものとなる。この協議会には、専門家がアドバイザーとして参加しているほか、テーマに応じた特定分野の専門家によるワーキンググループが置かれ、里海づくりの支援活動が行われている。また、この協議会は香川県計画では瀬戸内法で新たに導入された湾灘協議会としての性格を付与され、香川県計画に対する諮問組織の役割も持っている。

③の人材育成では、「かがわ里海大学」が設置され、里海づくりをけん引する人材育成が行われている。これは正規の大学ではなく、県が主導する研修組織であるが、年間に30近い講座が開設され、400〜500人の修了者を輩出している。

⑤のデータに基づく順応的管理では、里海づくりへの県民意識の啓発も兼ねて、県民参加型モニタリングが行われている。

⑥ではいくつかのテーマが設けられているうち、海ごみ対策が特徴的である。これは2013年に設置された国、県、内陸を含む全市町、各種団体で構成される「香川県海ごみ対策推進協議会」を母体として関係者が連携し、海ごみの回収、運搬・処理を行うというものである。

(4) 香川県における取り組みの多段階管理システムとしての評価

香川県における沿岸域管理は、2016年の県計画改正までは2013年に策定されたビジョンと旧香川県計画の二つによって進められていたが、2016年の改正でこの二つが統合した。新しい香川県計画にはビジョンで定めた里海づくりの基本理念と活動方針、さらにこれを実現するための施策が取り込ま

れ、香川県計画の柱の一つになっている。ビジョンに基づく施策は連携やネットワーク化を促進するソフト事業が中心であり、ビジョンの作成も関係者が広く参加して行われたものである。一方、基本計画に沿った施策は国・県・市町村という階層に基づく沿岸域インフラ提供のためのハード事業が中心である。この二つが一緒になったということは、新香川県計画には沿岸域インフラの提供と里海づくりならびに里海ネットワークの三つのプロセス、それに関係者の横のつながりと行政の縦のつながりが含まれるようになったということである。

　香川県における取り組みの特徴は、何といってもビジョンの理念と施策によって、つながりを重視している点にある。様々な主体による活動を支援したり、連携させたりといった取り組みを行っていることから、前著では「支援型アプローチ」と称した。このことは、ビジョンが香川県計画に取り込まれてもしっかりと継続されている。それは、かがわ里海大学や県民参加型モニタリング、さらには里海コンシェルジェなどの活動が活発であることからもわかる。ただし、香川県では大阪湾や兵庫県で多く見られる市民による里海づくりが少ない（前著の調査では2件、今回調べたところでも4件）。一方、海ごみ活動への参加や直島に代表される島嶼部での文化活動が活発であることから（例えば、宮本2012）、市民と沿岸域との関わり方について里海とは別の視点から深く調べる必要がある。

　さらに、ビジョンを引きついだ基本理念と活動方針は、香川県計画に具体的な将来像と明確な方向性を与えており、多様な施策を内容とする香川県計画を全体としてまとめる役割を持つと考えられる。ただし、香川県計画では施策ごとに成果指標とする項目を決めているものの、基準や目標となる値の設定には至っていない。特に、図13-2で示した目指すべき香川の「里海」の姿は持続可能性公準を盛り込んだものとして客観的に示されるべきであり、今後の課題である。

　また、ビジョン策定の母体となり、現在は湾灘協議会と位置付けられているかがわ「里海」づくり協議会は、沿岸域に関心のある全ての団体が自由に参加するもので、地域における横の連携を作るネットワーク組織としての性

格を持つ。これが今後中間支援組織として機能しうるかどうかが課題である。

5.　まとめ

　瀬戸内海沿海の府県は、瀬戸内海全体あるいは近隣の府県との関わりを考慮しながら当該海域の管理を考える必要がある。瀬戸内法と基本計画は、瀬戸内海全域に及ぶ共通の方針で制度的に府県の取り組みの足並みをそろえ、瀬戸内海全域の管理と府県海域管理の整合を図る階層的な仕組みとなっている。それに加えて、知事市長会議、研究会議、保全協会の三者によって行政や民間による横のつながりを作る仕組みがある。これによって、瀬戸内海全体の環境管理に関して、縦と横のつながりが形成されているということになる。多段階管理の第四段階で都道府県の協定としたが、瀬戸内海の場合はこのような縦と横のつながりによって府県間の連携が作られている。このような連携による管理の姿はすり合わせ型[1]の管理と呼ぶことができる。

　各府県の計画も同じように、縦横につながる関連の法制度や組織の連携によって形成されている。しかし、縦横のつながり方は府県によって違っており、兵庫県は水質管理と水産資源のバランスに関する沿岸域インフラの提供について、香川県は里海づくりの基本理念と活動方針に基づいた支援型アプローチについて独自性を発揮している。

　問題は、両県ともに多段階管理システムの基本となる里海づくりや里海ネットワークの形成が進んでいないことである。兵庫県では多数の里海づくりの活動があるものの、それらをネットワーク化するための仕組みがない。逆に香川県では仕組みがあるものの、里海づくりの活動自体が少ないという、いずれもボトムアップの問題である。

　瀬戸内法と基本計画の改正によって、府県間の連携と府県内の沿岸域インフラの提供に関しては、法制度や組織の縦横のつながりが進み、マネジメント力は高まったと考えられる。今後は、ボトムアップの部分をどのように強化するかが課題である。

注

1) すり合わせ型（またはインテグラル型）とは「工業製品やシステムの構造・設計の分類の一つで、構成要素が相互に密接に関連していて、一部分の変更が他の箇所に与える影響が大きいもの」である（IT 用語辞典 eWords より引用）。事例として自動車産業がある。

参考文献

荏原明則（2007）「沿岸域の統合的管理に向けて」、瀬戸内海研究会議編『瀬戸内海を里海に―新たな視点による再生方策―』、恒星社厚生閣、pp.67-83

香川県（2013）『かがわ「里海」づくりビジョン』
　https://www.pref.kagawa.lg.jp/documents/10706/satoumibijon25.pdf　20210914

佐藤均（2016）「NPO の取り組み、希望」（特集　瀬戸内海環境保全特別措置法改正―転換期を迎える瀬戸内海の環境保全―）、瀬戸内海、No.71、pp.27-30

日高健（2015）「戦後 70 年　漁協は里海にどう関わるべきか」、月間漁業と漁協、53(12)、pp.16-21

日高健（2016）『里海と沿岸域管理―里海をマネジメントする―』、農林統計協会、pp.221-248

日高健・田原暖・上原拓郎（2021）「多様な関係者による沿岸域利用のルール形成要因と因果関係：明石市沿岸のタコ釣りを事例に」、沿岸域学会誌、33(4)、pp.71-81

兵庫県農政水産部水大気課（2016）「瀬戸内海の環境の保全に関する兵庫県計画の策定」
　https://web.pref.hyogo.lg.jp/governor/documents/g_kaiken20161024_03.pdf　20210911 閲覧

松田治（2008）「瀬戸内海の新たな再生方策としての「里海」づくり」、学術の動向、13(6)、pp.15-23

松田治（2014）「沿岸環境の再生と機能回復（第 55 回）見えてきた"かがわの「里海」づくり"：香川県全域での三次元的な取り組み」、アクアネット、17(5)、pp.58-62

松田治・柳哲雄（2009）「瀬戸内海研究会とは何か？」日本水産學會誌、75(5)、pp.937-941

宮本結佳（2012）「住民の認識転換を通じた地域表象の創出過程：香川県直島におけるアートプロジェクトを事例にして」、社会学評論、63(3)、pp.391-407

第14章　県域を越えた海域の管理
―大阪湾―

1.　はじめに

　前章では、2015年に改正された瀬戸内海環境保全特別措置法（以下、瀬戸内法）とその基本計画による瀬戸内海全域を対象とする環境保全に関する基本方針と、それに基づいて作成された兵庫県計画と香川県計画を見てきた。これまで瀬戸内海の環境保全を目的とした瀬戸内法を核とする管理の仕組みは、2015年の改正によって大きく対象領域を広げ、総合的な沿岸域管理といってよいものになっている。この章では、瀬戸内海の東端にあり、そのような瀬戸内法による沿岸域管理の枠組みに加えて、大阪湾再生行動計画（以下、再生行動計画）によって二重の沿岸域管理が行われている大阪湾の管理を見ていく。

　再生行動計画は、管理主体として関係する省庁と自治体を網羅するだけでなく、活動の領域も環境保全を含む多様なものとなっている。このため、再生行動計画と瀬戸内法・基本計画ならびに府県計画の内容には重複が生じている。しかし、両者の間には補完関係があり、両者が連携することによって、大阪湾の総合的な沿岸域管理を行う仕組みが構築されているように思われる。その内容について、多段階管理システムの枠組みに沿って具体的に分析する。

2.　大阪湾における沿岸域管理の前史

　大阪湾は、淡路島北端の明石海峡から紀淡海峡に至る楕円形の海域である。広さは約1,450km^{2}で、東側の大阪平野に面した部分は浅く、西側の淡路島に向かって水深は深くなっていき、淡路島北東部で約60mとなっている。西では明石海峡で播磨灘と、南では紀淡海峡で紀伊水道を介して太平洋

とつながっており、海水の交換があるものの、閉鎖性の高い海域といってよい。

　大阪湾の沿岸には複数の臨海工業地帯が形成され、さらにそれらとリンクした巨大港湾がある。また、大阪市や神戸市をはじめとした巨大都市もあり、多くの人口が集中する場所となっている。このため、高度経済成長期に工業開発と都市化による海域の環境汚染が起こり、瀬戸内海の中でも特に水質悪化の激しい海域となった。これに対し、1970年代から様々な環境保全の措置が取られるようになり、環境の悪化が収まり、幾分回復の兆しが見えてきた1990年頃から、京阪神地域における都市のあり方が見直されることとなった。その中で、都市と海の関わり方、さらには市民と海の関わり方に注目がいくようになるのである。

　このあたりの経緯課題については遠州（1989）が説明している。これによると、この時期の大阪湾の開発はこれまでの沿岸浅所の広範な埋立による臨海工業型から、関西国際空港や神戸ポートアイランドのような人工島による都市型複合開発に変わったとしている。そして、瀬戸内法の制限に反する開発と環境問題の懸念があるとし、その原因として計画や管理の非民主性を挙げた。その解決のためには、米国カリフォルニア州のサンフランシスコ湾保全・開発委員会（BCDC）のような管理組織と、それを支える市民の関心と市町村の計画が必要としている。

　この指摘に応えるように、大阪湾ベイエリア開発推進協議会（7府県知事、3政令市長、経済団体、学識によって構成）によって1991年に「大阪湾ベイエリア開発整備のグランドデザイン」（以下、グランドデザイン）が策定された。これは、「世界都市"関西"形成のフロンティア」を開発理念とするもので、大阪湾と播磨灘のベイエリアを世界都市として魅力的な空間にするために、快適な都市環境づくりを行って積極的に親水空間を創出しようとするものである（宮本2007）。

　グランドデザイン自体は沿岸域の総合管理というよりも沿岸域のウォーターフロントにおける都市機能強化のための総合開発計画という方がふさわしい。しかし、開発整備の基本的な考え方の一つとして「新たな環境創造」

があり、その方向の一つとして「大阪湾ベイエリアの持つ環境資源の回復・保全・創造と活用」が挙げられている。さらに、それを実現するためのシンボルプロジェクトとして「なぎさ海道」があり、このプロジェクトを効率的に推進するため、1997 年に「『なぎさ海道』推進マスタープラン」が作られた。このマスタープランによると、「なぎさ海道」とは、多様な生物が生息し、豊かな自然が広がる「なぎさ」と、様々な人間活動が展開されている海岸に沿った「海道」が重なり合うことで生まれる、人と海とが豊かに触れ合う魅力ある海辺空間である。なぎさ海道プロジェクトは、広報、交流・連携、調査・研究を内容とするソフトプロジェクトで、ウォーターフロントにおけるパブリックアクセスの確保や地域間の連携、さらに関係者の連携が大きなテーマとなっている。

　このグランドデザインと重なる形で、2001 年には内閣に都市再生本部が設置され、大都市圏における都市環境インフラの再生を目指す都市再生プロジェクトが立ち上げられた。海の再生は第三次決定で盛り込まれ、まず東京湾での再生プロジェクトが行われることになった。大阪湾では、2003 年に大阪湾再生推進会議が設置され、2004 年には大阪湾再生行動計画が策定された。これは 10 年を期間とするもので、2014 年には現在の第二期計画が策定されている。

　これに先立って 1978 年に瀬戸内法と基本計画、これに基づく府県計画（大阪府、兵庫県、和歌山県）が瀬戸内海の他の県とともに策定されている。したがって、大阪湾においては、2000 年代には上記のグランドデザインと再生行動計画、それに瀬戸内法関連の諸計画が同時並行で進められていたということである。

　グランドデザインはウォーターフロントが対象であるため、他の計画との直接的な重複は少ないのだが、水辺の都市再生として水際線の開放やなぎさの豊かな自然あるいは親水空間の整備を重視している点は、この時代の流れを象徴しているように思う。重要な点は、この流れが再生行動計画と瀬戸内法関連にどう反映されているのかという点と、他の計画の間の重複がどのように調整されているかである。

3. 再生行動計画の構成

　2001 年に都市再生本部で決定された都市再生プロジェクト（第三次決定）では、「Ⅲ. 大都市圏における都市環境インフラの再生」として、豊かでうるおいのある質の高い都市生活を実現するために、自然環境を保全・創出・再生することにより水と緑のネットワークを構築するとし、水循環系の再生として海の再生をあげている。これに従って、東京湾奥部の再生が 2002 年、大阪湾での取り組みが翌 2003 年に始まった。

　2003 年には大阪湾再生推進会議（以下、推進会議）が設立されている。この会議は、関係 5 省庁（内閣官房、農林水産省、経済産業省、国土交通省、環境省）、流域 6 府県（滋賀県、京都府、大阪府、兵庫県、奈良県、和歌山県）、流域 4 政令市（京都市、大阪市、堺市、神戸市）および（財）大阪湾ベイエリア開発推進機構によって構成されている。つまり、推進会議は、大阪湾沿海ではなく、大阪湾流域に関係する省庁と自治体で構成されており、省庁横断型・自治体横断型の組織ということができる。この推進会議を母体として、2004 年に第一期の再生行動計画が策定された（小川 2004、村井 2004）。

　再生行動計画によると、瀬戸内法の成果と残された課題として、良好な環境の回復、汚泥からの栄養塩等の溶出などの問題を解決し、豊かで潤いのある質の高い都市生活を実現するために、都市環境インフラとしての海の再生と市民と海との新たな関わりを構築することが必要であることが挙げられている。これらの課題の解決によって達成する大阪湾の姿として、「森・川・海のネットワークを通じて、美しく親しみやすい豊かな『魚庭（なにわ）の海』を回復し、京阪神都市圏として市民が誇りうる『大阪湾』を創出する」（大阪湾再生行動計画（第一期）、p.1 より引用）が目標として示されている。

　また、施策の推進方針として、次の五つの柱が掲げられている。

　　①陸域負荷削減施設の推進

　　②海域での環境改善施策の推進

　　③大阪湾再生のためのモニタリング

　　④アピールポイントでの施策の推進

　　⑤実験的な取り組み

　さらに、施策の実行状況と成果を把握するために、多様な生物の生息・生育に関するものと人と海との関わりに関するものについて、質の改善と場の改善に分けて具体的な目標と指標が設定されている。

　第一期の再生行動計画は、中間評価とそれに基づく改正を経て、2013 年に終了し、2014 年には第二期の計画が策定されている。ただし、これは全面的な改訂ではなく、第一期計画の評価を踏まえた追加・修正が加えられたものである。

　再生行動計画の施策体系については、表 14-1 に示したとおりである。全体の目標のもとに、施策の柱となる三つの目標があり、さらに目標が細分化され、その目標ごとに施策と評価指標が定められている。実施状況については、計画期間の中間年となる 5 年目の 2019 年と最終年の 10 年目にあたる

表 14-1　大阪湾再生行動計画（第二期）の目標と施策

目標要素		施策
美しい『魚庭 (なにわ) の海』	水辺を快適に散策できる海（湾奥部）	生活排水対策
		汚濁負荷対策
		河川浄化対策
	水に快適に触れ合える海（湾口部、湾央部）	森林整備等
		浮遊ごみ、漂着ごみ、河川ごみ等の削減
		モニタリングの充実
親しみやすい『魚庭 (なにわ) の海』	水辺に容易に近づける海	砂浜、親水護岸等の整備
	魅力的な親水施設や多彩なイベントがある海	親水緑地等の整備
		イベントの開催
	市民や企業が積極的に関わる海	市民や企業の取組への参加促進、取組の支援
豊かな『魚庭 (なにわ) の海』	多様な生物が生息し、豊富な海産物の恵みが得られる海	藻場・干潟・浅場、緩傾斜護岸等の整備
		窪地の埋め戻し
		漁場整備
		モニタリングの充実

出所：大阪湾再生推進会議「大阪湾再生行動計画（第二期）」より作成

2024 年に定性的な評価と評価指標に基づく定量的な評価が行われることになっている。

4. 再生行動計画の特徴

　再生行動計画の特徴は、総合的な沿岸域管理の性格を保有していること、目標と施策に設定された評価指標を使った PDCA プロセス（P：計画、D：実行、C：評価、A：修正）が構築されていること、市民活動や市民参加が積極的に進められていることの三つにまとめることができる。以下、順に説明しよう。

(1) 総合的な管理計画としての評価

　再生行動計画は、大阪湾再生推進会議によって策定されたものであり、その内容は会議メンバーである省庁や自治体が所管する事業によって構成されている。しかし、寄せ集めというわけではなく、共通の理念と施策の方針のもとに、関連する事業が体系的にまとめられたものとみるべきである。従って、本来は他の事業計画に属する事業も多くあるのは当然であり、重複が生じるのは仕方がないものである。重要なのは、それまでバラバラであったものが共通の理念と施策の方針によって総合化されることであり、これによって重複ではなく連携となるようなメリットが生み出されるかどうかである。この点で特に問題となるのが、瀬戸内法関連の計画との重複であり、府県計画との整合あるいは連携が取れているかどうかである。この点は次の項で詳細にみることとする。

　施策の内容では、再生行動計画における施策の推進方針と表 14-1 の施策体系を見ると、沿岸域管理で重要な側面である環境保全と国土の保全、水産資源の有効利用といった項目がカバーされている。それに、陸域からの負荷軽減のための施策も盛り込まれており、総合的な管理の計画と見てよいだろう。海運や港湾などは直接の管理対象からは外れているが、連携を図ることになっている。

　また、大阪湾に関係する省庁や流域の自治体が推進会議のメンバーとなっ

ており、空間的な広がりも確保されている。また、行政組織間あるいは事業間の調整を図るために幹事会が設置されており、個別具体的な課題に対しては組織横断のワークショップが設けられている。例えば、淀川河口域の富栄養化対策については、この問題を専門に扱うワークショップによって頻繁に議論が行われ、対策が検討されている。

　以上のように、再生行動計画には大阪湾に関わる省庁・自治体が参加し、様々な施策を取り込んで体系的に配置し、大阪湾の海域だけでなく流域である陸域もカバーしていることから、大阪湾の総合的な管理計画の骨組みが用意されたと評価していいだろう。

(2) PDCA と順応的管理

　環境管理において重要視されることの一つに順応的管理が行われているかどうかというのがある。自然環境の状態は常に変化するものであり、順応的管理はその予測不能の変動に応じた適切な管理が行われるように環境施策を合理的に実行するというものである（古川ほか 2005）。そのためには、まず管理のプロセスの中に、PDCA サイクルと言われる過程が構築されている必要がある。順応的管理を行う上で重要になるのが、管理計画の実行結果を迅速かつ適切に評価することであり、評価を行うための成果指標が定められていることである。さらに評価結果を受けて計画自体や事業の内容、組織の構成などを迅速かつ的確に修正することも不可欠である。

　この点において、再生行動計画は全体目標と施策ごとの具体的な評価指標を設定しており、施策の実施結果については 5 年ごとに評価し、計画の内容や事業内容を修正することになっている。第一期計画は 2004 年に策定された後、2009 年に中間評価によって計画の修正が行われた。第二期計画は、2014 年 3 月にまとめられた「大阪湾再生行動計画（第一期）最終評価報告書」を踏まえて、2014 年 5 月に策定されている。さらに、2019 年には中間評価が行われ、各施策の進捗状況と評価指標に基づく成果がチェックされたところである。

　瀬戸内法関連では、2015 年改正の前には水質等の環境に関する基準は厳

密に定められていたのだが、施策に対するPDCAプロセスは構築されていなかった。しかし、府県計画の施策で再生行動計画の中に組み込まれている部分については瀬戸内法改正前からPDCAプロセスの対象となっていたということである。ただし、瀬戸内法の2015年改正で府県計画自体に評価項目が決められたところである。

　問題は、個別施策の進捗管理はこのような仕組みによってうまくできるのだが、だからといって全体目標が達成できるかどうかはわからないことである。その理由として、個別の評価指標の達成が全体目標の達成につながるプロセスが説明されていないことが挙げられる。全体としての順応的管理が機能するには、個別の評価指標と全体目標をつなぐような統合型の評価指標、つまり各施策の実施によって個別の評価指標が向上し、その結果、目的とする大阪湾に近づいていることを示すような指標の開発が必要である。

(3) 市民活動と民間ネットワーク

①アピールポイント

　再生行動計画の特徴として、市民活動への大きな関心がある。再生行動計画における市民活動の位置づけは、豊かで潤いのある質の高い都市生活のために市民生活と水辺空間との関わりが重要というだけでなく、大阪湾再生の取り組みを継続的に進めるためには、多くの市民の参画が不可欠という認識である。そこで、市民参画を得ていくために、まず大阪湾や大阪湾につながる森や川を親しみの持てる身近な場所とし、より良い環境にしていく意識を育み、取り組みへの理解・関心につなげていくことを求めている。これは再生行動計画の策定時から織り込まれており、前段のグランドデザインで都市の魅力を向上させるために親水活動や水辺へのパブリックアクセスを改善することを重視したことが引き継がれていると思われる。

　これを実現するために、再生行動計画では、大阪湾や大阪湾につながる森や川についての理解を深められる場所を「アピールポイント」として設定している。表14-2はアピールポイントの一覧である。それぞれのアピールポイントはさらに細かいポイントに分かれており、各ポイントで親水施設が整

表 14-2　再生行動計画におけるアピールポイントの一覧

No.	アピールポイント	アピールポイントに含まれるエリア
①	潮風かおる港町神戸	須磨海岸、兵庫運河、ハーバーランド HAT 神戸、ポートアイランド、神戸空港
②	水に親しみ学べる尼崎の海辺	尼崎運河周辺
③	まちなかで水に親しめる水都大阪の水辺・海辺	中之島、舞洲～夢洲、新島、咲洲
④	豊かな自然と歴史を感じられる琵琶湖	琵琶湖
⑤	市民が参加した川づくりが進む大和川	大和川、佐保川
⑥	海に親しめる多様な場がある堺の海辺	堺浜、堺旧港
⑦	海の恵みを楽しめる堺・高石の漁港	堺（出島）漁港、高石漁港
⑧	海水浴やマリンレジャーが楽しめる阪南・泉南の海岸	二色の浜、せんなん里海公園
⑨	海の恵みを楽しめる泉南の漁港	泉佐野漁港、田尻漁港、岡田浦漁港、深日漁港、小島漁港

出所：大阪湾再生行動計画（第二期）p.14 より引用

　備されるとともに、市民参加型の様々なイベントや環境保全等の活動が行われている（井口ほか 2006）。そのような活動数は、第一期計画の終了時点で 35 カ所であり、うち 17 カ所で参加者の持つ改善後のイメージを達成したとされている（大阪湾再生推進会議 2004、p.8）。このようなアピールポイントでの活動の多くは里海づくりとみなされるものである。

　アピールポイントのほかにも、再生行動計画では市民が参加するあるいは対象となる活動として、大阪湾生き物一斉調査のような市民参加による環境モニタリング、海洋環境や海ごみに関する環境学習会、シンポジウムや市民フォーラムなどが積極的に行われている。

②大阪湾見守りネット

　以上のようにアピールポイントや市民参加型モニタリングのような施策によって市民活動を支援し、活発にしていることが再生行動計画の特徴の一つ

図 14-1　大阪湾見守りネットの機能

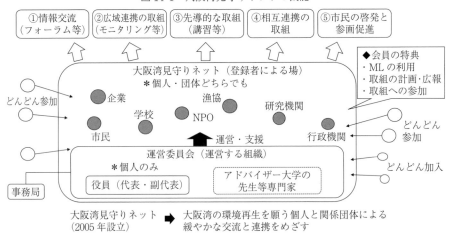

出所：大阪湾見守りネット HP より引用

であるが、さらにそれを支援する民間活動が行われていることも特徴的である。

　大阪湾見守りネットは、2005 年に再生行動計画によるイベントに参加した有志によって結成された任意団体である。会員は、大阪湾の環境再生を願う市民、NPO、研究者、企業、行政などであり、結成時には 170 の個人・団体が会員となった。主な活動としては、情報交流、広域連携によるモニタリング、先進的な取り組みの講習会、相互連携の支援がある。再生行動計画の施策である市民による大阪湾に関する情報共有や交換を行う「大阪湾フォーラム」の企画運営や「大阪湾生き物一斉調査」の取りまとめ役も担っている。この組織自体が保全活動を行うのではなく、他の団体組織を連携させたり、支援したりすることを活動内容としており、中間支援組織である。その機能は図 14-1 に示されている。

5.　再生行動計画と瀬戸内法との整合
(1)　瀬戸内法・基本計画に基づく府県計画
　大阪湾は瀬戸内海の一部であるため、瀬戸内法による枠組みで環境管理が

行われれることになる。大阪湾に直接関わるのは、瀬戸内法と基本計画に従って作成される府県計画であり、兵庫県計画、大阪府計画、和歌山県計画が対象となる。大阪湾の環境管理を考える上で、再生行動計画とこれらの府県計画との整合あるいは連携は大きな課題である。府県計画は、2015 年の瀬戸内法と基本計画の改正によって大きく内容が変わったため、再生行動計画との関係も変化している。以下では、その変化の内容について、大阪湾で最も大きな管理区域を持つ大阪府計画でみていく。

　2015 年の瀬戸内法と基本計画の改正内容については、第 13 章でみたところである。主なところは、基本理念（将来像）を定めたこと、従来の二つの施策の柱から四つの柱に変更したこと、成果指標を定めたことである。

　2016 年に策定された新大阪府計画を具体的にみると、将来像は「多面的価値・機能が最大限に発揮された『豊かな大阪湾』が実現している」こととされている。そして、施策の柱（大項目）は、表 14-3 に示したように①沿岸域の環境の保全、再生及び創出、②水質の保全及び管理、③都市の魅力を高める潤い・安心の創出と自然景観および文化的景観の保全、④水産資源の持続的な利用の確保、⑤基盤的な施策、が設けられた。これらの大項目は瀬戸内法の基本計画をもとに記述が追加されている。そして、基本的な施策の中に大阪府独自のものが多数織り込まれている。

　新大阪府計画の特徴は、第一に施策の柱として「③都市の魅力を高める潤い・安心の創出」が追加されたことであり、その内容として親水空間・機会、緑地や森林の保全が定められたことである。これは都市環境の改善を目的とする再生行動計画と軌を一にするものである。第二は、大阪湾をゾーニングし、ゾーンの状況に合わせた施策を決めていることである。大阪湾における水質環境は 2000 年以前に比べて大いに改善されたものの、偏りが大きく、湾奥・湾中央部・湾口において水質のレベルが全く異なることである。これに対応した水質保全や管理が検討されるようになっている。このような水質の保全と管理に対する施策は、再生行動計画に比べて大幅に手厚くなっている。第三は、「⑤基盤的な施策」の中で、住民の意識向上、里海づくりや美化活動への住民参加、環境学習が配置されていることである。これも市

表 14-3　新大阪府計画における施策の内容

大項目	基本的な施策
1　沿岸域の環境の保全、再生及び創出に関する目標	(1) 湾南部における『里海づくり』の推進及び湾奥部における生物が生息しやすいばの創出
	(2) 藻場・干潟・砂浜・自然海浜の保全等
	(3) 海砂利の採取の抑制・埋め立てに当たっての環境保全に対する配慮
2　水質の保全及び管理に関する目標	(1) 栄養塩類の適切な管理。
	(2) 有害化学物質・油汚染の防止
	(3) 健全な水循環・物質循環機能の維持・回復、気候変動への適応に向けた取組の推進
3　都市の魅力を高める潤い・安心の創出と自然景観及び文化的景観の保全に関する目標	(1) 史跡、名勝、天然記念物、緑地等の保全及びエコツーリズムの推進
	(2) 漂流・漂着・海底ごみ対策の推進及び自然との共生や環境との調和に配慮した防災・減災対策の推進
	(3) 大阪の特徴を活かした、海と都市景観・産業景観が一体となった景観の魅力の創出
4　水産資源の持続的な利用の確保に関する目標	(1) 栽培漁業の推進及び広域的な漁場整備の推進
	(2) 資源管理型漁業の推進、資源管理への遊漁者の協力
	(3) 地先海域における漁場整備の推進
5　基盤的な施策	(1) 水質等の監視測定および環境保全に関するモニタリング、調査研究、技術の開発等
	(2) 廃棄物の処理施設の整備及び処分場の確保
	(3) 環境教育。環境学習の推進、広域的な連携の強化、国内外の閉鎖性海域との連携等

出所：新大阪府計画（瀬戸内海の環境保全に関する大阪府計画）より作成

民活動を積極的に支援する再生行動計画に呼応するような内容である。ただし、再生行動計画ではアピールポイントのような市民活動を促進する施策が講じられているのに対し、新大阪府計画ではそのような施策は少ない。

(2) 大阪府計画と再生行動計画の違い

　以上の特徴を踏まえて、府県計画と再生行動計画の違いを整理する。

　2015 年改正前は、瀬戸内法は水質環境の保全、自然景観の保全が目的で

あったため再生行動計画との施策の重複は少なく、再生行動計画の施策体系の中で大阪湾の管理施策における環境保全の部分を大阪府計画が担当するという分担になっていたと思われる。

　これに対し、瀬戸内法改正によって大阪府計画の施策の柱が大幅に広がったため、両者は多くの領域で重複するようになっている。ただし、水質環境の保全と管理に関する取り組み、市民活動の取り上げ方、施策の対象範囲の広さで大阪府計画と再生行動計画には違いがある。それを以下で見ていこう。

　水質環境の保全と管理に関しては、大阪府計画では元々中心的な施策であったうえに、瀬戸内法改正によって水質管理が追加されたこともあり、新大阪府計画においては水質の保全と管理の内容が強化されている。この部分は、改正前と同じく再生行動計画の環境管理の部分を新大阪府計画が分担しているとみることができる。

　市民活動については、アピールポイントや大阪湾見守りネットによる支援活動など、再生行動計画による市民活動に関する施策は手厚いものがある。新大阪府計画では、改正後に市民活動への配慮が加わったが、その具体的な内容は再生行動計画に依存していると言ってよい。

　活動の対象範囲については、活動領域と地理的な範囲の二つの違いがある。いずれも再生行動計画ではカバーする範囲が広く、陸上の事業や活動に関する施策もある。新大阪府計画では森林との関わりが付加されたが、陸域と海域との連携という意味では再生行動計画が多くの施策を持っている。地理的な範囲では、再生行動計画が流域を対象としているのに対し、新大阪府計画は大阪府の管轄海域だけが対象となる。これは管理主体の構成からも言えることで、再生行動計画の管理主体となる推進会議は関係省庁・流域自治体を構成メンバーとする。ただし、新大阪府計画は瀬戸内法と基本計画によって大阪湾沿岸の他県の計画と連携している。

　以上から、大阪湾の総合的な管理という点では、活動領域でも地理的な範囲でも再生行動計画のカバーする領域や範囲が大きく、新大阪府計画が瀬戸内法改正による活動領域の拡大で総合的な管理の性格を持つようになったと

はいえ、その差は大きい。しかし、再生行動計画の中に新大阪府計画が連携をとってうまく組み込まれていれば、新大阪府計画の強みである水質の保全と管理に関する施策がその中に反映され、再生行動計画の環境保全面での管理力が強化されることになる。基本的に両計画は補完関係にあり、両者が有機的に連携することで管理効果が高まることが期待できる。この点について、再生行動計画と瀬戸内法に基づく管理の仕組み（以下、瀬戸内法体系）を比較して検討しよう。

(3) 複数の区域にまたがる管理の統合

　再生行動計画と瀬戸内法体系を比較すると、個別の自治体の区域を超えた管理に関しての調整や統合の仕方の違いがあることがわかる。

　瀬戸内法体系では、瀬戸内法と基本計画によって瀬戸内海全域に共通する基本的な方針を作成し、それに従って、個別府県の区域での管理計画が府県計画として作成される。基本方針に従っているかどうかは、環境省への協議で確認される。瀬戸内法改正後に個別の状況への対応がより認められるようになったとはいえ、まだ環境省による共通方針を貫徹する力は強い。トップダウン型であると同時に、共通方針と現地の状況を調整するすり合わせ型の管理であると言えよう。

　これに対し、再生行動計画では大阪湾に対する共通の理念や目的を設定し、その下に施策の柱を据え、それに沿って関係する省庁や自治体の関連事業を集め、一つの計画としてまとめるという方法が取られている。これは自治体の総合計画などで取られる方法であり、自治体では首長による管理権限、特に予算によって執行がコントロールされる。再生行動計画ではそのようなコントロールができないため、全体方針へ統合する管理力は瀬戸内法体系に比べて弱い。その代わりに、中間と最終の成果指標に基づく評価によるPDCA管理がコントロール力を強めているように思われる。これは、自治体から見るとボトムアップ型で既存の事業を組み合わせるモジュラー型[1]の管理であると言える。

　ここで重要なのは、府県の海域を超える瀬戸内海の沿岸域管理に関して、

再生行動計画と瀬戸内法体系のどちらの方法が優れているかではなく、再生行動計画が策定されている大阪湾と広島湾については、両方の枠組みが適用されているという点である。その結果、すり合わせ型で出来上がった府県計画が、モジュラー型で作成された再生行動計画の中にうまく組み込まれる形になっている。

　このことから両者は補完・連携関係にあるとみなすことができる。つまり、再生行動計画における水質環境に関する部分を新大阪府計画が受け持ち、新大阪府計画で弱い市民活動との連携を再生行動計画が強化しているということである。これが実際にどうであるかは、大阪府計画が改正されてから、まだ再生行動計画の評価が行われていないので、今後の評価を待ちたい。

6.　まとめ

　この章では、複数の府県の区域にまたがる沿岸域管理の事例として、大阪湾を取り上げて、再生行動計画と大阪府計画の関係をみてきた。

　再生行動計画は、対象とする活動領域と地理的な範囲ならびに関係する省庁や自治体の広さから、総合的な沿岸域管理の性格を持っていると評価していいだろう。ただし、共通理念と施策の方針のもとに、メンバー組織が所管する施策を集めて体系化したものであり、その実効性が問題になる。この計画では、それを共通理念、施策方針、具体の施策、評価、修正という一連のPDCA プロセスを構築し、中間と最終の二段階の詳細な評価によって実効性を確保しようとしている。

　新大阪府計画は、その中で水質環境に関する詳細な施策を担当することになっている。瀬戸内法体系のもとで作成された新大阪計画が、モジュラー型の再生行動計画に組み込まれることにより、再生行動計画に瀬戸内海の共通方針を取り込むことを可能にしている。

　市民活動との連携について、新大阪府計画では 2016 年の改正によって追加された施策であり、再生行動計画では当初からアピールポイントのように目玉となっている施策である。実際の海辺での活動内容をみると、ほとんど

が里海づくりの活動と呼んでよいものであり、一部は環境省（2011）や前著（日高 2016）で里海づくりの事例として取り上げられている。アピールポイントでみると 35 件あり、里海づくりが活発に行われているとみてよいだろう。さらに、このような市民活動を支援し、連携を図る中間支援組織として大阪湾見守りネットがある。これは再生行動計画から派生した民間組織であり、活発な支援活動を行っている。本稿で紹介しなかったが、企業や研究機関による大阪湾に関する研究開発を支援する大阪湾コンソーシアムもある。これは一般社団法人大阪湾環境再生研究・国際人材育成コンソーシアムによって運営されるもので、大阪湾見守りネットとともに民間による活動のネットワーク化を進めている。

　以上の大阪湾における取り組みを多段階管理システムの構造に照らし合わせると、里海づくり、里海ネットワーク、沿岸域インフラ、都道府県連携の各段階において取り組みが行われており、多段階のシステムが構築されているように思われる。また、ネットワーク・ガバナンスの視点では、再生行動計画と大阪府計画が連携関係にあるとするならば、縦の関係、横の関係、全体の統合、支援という各項目が充足される。つまり、ネットワーク・ガバナンスによる多段階管理システムは高いレベルで構築されており、この考え方と仕組みによる沿岸域管理を実行する準備ができていると評価できる。

　問題は、第一に様々なメンバー組織と施策を統合するもとになる基本理念や理想像について、それがメンバー間で十分に共有されているのかという点である。個別の里海では共有のもとになるシンボル（例えば、アマモや魚垣）が必要であるとしたが（日高 2016）、大阪湾のような大きな海域ではどのように設定すればいいのであろうか。また、基本理念や理想像の達成度を具体的に評価するための指標があるのか、さらにそれらは持続可能性公準を組み込んだものになっているのかという点も問題になる。これはシステム全体の統合において重要な意味を持つ。

　もう一つの問題は、大阪湾に関わるいくつかの循環あるいはネットワークが計画の施策によってカバーされているかどうかである。柳（2006）による里海成立の条件は太く・長く・滑らかな物質循環（物質循環ネットワーク）で

あり、海洋保護区では生態ネットワークと社会ネットワークが重要であることが示されている（第 6 章参照）。再生行動計画では陸域と海域の連携を進める施策が挙げられており、市民活動支援の社会ネットワークも存在する。しかし、物質循環と生態のネットワークが構築され、効果的に機能しているかどうかは確認できていない。また、里海ネットワークは活動の連携という意味では機能しているものの（つまり社会ネットワーク）、物質循環や生態のネットワークとはつながっていない。今後、大阪湾において三つのネットワークを構築するような対策が必要であろう。

注

1) モジュラー型とは「工業製品やシステムの構造・設計の分類の一つで、構成要素や要素間の連続方法などの多くが規格化・標準化されており、それらの組み合わせにより最終製品の開発や生産が可能なもの」をいう（IT 用語辞典 eWords による）。事例としてパソコン産業がある。

参考文献

井口薫・朝倉弘敏・東島義郎・中川富士男（2006）「大阪湾再生行動計画推進のための市民との協働と技術開発」、海洋開発論文集、22、pp.45-50

遠州尋美（1989）「大阪湾における開発の現状と沿岸域管理の課題」、水資源・環境研究、Vol.3、pp.38-45

小川博之（2004）「大阪湾再生行動計画について」、瀬戸内海、38、pp.1-6

環境省（2011）『里海づくりの手引書』
　https://www.env.go.jp/water/heisa/satoumi/common/satoumi_manual_all.pdf　2021.9.21 閲覧

古川恵太・小島治幸・加藤史訓（2005）「海洋環境施策における順応的管理の考え方」、海洋開発論文集、21、pp.67-72

日高健（2016）『里海と沿岸域管理 – 里海をマネジメントする―』、農林統計協会

宮本信治（2007）「「なぎさ海道」〜人・ふれあう・海〜」、自治大阪、2007-2、pp.30-34

村井保徳（2004）「大阪湾自然再生の取り組み」、瀬戸内海、38、pp.7-12

柳哲雄（2006）『里海論』、恒星社厚生閣

第15章　州を超えた連携による管理
―米国チェサピーク湾―

1. はじめに

　沿岸域管理の対象となる沿岸域の空間的規模は、マネジメントの仕組みに大きな影響を与える。どこかの地先あるいは目の前の小さな湾であれば、自然条件は似ており、利用者が限られ、利用の仕方も比較的単純であるのに対し、広がりが大きくなると、自然条件や利用者・利用の仕方が複雑になる。ある程度の広がりとまとまった条件があって、管理を考えやすいのが都道府県の管轄する範囲である。そこで、市町村の地先や小さな湾での里海づくりとそのネットワーク、それに沿岸域インフラの提供を組み合わせて都道府県の管轄範囲での管理を行うという多段階管理システムを提案した。ただし、多くの沿岸域はそれでカバーできるとしても、東京湾、大阪湾、伊勢湾あるいは瀬戸内海のような複数の都道府県が関わる広大な沿岸域ではそうはいかない。これは多段階管理の第四段階における都道府県連携に当たるところであり、その事例として第13章では瀬戸内海全体と兵庫県・香川県の関係、第14章では大阪湾の管理をみてきた。

　海外に目を向け、複数の都道府県が関わる広い沿岸域の管理に参考となりそうなのが、米国チェサピーク湾で行われている複数の州政府が関わる流域管理である。日本でも、いくつかの論文でその管理の仕組みが紹介されている。チェサピーク湾の管理は、連邦政府、流域の関係州、企業、市民、NPO、研究機関といった多様な関係者によるパートナーシップによって行われている。この章では、その内容と特徴について文献と資料、それにアナポリス（メリーランド州の州都）での現地調査結果に基づいて紹介する。

2. チェサピーク湾の状況

　米国東海岸にあるチェサピーク湾は米国最大のエスチュアリ（河口湾）である。湾の長さはペンシルバニア州からバージニア州までの約200マイル、幅は約35マイル、海岸延長は約7,000マイルに及ぶ（図15-1）。水深は平均7mと浅い。15の河川が流入し、ウェストバージニア州、ニューヨーク州、デラウェア州、メリーランド州、ペンシルバニア州、バージニア州の六つの州とワシントンD.Cに6万4,000平方マイルの流域を擁し、生態系に匹敵するほど政治的にも複雑な沿岸域である。

　また、チェサピーク湾は世界でも有数の豊かな生産力を有する湾であり、漁業生産額だけでも10億USドルを誇るということである。同時に、ワシントンD.C.－ボルティモア大都市圏を背景に、レクリエーション投資がさかんに行われており、地元観光産業の基盤となっている（Matuszeski 1996）。

図15-1　チェサピーク湾の位置

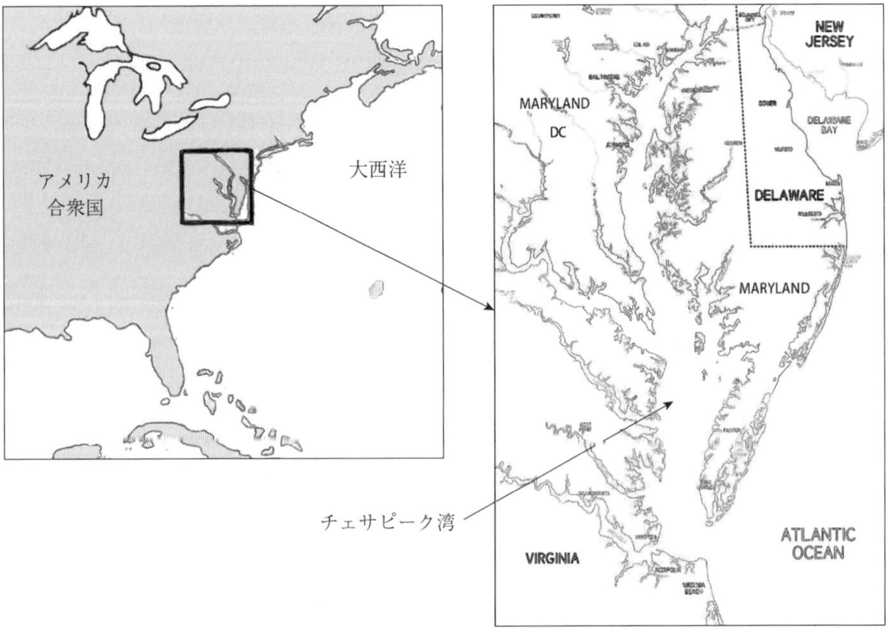

3. チェサピーク湾プログラムの変遷

　チェサピーク湾プログラムの変遷について、主に「チェサピーク湾プログラム（the Chesapeake Bay Program）」のHPを参考に、その発展経過を整理する（Chesapeake Bay Program Science, Restoration, Partnership、日高ほか2018）。

　チェサピーク湾管理への取り組みは1970年代に始まる（Hennessey 1994）。湾の汚染と漁業の落ち込みを懸念した上院議員や米国環境保護局らの働きかけにより、1975年に連邦議会はチェサピーク湾研究に2千500万ドルの予算を措置、1976年に米国環境保護局はチェサピーク湾プログラムを運営する組織の枠組みをつくった。湾の管理ガバナンスに関してはその後慎重な検討が行われ、後述のチェサピーク湾プログラムの原型が作られた。

　1983年に締結された最初の「チェサピーク湾協定（The Chesapeake Bay Agreement of 1983）」は1頁だけの誓約書であった。この協定では、湾の汚染問題を扱うには協力体制が不可欠であることを認識することが明記されていた。協定によってメリーランド州アナポリスにチェサピーク湾連絡事務所が設置された。この1983年チェサピーク湾協定に調印した関係者ら（メリーランド州・ペンシルバニア州・バージニア州の各州知事、コロンビア特別区市長、米国環境庁長官、チェサピーク湾委員会委員長）が「チェサピーク執行評議会（Chesapeake Executive Council）」を構成し、協定の管理主体となった。

　ついで1987年に「チェサピーク湾協定（The 1987 Chesapeake Bay Agreement）」が締結された。このチェサピーク湾協定では、汚染削減と湾生態系再生のために初めて数値目標を設定、とくに窒素とリンの湾への流入量を2000年までに40％減らすことが目標とされた。一定の期限つき数値目標の合意は1987年には前代未聞のことであったが、これがチェサピーク湾プログラムの特色となった。

　Matsuszeki（1996）によると、1987年のチェサピーク協定では六つの分野（生物資源・水質・人口増加と開発・公衆教育・パブリックアクセスとガバナンス）における29項目の包括的なアクション・リストが示された。また、新たな工夫として、チェサピーク湾プログラム執行評議会のもとにさまざまな関係者をパートナーと位置づけて活動ごとに委員会を作り、特に地域との連携を

重視したこと、その調整において先端科学的知見を重用したこと、対象とする問題を特に「水質の保護と再生の解決」に絞ったことが挙げられている。

1992年の改正では、チェサピーク湾プログラムのパートナーらは発生源、すなわち湾の河川上流の対策に取り組むことで合意した。また、このプログラムで湾の水生生物に対する化学汚染物質の影響をよりよく理解するために「チェサピーク湾流域有害物質削減戦略（Chesapeake Bay Basinwide Toxics Reduction Strategy）」が再評価され、開始されることになった。

2000年にチェサピーク湾プログラムのパートナーらは、2010年までの再生努力のための明快なビジョンと戦略を設定した包括協定である「チェサピーク2000（Chesapeake 2000）」に調印した。チェサピーク2000では、汚染の削減、生息域の復元、生物資源の保護、健全な土地利用の促進、湾再生のための公共の参加など102の目標が設定されている。チェサピーク2000で初めて、湾奥にある州（デラウェア州、ニューヨーク州、ウェストバージニア州）が湾再生のための取り組みに公式に参加した。ニューヨーク州・デラウェア州の知事は2000年に調印された覚書を通してチェサピーク2000の水質目標の達成を誓約し、ウェストバージニア州知事は2002年に参加した。なお、チェサピーク2000の政策内容については、長峯（2007）に詳しい。

チェサピーク2000は、2000年代以降の再生努力における基盤となるものである。湾プログラムのパートナーたちは、土地保全、緩衝林再生、魚道の再開などにおいて目覚ましい再生が実現されたと評価している。しかし、カキ資源の再生や農地・都市域からの栄養塩負荷削減を含む多くの分野で課題が残っており、プログラムの進捗は限定的であった。

2009年、オバマ大統領は連邦政府に流域の再生保護のための努力を一新するよう「大統領令13508（EO 13508）」を打ち出した。同年、チェサピーク執行評議会は、再生を加速させ、説明責任を改善するために、「2年間目標（Two-year Milestones）」と呼ばれる短期的再生目標を設定した。これは、過去の協定にある長期的目標の追求に加え、湾の7つの管轄機関（6つの州とコロンビア特別区）が2年ごとに目標を設定してこれを達成するというものである。この2年間目標（milestones）の達成をとおして、管轄機関は遅く

とも 2025 年までに湾再生に必要な再生対策を導入するとしている。

　2010 年に、米国環境保護局はチェサピーク湾の「1 日当たりの総流入負荷量（Total Maximum Daily Load: TMDL）」を設定した。TMDL とは、湾とその感潮河川に流入が許容できる栄養塩と堆積物の 1 日当たりの総量に上限を設けることで水質目標を達成するというもので、連邦政府による「汚染規制（pollution diet）」に基づくものである。七つの湾管轄機関は、それぞれ 2025 年までに汚染削減を達成するために、詳細かつ段階的な「流域実施計画（Watershed Implementation Plan: WIP）」を策定した。そして、連邦、州、地方自治体は湾プログラムのパートナーシップを介して WIP 策定のために調整を図っている。

　2014 年には「チェサピーク湾流域協定（Chesapeake Bay Watershed Agreement）」が締結された。チェサピーク湾流域協定は、再生を加速させ、連邦指令と州や地域の目標とを整合させることによって健全な湾を創出する新たな合意を内容とするものであり、2014 年 6 月に流域 6 州の代表が調印した。この協定の作成には市民、学術機関、地方政府などのステークホルダーが参加し、包括的かつ目標指向型の文書が起草されている。

　この画期的な協定には、表 15-1 に示したように、湾および湾をとりまく支流や陸域の再生と保護を進めるための 10 項目の相互に関係しあう目標が含まれている。すなわち、水質における改善は魚介類がより健全であることとつながり、土地の保全は野生生物により多くの生息地を与えることに関係し、環境リテラシーの普及は湾の資源管理の改善に貢献するといったものである。環境はシステムであり、これら目標は公共衛生と水辺の健全性を全体として支えるものである、という認識に基づいているということである。

4. チェサピーク湾管理の特徴
(1) 管理の核となる組織とその横断性
　現在のチェサピーク湾プログラムの核となるのは、関係する州政府と連邦機関の協定である 2014 年に締結されたチェサピーク湾流域協定（過去はチェサピーク湾協定）である。この協定は、チェサピーク湾管理の理念と目標お

表15-1　2014年のチェサピーク湾流域協定に規定された目標

Sustainable Fisheries Goal：持続可能な漁業目標	Vital Habitats Goal：生物生息地目標
・Blue Crab Abundance Outcome ・Blue Crab Management Outcome ・Oyster Outcome. ・Forage Fish Outcome ・Fish Habitat Outcome	・Wetlands Outcome 　Black Duck ・Stream Health Outcome 　Brook Trout ・Fish Passage Outcome ・Submerged Aquatic Vegetation（SAV）Outcome ・Forest Buffer Outcome ・Tree Canopy Outcome
Water Quality Goal：水質目標 ・2017 Watershed Implementation Plans（WIP）Outcome. ・2025 WIP Outcome. ・Water Quality Standards Attainment and Monitoring Outcome	Toxic Contaminants Goal：有害汚染目標 ・Toxic Contaminants Research Outcome ・Toxic Contaminants Policyand Prevention Outcome
Healthy Watersheds Goal：健全な流域目標 ・Healthy Watersheds Outcome	Stewardship Goal：管理の促進目標 ・Citizen Stewardship Outcome ・Local Leadership Outcome ・Diversity Outcome
Land Conservation Goal：国土保全目標 ・Protected Lands Outcome ・Land Use Methods and Metrics Development Outcome ・Land Use Options Evaluation Outcome	Public Access Goal：パブリックアクセス目標 ・Public Access Site Development Outcome
Environmental Literacy Goal：環境リテラシー目標 ・Student Outcome ・Sustainable Schools Outcome ・Environmental Literacy Planning Outcome	Climate Resiliency Goal：気候回復力目標 ・Monitoring and Assessment Outcome ・Adaptation Outcome

出所：Chesapeake Bay Program Science, Restoration, Partnership より引用（筆者訳）

　よび到達点を示したものである。理念は、関係者の協働（パートナーシップ）と順応的管理という大きな二つの柱で構成される。目標と到達点は、11の分野と31の項目において目標年次と指標の達成目標値が設定されている。このように、州政府と連邦政府が協働の理念と管理の目標と到達点だけを内容とする協定を結んでいることが特徴的である。

　管理を具体化するのはチェサピーク湾プログラムの管理組織である。その組織構造を図 15-2 に示した。この管理組織には 19 の連邦機関、六つの州政府とコロンビア特別区に所属する約 40 の機関、約 1,800 の地方政府、20 を超える学術組織、60 を超える非政府組織（企業、非営利組織、権利擁護団体）がパートナーとして参画している。そして、連邦政府の環境保全局を事務局として、チェサピーク湾執行委員会 Chesapeake Executive Council を最高意思決定機関、運営委員会 Management Board を中心の執行機関とする組織構造を構成している。

　その特徴は、この組織構造の中に行政（連邦政府、州政府、地方自治体）、企業、市民、NPO、研究機関などの多くの組織が自主的に参加していることである（長峯 2007）。特に、目標推進チーム Goal Implementation Team やその下のワーキンググループでは複数の連邦組織や州組織が行政の縦割りの壁

図 15-2　チェサピーク湾プログラムの組織構成

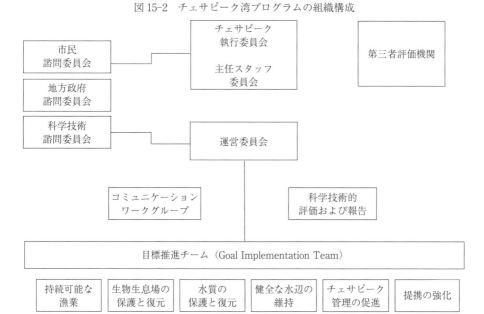

出所：Chesapeake Bay Program（2015）、p.4 より引用（筆者訳）

注：本文でも書いているように、順応的管理として状況に応じた組織変更が行われるため、いつの組織構成であるかは確認する必要がある。この図は 2015 年時点である。

を越えて、さらに行政・民間・NPO といったセクションを超えて参加している（高山 2001）。また、コミュニケーションワークグループ Communications Workgroup が関係組織間のコミュニケーションを促進するための活動を行っており、沿岸域管理で問題となる行政の縦割りや行政と市民との乖離の解決が進められている。さらに、市民、地方自治体、科学者にはそれぞれの諮問委員会 Advisory Committee があり、管理への参加を保証している。この組織構造によって、行政の縦割りの解消と市民参加という二つが解決されている。

(2) 州政府の立場と役割

　この管理組織だけではわからない重要な点は、州政府の役割である。図 15-2 の管理組織は連邦政府の環境保全局を事務局とする関係団体が参加した管理組織であり、ここで作成される保全対策に基づき、各州と特別区では独自のプログラムによってその具体的な実施方法を定め、実現を図っている。高山（2001）はメリーランド州の独自の支流域戦略を紹介しながら「この運動の形は、合意された支流域戦略に基づいてメリーランド州が選択した」として、チェサピーク湾プログラムと州の関係を説明している。柳（1994）も同じくメリーランド州独自の環境政策をあげ、州政府によるそれぞれの地域に最もふさわしい方法を考えることの重要性を指摘している。このような、チェサピーク湾プログラムは、図 15-2 の組織が全ての管理を行うのではなく、ここで検討し合意された政策に基づき、各州が実際の管理活動を行っていることがわかる。そもそもアメリカの沿岸域管理制度は連邦政府の承認のもとで州政府が作成する沿岸域管理計画で管理されることから、沿岸域管理の主体は州政府である（荏原 2007）。このことからしても、チェサピーク湾プログラムの主要な役割は保全対策の作成と関係者間の調整ならびに連携の促進であると推察される。

(3) 順応的管理

　チェサピーク湾プログラムでは順応的管理を重視しており、これが特徴の

一つとなっている。これはチェサピーク湾プログラムの中では、「プログラムの構造とガバナンスは順応的管理の適用に関する湾プログラムの結果に応じて何度も変化し進化する」と記述されている（Chesapeake Bay Program 2015）。重要なのは、湾プログラムの組織成果の継続的な改善とともに、科学的な知識や管理活動と目的への発展の関係に基づいた組織構造の調整によるエコシステムマネジメントの改善であるということである。この方針のもと、状態改善のための厳密な数値目標の設定が行われ、さらに密なモニタリングの実施と科学的評価に基づく計画・事業の修正が行われている。

　神山（2010）は、チェサピーク湾管理における順応的管理の表れとしての組織改編に注目し、特に2008年の組織改編による実行委員会 Implementation Committee から運営委員会 Management Board への変更と責任強化を重要視している。2008年の組織改編の根底には、順応的管理を進めるための理論的背景として、PDCA サイクルを精緻化した the Kaplan and Norton closed loop management system があるということである（Kaplan et al. 2008）。高山（2001）は、順応的管理の概念は「エコシステムをフィールドとした実験的手法論、管理方法論であるばかりでなくそのように社会の側のシステム変革をも提案するもの」としている。神山（2010）はこれに依拠しながら組織管理のあり方を重視し、「自然に関わる人間社会の側のシステム（変革）のあり方として探求せねばならない次の課題」としている。

　筆者は、2018年9月のアナポリスの現地調査で、組織横断的に行われ、順応的管理に結び付くワーキンググループの集まりに参加することができた。図15-3はその時の様子である。このワーキンググループは水質の状態とカキ養殖等との関係を研究するもので、異なる行政組織や研究機関の担当者が定期的（基本的に毎週）に集まって議論を行っている。検討の結果は3カ月ごとの評価結果（アウトカム）として提出され、2年ごとにチェサピーク湾プログラムの成果指標の評価とそれに基づく対策の修正に反映されるとのことであった。このように頻繁に行われている組織横断的なワーキンググループによるモニタリングとその科学的評価が、チェサピーク湾における順応的管理を支えているようだ。

図 15-3　毎週行われている組織を超えた研究会の様子

出所：筆者撮影

(4) 支援の仕組み

　これまで説明したチェサピーク湾の管理に関する取り組みには連邦政府と州政府しか登場しないが、実際にはカウンティや自治体、NPO、企業、一般市民も参加している。特に、アナポリスでインタビューをしたチェサピーク湾管理組織のモニタリング・プランナーである Peter Tango 氏によると、カウンティや自治体が重要な役割を持っており、チェサピーク湾の管理はボトムアップだと称していた。それを支える仕組みとして、流域支援協力機構 Watershed Assistant Collaborate とチェサピーク・大西洋沿岸トラスト基金 Chesapeake and Atlantic Coastal Bays Trust Fund（以下、トラスト基金）、チェサピーク湾基金 Chesapeake Bay Foundation がある[1]。

　流域支援協力機構はメリーランド州政府、メリーランド大学、トラスト基金、連邦政府によって構成されるもので、コミュニティによる保護活動やプロジェクトのための技術的支援や資金的援助を行っている（Watershed Assistant Collaborate パンフレットによる)。対象は自治体や企業、市民であり、2018 年 8 月現在 168 地域に技術的、資金的な支援を行い、41 地域の計画作成に関与しているとのことである。

　トラスト基金は、主として州政府からの出資に連邦政府の出資を加えて設置された金融支援機関である (Chesapeake and Atlantic Coastal Bays Trust Fund の HP)。このトラスト基金はカウンティや自治体、NPO などが行うチェサピーク湾に関するモニタリングやアセスメント、技術開発、農業プログラムグラムなどに対して資金援助を行うものである。

　チェサピーク湾基金はチェピーク湾の環境保全を目的とした教育・活動支援・金融支援を目的とした組織である (Chesapeake Bay Foundation; Saving a National Treasure の HP)。チェサピーク湾基金が支援する活動の事例として、地域支援型農業 (Community Supported Agriculture) や、NPO 組織である The Oyster Recovery Partnership として進められるカキの地域支援型漁業 (Community Supported Fishery) のような、民間レベルの取り組みも散見される。チェサピーク湾の環境は流域の農業や漁業にも大きな影響を与えていることから、チェサピーク湾プログラムは農業や漁業に大きな関心を持っているとされる (農林水産奨励会ほか 2005)。この基金の活動はそれを実行するものである。

　また、地域における環境保全活動を支援するツールとして、メリーランド大学で開発された IAN レポート・カード (Integration and Application Network Report Card) の仕組みがある (University of Maryland; Center for Environmental Science Integration and Application Network の HP)。これは、地域における水域環境の健全度を図 15-4 に示した評価項目別に評価し、総合評価として IAN スコアを付け、A〜F の 5 段階で表記するとともに、スコアの経年変化を示すことによって、環境の状態と動向を把握しようとするものである。それぞれの項目は科学的な根拠に基づいて評価が行われる。また、場所によって評価項目を選択することができ、社会科学的な項目でも科学的なデータがあれば加えられる。図 15-5 は評価結果の例である。

　このような地域における環境の評価は、日本でも海洋政策研究財団によっ

図 15-4　レポート・カードによる地域の環境評価項目

Bay Health scale

出所：Chesapeake Bay Report Card 2017 より引用

て「海の健康診断」として行われたことがある（松田 2006）。IAN レポート・カードはそれをごく簡易にし、地域の自治体や市民団体でも独自に実施することができるようにしたものである。

　このように、チェサピーク湾の管理においては、自治体や市民、NPO 等による環境保全の活動を支援するためのツールが非常に発達しており、これに呼応するように多数の活動が行われているのが特徴的である。実際にどの程度の活動が行われているのかを把握することはできないのだが、メリーランド州の流域支援組織による支援が 168 件であることから、積極的に行われていると考えてよいだろう。著者の訪問調査（2018 年 9 月）の時、州政府の

図 15-5　レポート・カードによるチェサピーク湾の地域別評価結果

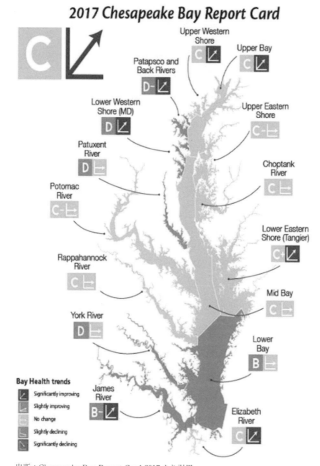

出所：Chesapeake Bay Report Card 2017 より引用

環境部門の担当者が、チェサピーク湾の管理は実際のところはボトムアップ
だといったゆえんがここにある。

5.　多段階管理システムとしての評価

　米国チェサピーク湾では、現在のところ、連邦政府と関係州の間で締結さ
れたチェサピーク湾流域協定（Chesapeake Bay Watershed Agreement）とそれ

に基づくチェサピーク・プログラムによって管理が行われている。中心となる管理組織は連邦政府を事務局とするチェサピーク湾執行委員会であるが、協定に基づいて各州が主体となる管理が実行されている。つまり、州政府は協定による共通の管理項目と各州の管理項目とを仕分けしながら管理を行っている。このようにして、州の管理区域を超える広域の管理と州ごとの管理との仕分けと連携が図られている。

　各州においては、州政府がカウンティや自治体と連携しながら管理活動を行っている。また、地域における環境保全に関わる市民やNPOによる活動や環境を活かした企業活動も活発に行われている。そのような自治体や民間の活動を支援する基金やレポートカードのようなツールも充実している。米国ではこのような活動が里海づくりと呼ばれることはないが、日本において里海づくりと呼される活動が活発に行われており、それを支援する活動も活発であるということができる。ただし、個々の活動がネットワーク化されているかどうかはわからない。

　このように見てくると、チェサピーク湾の管理は多段階管理システムとしての要件を第四段階まで備えていると見ることができる。特に、この章で問題にする州を超えた海域の管理に関する連携の仕方は、チェサピーク湾流域協定によってチェサピーク湾執行委員会と州政府との連携と分担として実行されている。

　また、多段階管理システムの統合については、チェサピーク湾流域協定によって連邦政府と関係州の間の共通の目標が具体的に設定され、横の統合が図られている点が重要である。これらの目標は全体を統合した仕組みとすることにも役立っている。また、管理組織の構成によって連邦政府、州、自治体、関係機関、市民が参加できるような縦の統合が図られるとともに、委員会組織の重複したメンバー構成で行政の縦割りを解決する工夫がされている。以上のことから、ネットワーク・ガバナンスの要件も備わっていると思われる。

　ただし、里海ネットワークに相当する環境保全活動のネットワーク化については、チェサピーク湾管理組織及びメリーランド州政府の資料の中で見つ

けることはできなかった。また、持続可能性公準は流域協定における管理目標の中に持続可能性を追求することが記述されているものの、評価指標は設定されていない。これらの問題は前章で見た大阪湾の管理と共通である。実態として対応できないのか、あるいは必要性の認識がないのかはわからないが、ネットワーク・ガバナンスによる多段階管理システムとしては重要なポイントであり、今後しっかりと探る必要がある。

注

1）先の二つはメリーランド州のものであり、他の州にあるかどうかは確認していない。チェサピーク湾基金は全域を対象とするものである。

参考文献

Chesapeake and Atlantic Coastal Bays Trust Fund の HP
　https://dnr.maryland.gov/ccs/pages/funding/trust-fund.aspx　2021.9.23 閲覧
Chesapeake Bay Foundation; Saving a National Treasure の HP
　https://www.cbf.org/about-cbf/　2021.9.23 閲覧
Chesapeake Bay Foundation; Saving a National Treasure; CSA の HP
　https://www.cbf.org/about-%20cbf/locations/maryland/facilities/clagett-farm/csa/　2018.2.28 閲覧
Chesapeake Bay Program Science, Restoration, Partnership; Backgrounder
　https://www.chesapeakebay.net/documents/Watershed_Agreement_Backgrounder_Final_6.12.14.pdf　2018.2.28 閲覧
Chesapeake Bay Program Science, Restoration, Partnership; History
　https://www.chesapeakebay.net/discover/history　2018.2.28 閲覧
Chesapeake Bay Program; Science, Restoration, Partnership (2015) "Governance and Management Framework for the Chesapeake Bay Program Partnership".
　https://www.chesapeakebay.net/documents/CBP_Governance_Document_7-14-15.pdf　2018.2.28 閲覧
Committee on the Evaluation of Chesapeake Bay Program Implementation for Nutrient Reduction to Improve Water Quality; National Research Council (2011) "Achieving Nutrient and Sediment Reduction Goals in the Chesapeake Bay; An Evaluation of Program Strategies and Implementation", THE NATIONAL ACADEMIES PRESS, Washington, D.C.
Hennessey, T. M. (1994) "Governance and adaptive management for estuarine ecosystems: The case of Chesapeake Bay." Coastal Management Vol.22, No.2, pp.119-145.
Kaplan, R. S. and Norton, D. P. (2008) "Mastering the Management System". Harvard Business Review, January 2008.

hbr.org/2008/01/mastering-the-management-system

Oyster Recovery Partnership の HP

　https://oysterrecovery.org/blog/old_line_launch/　2018.2.28 閲覧

Matuszeski, W. (1996) "Annex 1 Case Study 1- The Chesapeake Bay Programme, U.S.A., in The Contributions of Science to Coastal Zone Management". Rep.Stud.GESAMP (61):25-30.

University of Maryland; Center for Environmental Science Integration and Application Network; Chesapeake Bay Report Card 2017

　https://ian.umces.edu/projects/ian-report-card/　2021.9.23 閲覧

Watershed Assistant Collaborate のパンフレット及び HP

　https://dnr.maryland.gov/ccs/pages/healthy_waters/wac.aspx　2021.9.23 閲覧

荏原明則 (2007)「アメリカ沿岸域管理制度」、環境研究、147、pp.45-53

神山智美 (2010)「米国チェサピーク湾プログラム (CBP) の組織改編について　パートナーシップ (公私協働) で順応的管理を推進する組織管理」、水資源・環境研究、23、pp.37-44

長峯純一 (2007)「流域マネジメントとアメリカ・チェサピーク湾プログラムにおける取組」、総合政策研究、24、pp.1-30

農林水産奨励会・農林水産政策情報センター (2005)「チェサピーク湾の環境復元計画にみる合意形成と農業」

日高健・川辺みどり (2018)「チェサピーク湾における沿岸域管理の仕組み」、沿岸域学会誌、30(4)、pp.73-77

松田治 (2006)「海の健康診断：日本の閉鎖性海域はどう病んでいるか」安全工学、45(6)、pp.421-431

柳哲雄 (1994)「チェサピーク湾の環境保全対策」、海の研究、3(4)、pp.291-295

おわりに
―これからの里海マネジメントと沿岸域管理―

　前著『里海と沿岸域管理』（日高 2016）では、地先の水面に形成される里海を管理する主体や管理の方法を中心に述べた。その中で、このような里海を基本として、いくつかの仕組みを組み合わせて多段階管理で沿岸域を管理する方法があり、その内容を次の本で提案するとした。この本は、その宿題に対する答えである。

　日本ではすでに沿岸域に関する多くの個別法があって管理が実践されており、さらに多くの里海づくりの取り組みが実行されている。これらを統合して新たな管理の仕組みを制度として作るのではなく、様々な個別の管理や多様な里海が入れ子状態で重なり、それらが緩やかに連携することによって、結果として沿岸域管理を実現するマネジメントの仕組みが有効ではないかと考えた。それが沿岸域の多段階管理システムである。

　これは、都道府県海域を一つの単位として、地先、市町村、都道府県という入れ子構造による多段階の管理を行うものである。都道府県を超える広さの沿岸域では、関係する都道府県が連携する。このような多段階で構成される管理システムを全体として緩やかに連携させるための理念として、ネットワーク・ガバナンスを取り入れた。

　これを例えると、一元的に管理するための法律や制度による沿岸域管理が、指揮者によって厳格なコントロールが行われるオーケストラであるのに対して、ネットワーク・ガバナンスによる多段階管理はジャズあるいは指揮者のいないオルフェウス管弦楽団のようなものである（中野 2011）。一定の枠組みとルールがあれば、一人の指揮者がいなくてもいい演奏ができるといったものである。

　ネットワーク・ガバナンスによる多段階管理システムは、それが実際に適

用されている事例に基づく実証モデルというよりも、関連理論と先行事例を参考にした規範モデルの性格が強い。そこで、このモデルを実際の取り組みに埋め戻し、モデルと実際の差を検討することにより、事例の優位点と不足点を明確にすることができ、またモデルを修正することもできる。

このため、この本では第Ⅰ部で関連の理論と先行研究、第Ⅱ部でモデルの説明、第Ⅲ部でいくつかの事例分析を行った。

里海の先行研究には提唱者である柳哲雄氏の里海論を中心に複数のアプローチがあるのだが、それらに共通するキーワードは循環、連環、つながり、ネットワークといったものである。仮にこれらを総称して「つながり」とすると、人と人、人と自然、自然の中のいろいろな要素と要素といった様々なつながりがあり、各アプローチの違いはどのつながりを重視し、それをどのように表現するかという違いである。これは里海の多面的な側面を表すものであり、里海マネジメントを考える上では特定のアプローチのみに依拠するよりもマネジメントの局面に応じて適切なアプローチを適用するとともに、総合的に捉えることが必要であることを意味している。

つながりという点で、里海の原型とした漁業権管理は、漁業権者である漁協による漁場管理と組合員による漁場の共同利用という二段階の構造によって人と人、人と自然のつながり方である総有を法制化している。一般的に、この漁業権者による漁場管理はあまり注目されないのだが、漁場の環境や資源を守る機能は極めて重要であり、漁業権の本質は漁業権者による漁場管理にあると言っても差し支えない。この漁業権漁場に、漁業以外の利用、漁業者以外の人たちが入ってきたらどうなるのか。これをうまく解決するのが、前著で書いた個別の里海管理である。今回は、それがいかにして地域の様々な人達とつながるのかを検討した。現在の沿岸域の環境や資源を守るには、漁業者だけでなく地域の様々な人達が主体的に参加することが必要である。幸いにも、2018年の漁業法改正によって沿岸漁場管理制度が改正され、沿岸保全漁場として地域の人たちが漁場管理に参加する枠組みが作られた。これは、先行する水産多面的機能発揮対策事業として先鞭が付けられており、これを有効に活用する必要がある。

　海洋保護区は、世界的にみると海洋環境保全の方法として大きな潮流になっている。しかし、これは保全や保護が目的であり、管理の方法についてはあまり具体化されていないほか、環境の創造や陸域との連携については範囲外である。この点では里海の方が優れているのだが、海洋保護区ではネットワークについて重視されており、生態ネットワークや社会ネットワークの具体的な提案も行われている。これに里海で重要とされる物質循環を加えると、沿岸域管理には生態、社会、物質循環の三つの性格の異なるネットワークが重要であるということになる。里海は区域という概念が弱いだけでなく、里海間のネットワークについても研究、事例ともに蓄積がない。里海間の三つのネットワークは、里海マネジメントを考える際の重要な論点である。

　里海づくりをはじめとした活動を通して、地域の様々な人達が沿岸域管理に参加するようになった場合、里海マネジメントにおけるガバナンスの問題が生じる。ネットワークを前提としたガバナンスでは、意思決定に関わる異なる主体間の意見調整のプロセスをどのようにするのかが問題となる。これに対応するためには、里海や沿岸域に関わる様々な人達が参加するネットワーク組織や協議のプロセスが準備されていることが必要となる。

　以上の、関連理論や先行研究から示唆されるものを念頭に、それぞれの特徴を抑えながら各事例のネットワーク・ガバナンスによる多段階管理システムとしての検証を行った。

　明石市沿岸のタコ釣りルール化は、漁業権漁場の管理が地域の様々な人達との関わりによってどう変わったのかを示す事例である。問題の解決には、管理課題に関わる要因間の関係と重要な要因の特定が重要であると同時に、当事者との距離のある関係者の管理への関与（関心）が必要であることが示された。関わり方の濃度の異なる様々な関係者の関与の仕方は、問題解決に関わる里海の社会ネットワークとみることができる。

　志津川湾の事例は、湾内にある三つの漁業地区の地先に形成される漁業権漁場が里海と見なされるが、これらが湾内外の海流や物質循環の経路に沿うように配置されており、意図されていないものの結果的に物質循環ネット

ワークになっている。これが後付けではあるが、科学的調査によって明らかになっており、漁場内の管理も科学的に行われるようになっている。さらに、志津川湾を含む南三陸町のレベルでは、里海と里海ネットワークに終わらず、地域の魅力をどう向上させるかという地域デザインにつながっている。このきっかけを作ったのが、志津川湾のラムサール条約への登録である。

　このような市町村レベルでの里海や里海ネットワークが地域デザインにまでつながっている事例は、前著で取り上げた志摩市や備前市（日生）でも見られる。本書の第7章で紹介した博多湾でも福岡市の魅力づくりと湾管理が連結している。大村湾の事例では、例えば大村市では大村湾を総合計画の中で地域づくりの重要な要素として位置づけており、大村湾の環境を保全したり活用したりする施策が講じられている。

　こうしてみると、多段階管理システムのモデルでは、市町村の範囲では里海と里海ネットワークで終わっているのだが、実際にはこれにどのように沿岸域を生かした地域づくりをするかという地域デザインが加わるようだ。これも沿岸域インフラの一種と言えなくはないが、市町村を範囲とする管理（里海・里海ネットワーク・地域デザイン）は重層性の一つを構成する単位と考えた方がよい。

　大村湾は、前著では長崎県による行政の壁を超えた管理の事例として取り上げたが、本書では市町や民間の活動について中心的に分析した。その結果、大村湾の管理には長崎県による大村湾環境保全・活性化行動計画が中心となりながらも、関係市町による多数の計画や活動目的ごとのネットワーク、それに民間の活動が関わっており、制度の束として全体を把握しないといけないことがわかった。ただし、自治体によっては、上述の大村市のように積極的に大村湾の活用を進めている所がある一方で、そうではない自治体もある。さきほど、自治体が重層性の一つの単位になるとしたが、都道府県の広がりで考える際には、そのような自治体による地域デザインのネットワークの構築やそれを支援する体制が必要であることが示唆された。

　瀬戸内法と府県計画については、広域の沿岸域での都道府県の連携の方法

として、瀬戸内法に基づく共通の基本方針に沿うと同時に個別の状況に対応した府県計画というトップダウン型・すり合わせ型のやり方が示された。また、大阪湾再生行動計画では関係自治体の計画や施策を共通の理念と施策方針のもとに体系化するボトムアップ型・モジュラー型というもう一つのやり方が示された。大阪湾ではこれらの二つのやり方による管理が同時に適用されており、それらが相互補完的に機能していることが期待される。チェサピーク湾の管理はチェサピーク湾流域協定で決められた共通の項目と各州独自の施策で分担したもので、瀬戸内法による方法と再生行動計画による方法の中間に位置する。組織を超えた柔軟な対応や順応的管理では優れた仕組みを持っていると同時に、連邦政府から民間までの重層性を達成している。しかし、いずれが広域の沿岸域管理に適しているかということよりも、モデルで示した都道府県連携には多様で複雑なやり方があることが重要であり、このような連携の方法に関する分析は今後必要な部分である。

　最後に、今後の里海マネジメントの研究のために、三つの課題を指摘しておきたい。

　第一は、里海の範囲に関する課題である。里海の定義には範囲や区域に関する明確な基準はなく、柳氏の定義（2016）でも「沿岸海域」としか書いていない。その他の定義を見ても明確なものは里海の原型とした漁業権漁場くらいである。ほかには、沿岸域での環境保全や創造の活動、あるいは単にふれあうだけの活動も里海に入ったり、里海づくりとされていたりする。小さな区域の里海とそのネットワークを考えたり、論理的ネットワーク（生態、物質循環、社会）を考えたりするのであれば、範囲や区域の概念が不可欠である。保全や創造あるいは教育に関する活動を里海づくりとし、里海づくりによって一定の範囲で形成された沿岸域を里海とするという線引きが必要である。

　その上で、第二は里海ネットワークに関する課題である。小さな区域としての複数の里海を科学的根拠に基づく三つのネットワーク（生態、物質循環、社会）でつなぐことが、里海マネジメントには不可欠である。しかし、そのような里海に関わるネットワークについては物質循環以外に検討されていな

い。どのような科学的根拠で、どのようなネットワークを、どのようにして形成するのかという点について、早急に研究する必要がある。

　第三に、組織の束や制度の束に関する課題である。大村湾の事例と瀬戸内法による瀬戸内海管理で述べたように、核となる計画や法制度の周りにはそれに関連する計画や法制度、施策などが複雑に関わっている。例えば、瀬戸内法関係には瀬戸内海環境保全知事・市長会議と NPO 法人瀬戸内海研究会議、それに（公財）瀬戸内海環境保全協会が役割を分担しながら深く関わっていたのと同じように、兵庫県や大阪府においても関連する組織・団体が管理計画の遂行に深く関わっている。これは法制度でも同様である。それをこの本では組織の束、制度の束と称した。これらは沿岸域管理に関わる社会関係資本あるいはソーシャル・キャピタルと呼ばれるものである（帯谷 2018）。今回見てきたように、管理制度は核となる法律や制度を中心としたこのような社会関係資本によって構成されており、その全貌はなかなか見えにくい。しかし、これらをしっかりと意識して、制度的な補完関係あるいは連携、場合によってはシナジーを考えながら制度を構築し、管理を行う必要がある。現在のところ、このあたりの分析と情報が不足している。ネットワーク・ガバナンスはここまでカバーする必要があるだろう。

　里海の特徴は、何といっても「つながり」である。里海を基本とする里海マネジメントもまた、つながりで構成される。つながりには、地先の里海で人と人、人と自然がつながるような小さなつながりから、瀬戸内海全域を対象に関係府県や関係事業がつながるような大きなつながりがある。また、人と人、人と自然、生態、物質循環、社会関係のような様々な種類のつながりがある。里海マネジメントは、そんなつながりを科学の目でとらえ直そうとする。それによって、里海マネジメントはこれからの沿岸域を賢く使っていくための仕組みになると思う。まだ多くの課題が残されているが、一歩ずつ進歩していることも確かである。前著の宿題に応えるためにこの本を書いたが、また課題が残った。里海の研究は終わりなく続く。

参考文献

帯谷博明（2018）「環境ガバナンスとソーシャル・キャピタル」、佐藤嘉倫編著『ソーシャル・キャピタルと社会—社会学における研究のフロンティア』、ミネルヴァ書房、pp.196-216

中野勉（2011）『ソーシャル・ネットワークと組織のダイナミクス—共感のマネジメント—』、有斐閣

日高健（2016）『里海と沿岸域管理—里海をマネジメントする—』農林統計協会

初出一覧

著者略歴

日高健（ひだか　たけし）

近畿大学産業理工学部経営ビジネス学科教授。

1958年宮崎県生まれ。九州大学農学部水産学科卒業、慶應義塾大学経済学部卒業、神戸大学大学院現代経営学研究科（MBA）修了。博士（水産学）。

1985年福岡県庁入庁、1998年近畿大学農学部専任講師、同助教授、近畿大学産業理工学部准教授を経て、2011年より現職。

主な著書に、『都市と漁業』成山堂（2002年）、『都市と漁村』成山堂（2007年）、『養殖マグロビジネスの経済分析』（分担執筆）成山堂（2008年）、『世界のマグロ養殖』農林統計協会（2010年）、『里海と沿岸域管理』農林統計協会（2016年）。

里海マネジメント論
―里海を生かした海の使い方―

2022年1月31日　印刷
2022年2月14日　発行　Ⓒ　定価はカバーに表示しています。

著　者　日高　健

発行者　高見　唯司

発　行　一般財団法人　農林統計協会

〒141-0031　東京都品川区西五反田7-22-17
TOCビル11階34号

http://www.aafs.or.jp
電話　出版事業推進部　03-3492-2987
　　　編　集　部　03-3492-2950
振替　00190-5-70255

Satoumi Management Theory:
How to use Coastal Sea wisely with Satoumi

PRINTED IN JAPAN 2022